応用解析からはじめる 弾性力学入門

博士（工学） 岡部 朋永 著

コロナ社

まえがき

　大学4年生の夏休みに，せめて何か一つくらい専門をマスターしたいと研究室に籠って弾性力学を勉強した。ただ，ノートや教科書とひたすらにらめっこし，式を追うだけで精一杯で，研究に活かせるほどのレベルには到達しなかったが，それでも，式を変形し，答えが出てくることに，高校数学のときのような面白味を感じた。博士課程での研究は弾性力学の解析解を利用したもので，ああでもない，こうでもないと試行錯誤したことが，いまでも良い思い出となっている。特に，自分だけの近似解が出てきたとき，興奮したことを鮮明に覚えている。教員になり，数値解析がメインになっても，学生との議論では，紙と鉛筆で，簡単化した解析解を利用しており，重宝している。弾性力学との出会いこそが，このようなものの見方を教えてくれたと感じている。今回，弾性力学の講義を受け持つにあたり，できうる限り平易な教科書を書こうと決意した。書くにあたっては，あの夏休みや博士課程学生時に感じた，面白さや興奮を伝えられるような入門書を目指すこととした。

　弾性力学の数ある名著は，往々にして天下り的，あるいは職人芸的であり，その解法は初学者にはとても真似ができるような感じがしない。本書では，各自が弾性力学を思い思いの目的にて利用できるようにすることを心掛け，できる限り平易な表現で解説することに注力した。そのため，いわゆる応力，ひずみといった概念の高尚かつ厳密な導入に紙面を割くことはせずに，材料力学の知識はある程度はあるものとして，むしろ，各種問題における支配方程式の導出と，その境界値問題における解法の説明に力点をおいた。これらの導出にはフーリエ級数，複素解析，ベクトル，テンソルといった応用解析の最低限の知識が必要となる。そこで1～3章ではその概要を簡単に紹介した（もちろんこれらは応用解析の基本となる部分を多少粗く紹介したにすぎない）。

　昨今の設計や開発の現場では，弾性解を用いるよりは，むしろ有限要素法を初めとする数値解析を利用することのほうが圧倒的に多い。そこで，弾性力学と数値解析とのつながりが明確になるように心掛けた。数値解析に特化した本では，連続体力学を導入し，固体，流体，気体といった解析対象を特定しない表現が好まれる。これらは，流麗ではあるが，抽象的すぎて，学部生などの初学者には向かない。執筆にあたってはこの点を強く留意した。

　紙面の関係上，大きな変形による座屈やシェル，積分変換といった内容は省かざるを得なかった。これらについては，またの機会に紹介したい。また，エネルギー原理に関しては，恩師である慶應義塾大学名誉教授の清水真佐男先生に大学院生時代にご教示いただいたものの一部が演習として導入されている。これは内部仮想仕事が外部仮想仕事になることを材料力学的観点にて確認したもので，初学者にも直観的に変分原理が理解しやすいものとなっている。筆者の手元には，清水先生の大部の資料があり，各種ケースが示されているが，残念ながら紙面の関係上，一部の紹介にとどまっている。

　本書の執筆にあたり，九州大学の矢代茂樹先生，東北大学の白須圭一先生，川越吉晃先生，南雲佳子先生，阿部圭晃先生，小野寺壮太君（現在，九州大学）にはたいへん丁寧に原稿に目を通していただき，数多くの鋭いご指摘をいただいた。特に，川越吉晃先生には，高橋博子様とともに原稿作成にもご支援いただいた。お二人の多大なるご尽力なしに，本書は日の目を見なかったと思われる。心より感謝の意を表します。

　本書が，単位をとるための通過点にとどまらず，構造，材料といったものの変形に興味を持つきっかけとなれば，筆者にとって，この上ない喜びである。

　2021 年 4 月

岡部朋永

本書のためにホームページを開設しました：http://www.plum.mech.tohoku.ac.jp/

目　　　次

1.　フーリエ級数

2.　複 素 解 析

3.　ベクトル／テンソル（指標表示）

4.　ひずみと応力

5.　弾性力学の支配方程式

6.　エネルギー原理

7.　曲線座標と有限要素法

8. 棒 の 曲 げ

9. ね　じ　り

10. 棒のせん断曲げ

11. 平 板 の 曲 げ

12.　異方性体の弾性論

13.　2 次 元 弾 性 論

14.　ヒルベルト問題

15.　線形破壊力学入門

1 フーリエ級数

　弾性力学における解析では，変位や応力などの場にまつわる関数を三角関数の無限級数であるフーリエ級数にて表すことで求解が容易となる。ここでは三角関数，微分，積分に関する基本的な内容から，フーリエ級数までをできる限り平易な表現で説明する。

1.1　三　角　関　数

　本書における導入として，三角関数における各種公式の導出から始める。ただし，三角関数そのものはすでに学習済みとして，説明を進めることとする。

　三角関数の公式において，基盤となるのが加法定理である。加法定理の導出の仕方として一般に知られているものが二つある。一つは回転行列を用いたものであり，もう一つはオイラーの公式を利用したものである。以下では，和に関する公式は回転行列を用いる方法から，差に関する公式はオイラーの公式から導出する。

回転行列を用いる方法

　2次元平面上の点 $(1, 0)$ を点 $(\cos\theta, \sin\theta)$ に，点 $(0,1)$ を点 $(-\sin\theta, \cos\theta)$ に移す回転行列 A を考える。これを式に直すと

$$A \begin{bmatrix} 1 & 0 \\ 0 & 1 \end{bmatrix} = \begin{bmatrix} \cos\theta & -\sin\theta \\ \sin\theta & \cos\theta \end{bmatrix} \tag{1.1}$$

であり，左辺の二つ目の行列が単位行列であることより，回転行列 A はつぎの

ように与えられる。

$$A = \begin{bmatrix} \cos\theta & -\sin\theta \\ \sin\theta & \cos\theta \end{bmatrix} \tag{1.2}$$

このとき，角度 $\alpha + \beta$ だけ回転させる回転行列と，角度 α と角度 β の回転を順に作用させたときの合成した回転行列が等しいとおくと

$$\begin{bmatrix} \cos(\alpha+\beta) & -\sin(\alpha+\beta) \\ \sin(\alpha+\beta) & \cos(\alpha+\beta) \end{bmatrix} = \begin{bmatrix} \cos\beta & -\sin\beta \\ \sin\beta & \cos\beta \end{bmatrix} \begin{bmatrix} \cos\alpha & -\sin\alpha \\ \sin\alpha & \cos\alpha \end{bmatrix}$$

$$= \begin{bmatrix} \cos\beta\cos\alpha - \sin\beta\sin\alpha & -\cos\beta\sin\alpha - \sin\beta\cos\alpha \\ \sin\alpha\cos\beta + \sin\beta\cos\alpha & \cos\beta\cos\alpha - \sin\beta\sin\alpha \end{bmatrix} \tag{1.3}$$

となる。よって，行列成分どうしの比較より

$$\sin(\alpha+\beta) = \sin\alpha\cos\beta + \sin\beta\cos\alpha \tag{1.4}$$

$$\cos(\alpha+\beta) = \cos\alpha\cos\beta - \sin\alpha\sin\beta \tag{1.5}$$

が得られる。

オイラーの公式を用いる方法

指数関数の積の公式 $e^{i(\alpha-\beta)} = e^{i\alpha}e^{-i\beta}$ の両辺にオイラーの公式 ($e^{i\theta} = \cos\theta + i\sin\theta$) を適用する

$$e^{i(\alpha-\beta)} = \cos(\alpha-\beta) + i\sin(\alpha-\beta) \tag{1.6}$$

$$e^{i\alpha}e^{-i\beta} = (\cos\alpha + i\sin\alpha)(\cos\beta - i\sin\beta)$$

$$= (\cos\alpha\cos\beta + \sin\alpha\sin\beta) + i(\sin\alpha\cos\beta - \sin\beta\cos\alpha) \tag{1.7}$$

よって，式 (1.6) と式 (1.7) の実部，虚部を比較することで

$$\sin(\alpha-\beta) = \sin\alpha\cos\beta - \sin\beta\cos\alpha \tag{1.8}$$

$$\cos(\alpha-\beta) = \cos\alpha\cos\beta + \sin\alpha\sin\beta \tag{1.9}$$

が得られる。

　加法定理を用いると各種公式が導出できる。例えば，三角関数どうしの積は和あるいは差の形に書き換えることが可能である。角度を A, B とすると

$$\sin A \sin B = \frac{1}{2}\{\cos(A-B) - \cos(A+B)\} \tag{1.10}$$

であり，つぎのようにして導出できる。

$$\frac{1}{2}\{\cos(A-B) - \cos(A+B)\}$$
$$= \frac{1}{2}\{(\cos A \cos B + \sin A \sin B) - (\cos A \cos B - \sin A \sin B)\}$$
$$= \sin A \sin B \tag{1.11}$$

同様にして

$$\sin A \cos B = \frac{1}{2}\{\sin(A+B) + \sin(A-B)\} \tag{1.12}$$

$$\cos A \sin B = \frac{1}{2}\{\sin(A+B) - \sin(A-B)\} \tag{1.13}$$

$$\cos A \cos B = \frac{1}{2}\{\cos(A-B) + \cos(A+B)\} \tag{1.14}$$

が得られる。

　三角関数どうしの和 $\sin A + \sin B$ から，$\alpha = (A+B)/2$ と $\beta = (A-B)/2$ とおくことで，積の形に書き換えることが可能である。

$$\sin A + \sin B = \sin(\alpha + \beta) + \sin(\alpha - \beta)$$
$$= 2\sin\alpha\cos\beta$$
$$= 2\sin\frac{A+B}{2}\cos\frac{A-B}{2} \tag{1.15}$$

同様にして

$$\sin A - \sin B = 2\sin\frac{A-B}{2}\cos\frac{A+B}{2} \tag{1.16}$$

$$\cos A + \cos B = 2 \cos \frac{A-B}{2} \cos \frac{A+B}{2} \tag{1.17}$$

$$\cos A - \cos B = -2 \sin \frac{A-B}{2} \sin \frac{A+B}{2} \tag{1.18}$$

が求められる。

つぎの三角関数の導関数は問題 1.1 に示すようにして求めることができる†。

$$(\sin x)' = \cos x \tag{1.19}$$

$$(\cos x)' = -\sin x \tag{1.20}$$

これらを組み合わせることで各種導関数が求められる。

問題 1.1　つぎの関係を示せ。

　　(1)　$(\sin x)' = \cos x$　(2)　$(\cos x)' = -\sin x$

【解答】

(1)　$(\sin x)' = \lim_{h \to 0} \dfrac{\sin(x+h) - \sin x}{h}$

$\qquad\qquad = \lim_{h \to 0} \dfrac{2}{h} \left(\sin \dfrac{h}{2} \cos \dfrac{2x+h}{2} \right) = \cos x$

(2)　$(\cos x)' = \lim_{h \to 0} \dfrac{\cos(x+h) - \cos x}{h}$

$\qquad\qquad = \lim_{h \to 0} \dfrac{2}{h} \left(-\sin \dfrac{2x+h}{2} \sin \dfrac{h}{2} \right) = -\sin x$

$\diamond$

積分と微分は逆関係にあるので，先ほどの導関数から，ただちにつぎの関係が得られる。

$$\int \cos x \, dx = \sin x + C \tag{1.21}$$

---

† （　　）$'$ は（　　）の導関数を意味する。

$$\int \sin x dx = -\cos x + C \tag{1.22}$$

問題 1.2 つぎの定積分を求めよ。ただし，m, n を整数とする。

(1) $\displaystyle\int_{-\pi}^{\pi} \cos mx dx$　(2) $\displaystyle\int_{-\pi}^{\pi} \sin mx dx$　(3) $\displaystyle\int_{-\pi}^{\pi} \sin mx \sin nx dx$

(4) $\displaystyle\int_{-\pi}^{\pi} \cos mx \cos nx dx$　(5) $\displaystyle\int_{-\pi}^{\pi} \sin mx \cos nx dx$

【解答】

(1) $\displaystyle\int_{-\pi}^{\pi} \cos mx dx = \left[\frac{1}{m}\sin mx\right]_{-\pi}^{\pi} = \begin{cases} 2\pi & (m=0)^{\dagger} \\ 0 & (m \neq 0) \end{cases}$

(2) $\displaystyle\int_{-\pi}^{\pi} \sin mx dx = \left[-\frac{1}{m}\cos mx\right]_{-\pi}^{\pi} = 0$

(3) $\displaystyle\int_{-\pi}^{\pi} \sin mx \sin nx dx = \frac{1}{2}\int_{-\pi}^{\pi}\{\cos(m-n)x - \cos(m+n)x\}dx$

$\qquad\qquad = \begin{cases} \pi & (m=n) \\ 0 & (m \neq n) \end{cases}$

(4) $\displaystyle\int_{-\pi}^{\pi} \cos mx \cos nx dx = \frac{1}{2}\int_{-\pi}^{\pi}\{\cos(m-n)x + \cos(m+n)x\}dx$

$\qquad\qquad = \begin{cases} \pi & (m=n) \\ 0 & (m \neq n) \end{cases}$

(5) $\displaystyle\int_{-\pi}^{\pi} \cos mx \sin nx dx = \frac{1}{2}\int_{-\pi}^{\pi}\{\sin(m+n)x - \sin(m-n)x\}dx$

$\qquad\qquad = 0$

---

†　$m=0$ のとき

$$与式 = \int_{-\pi}^{\pi} dx = 2\pi$$

1.2　奇関数・偶関数

区間 $-l \leqq x \leqq l$ における関数 $f(x)$ を考える。このとき，奇関数と偶関数は
つぎのように定義される。

$$\text{奇関数：} f(-x) = -f(x) \tag{1.23}$$

$$\text{偶関数：} f(-x) = f(x) \tag{1.24}$$

奇関数と偶関数には覚えておくべき重要な関係がいくつかある。これについて，
問題を通じて紹介しておく。

問題 1.3　奇関数を $f_o(x)$，偶関数を $f_e(x)$ とする。このとき，つぎの関係
を示せ。

$$\int_{-l}^{l} f_o(x)dx = 0$$

$$\int_{-l}^{l} f_e(x)dx = 2\int_{0}^{l} f_e(x)dx$$

【解答】　まず，奇関数の関係から説明する。つぎのように，区間 $-l \leqq x \leqq l$ を
$-l \leqq x \leqq 0$ と $0 \leqq x \leqq l$ の二つに分ける。

$$\int_{-l}^{l} f_o(x)dx = \int_{-l}^{0} f_o(x)dx + \int_{0}^{l} f_o(x)dx$$

このとき，右辺第 1 項において，$x = -t$ として置換積分を行う。

$$\int_{-l}^{l} f_o(x)dx = -\int_{l}^{0} f_o(-t)dt + \int_{0}^{l} f_o(x)dx$$

$$= \int_{l}^{0} f_o(t)dt + \int_{0}^{l} f_o(x)dx = 0$$

同様にして，偶関数についても題意の関係が得られる。

$$\int_{-l}^{l} f_e(x)dx = \int_{-l}^{0} f_e(x)dx + \int_{0}^{l} f_e(x)dx$$

$$= -\int_l^0 f_e(-t)dt + \int_0^l f_e(x)dx$$

$$= 2\int_0^l f_e(x)dx$$

◇

　下付きの添字 e, o を偶関数，奇関数とすると，偶関数，奇関数の積は，つぎのように奇関数になる。

$$f_e(-x)g_o(-x) = -f_e(x)g_o(x) \tag{1.25}$$

偶関数どうし，奇関数どうしの積は，つぎのように偶関数になる。

$$f_e(-x)g_e(-x) = f_e(x)g_e(x) \tag{1.26}$$

$$f_o(-x)g_o(-x) = f_o(x)g_o(x) \tag{1.27}$$

また，任意の関数 $f(x)$ はつぎのように分解できる[1]†。

$$f(x) = f_e(x) + f_o(x) \tag{1.28}$$

ただし，$f_e(x) = \dfrac{f(x) + f(-x)}{2}$, $f_o(x) = \dfrac{f(x) - f(-x)}{2}$ である。

1.3　周　期　関　数

　つぎの関係を満たすとき，$f(x)$ は基本周期 T の周期関数という。

$$f(x + nT) = f(x) \quad (T > 0) \tag{1.29}$$

ただし，n は整数である。

　問題 1.4　関数 $f(x)$ と $g(x)$ が基本周期 T の周期関数のとき，$f(x)g(x)$ も周期関数となることを示せ。

---

† 肩付き番号は巻末の引用・参考文献を示す。

【解答】 $h(x) = f(x)g(x)$ とすると

$$h(x + T) = f(x + T)g(x + T) = f(x)g(x) = h(x)$$

となり，周期関数である。

◇

1.4　フ ー リ エ 級 数

周期 2π を持つ関数 $f(x)$ $(-\pi \leqq x < \pi)$ は

$$f(x) = \frac{a_0}{2} + \sum_{n=1}^{\infty}(a_n \cos nx + b_n \sin nx) \tag{1.30}$$

として表すことができる。この級数をフーリエ級数という。このとき，問題 1.2
より a_n と b_n は

$$a_n = \frac{1}{\pi}\int_{-\pi}^{\pi} f(x)\cos nx dx \tag{1.31}$$

$$b_n = \frac{1}{\pi}\int_{-\pi}^{\pi} f(x)\sin nx dx \tag{1.32}$$

として与えられる[†]。この a_n と b_n をフーリエ係数という。

問題 1.5　つぎの関数のフーリエ係数 a_n と b_n を求めよ[1)]。

(1)　$f(x) = \begin{cases} \dfrac{1}{2} & (0 \leqq x < \pi) \\[2mm] -\dfrac{1}{2} & (-\pi \leqq x < 0) \end{cases}$

(2)　$f(x) = x \quad (-\pi \leqq x < \pi)$

(3)　$f(x) = |x| \quad (-\pi \leqq x < \pi)$

[†]　式 (1.31) と式 (1.32) に式 (1.30) を代入すると，このことが確かめられる。

【解答】

(1)　$f(x)$ は奇関数であり，$a_n = 0$。b_n はつぎのように求められる。

$$
\begin{aligned}
b_n &= \frac{1}{\pi} \int_{-\pi}^{\pi} f(x) \sin nx\, dx \\
&= \frac{2}{\pi} \int_{0}^{\pi} \frac{1}{2} \sin nx\, dx \\
&= \frac{1}{\pi} \int_{0}^{\pi} \sin nx\, dx \\
&= \frac{1}{\pi} \left[-\frac{1}{n} \cos nx \right]_{0}^{\pi} \\
&= -\frac{1}{n\pi} \{ (\cos n\pi) - 1 \} \\
&= -\frac{1}{n\pi} \{ (-1)^n - 1 \}
\end{aligned}
$$

(2)　$f(x)$ は奇関数であり，$a_n = 0$。b_n はつぎのように求められる。

$$
\begin{aligned}
b_n &= \frac{2}{\pi} \int_{0}^{\pi} x \sin nx\, dx \\
&= \frac{2}{\pi} \left\{ \left[-\frac{1}{n} x \cos nx \right]_{0}^{\pi} + \frac{1}{n} \int_{0}^{\pi} \cos nx\, dx \right\} \\
&= \frac{2}{\pi} \left\{ \left(-\frac{1}{n} \pi \cos n\pi \right) + \frac{1}{n} \left[\frac{1}{n} \sin nx \right]_{0}^{\pi} \right\} \\
&= \frac{2(-1)^{n+1}}{n}
\end{aligned}
$$

(3)　$f(x)$ は偶関数であり，$b_n = 0$。a_n はつぎのように求められる。

$$
\begin{aligned}
a_0 &= \frac{1}{\pi} \int_{-\pi}^{\pi} |x|\, dx \\
&= \frac{2}{\pi} \int_{0}^{\pi} x\, dx = \pi \\
a_n &= \frac{2}{\pi} \int_{0}^{\pi} x \cos nx\, dx \\
&= \frac{2}{\pi} \left\{ \left[\frac{1}{n} x \sin nx \right]_{0}^{\pi} - \frac{1}{n} \int_{0}^{\pi} \sin nx\, dx \right\} \\
&= \frac{2}{n\pi} \left[\frac{1}{n} \cos nx \right]_{0}^{\pi} \\
&= \frac{2}{n^2 \pi} \{ (-1)^n - 1 \}
\end{aligned}
$$

$\Diamond$

フーリエ級数には線形性があり，$f(x)$ のフーリエ係数を $a_n(f)$ と $b_n(f)$，$g(x)$ のフーリエ係数を $a_n(g)$ と $b_n(g)$ としたときに，任意の定数 c, d において，$cf(x) + dg(x)$ のフーリエ係数はそれぞれ，$ca_n(f) + da_n(g)$，$cb_n(f) + db_n(g)$ にて与えられる。

また，上に与えられたフーリエ級数は周期関数として与えられている。よって，区間 $-\pi \leqq x < \pi$ にて与えられた関数 $f(x)$ をフーリエ級数で表して，その後，その級数を区間 $-\infty \leqq x < \infty$ にて用いると，周期関数としての値が戻ってくる。このように，本来周期性がない関数を，周期関数とすることを周期的拡張という。

1.5　フーリエ余弦級数・フーリエ正弦級数

区間 $0 \leqq x < \pi$ にて与えられた関数 $f(x)$ を偶関数 $f(x) = f(-x)$ とすることで区間 $-\pi \leqq x < \pi$ に広げ，かつ，周期的拡張することで，関数 $f(x)$ のつぎのようなフーリエ級数を作ることができる。

$$f(x) = \frac{a_0}{2} + \sum_{n=1}^{\infty} a_n \cos nx \tag{1.33}$$

$$a_n = \frac{2}{\pi} \int_0^{\pi} f(x) \cos nx dx \tag{1.34}$$

$f(x)$ は偶関数であり，$b_n = 0$ であることを利用している。この級数をフーリエ余弦級数という。

問題 1.6

$$f(x) = x \quad (0 \leqq x < \pi)$$

のフーリエ余弦級数の係数を求めよ。

【解答】　偶関数 $f(x) = f(-x)$ とすることで区間 $-\pi \leqq x < \pi$ に広げると

$$f(x) = |x| \quad (-\pi \leqq x < \pi)$$

となる。このときの係数は問題 1.5 (3) に与えられており

$$a_0 = \pi, \quad a_n = \frac{2}{n^2\pi}\{(-1)^n - 1\}$$

となる。

◇

　先ほどと同様に，区間 $0 \leqq x < \pi$ にて与えられた関数 $f(x)$ を奇関数 $f(x) = -f(-x)$ とすることで区間 $-\pi \leqq x < \pi$ に広げ，かつ，周期的拡張することで，関数 $f(x)$ のつぎのようなフーリエ級数を作ることができる。

$$f(x) = \sum_{n=1}^{\infty} b_n \sin nx \tag{1.35}$$

$$b_n = \frac{2}{\pi} \int_0^\pi f(x) \sin nx\, dx \tag{1.36}$$

$f(x)$ は奇関数であり，$a_n = 0$ であることを利用している。この級数をフーリエ正弦級数という。

問題 1.7

$$f(x) = x \quad (0 \leqq x < \pi)$$

のフーリエ正弦級数の係数を求めよ。

【解答】 関数 $f(x)$ を奇関数 $f(x) = -f(-x)$ とすることで，区間 $-\pi \leqq x < \pi$ に広げると

$$f(x) = x \quad (-\pi \leqq x < \pi)$$

となる。このときの係数は問題 1.5 (2) に与えられており

$$b_n = \frac{2(-1)^{n+1}}{n}$$

となる。

1.6　一般周期におけるフーリエ級数

$f(x)$ が，基本となる区間を $-L \leqq x < L$ に持ち，基本周期が $2L$ の周期関数とする。$x = Lt/\pi$ とすると

$$h(t) \equiv f\left(\frac{Lt}{\pi}\right) \quad (-\pi \leqq t < \pi) \tag{1.37}$$

と書ける。このとき，$h(t)$ のフーリエ級数は

$$h(t) = \frac{a_0}{2} + \sum_{n=1}^{\infty}(a_n \cos nt + b_n \sin nt) \tag{1.38}$$

であり，これに $t = \pi x/L$ を代入すると

$$f(x) = \frac{a_0}{2} + \sum_{n=1}^{\infty}\left(a_n \cos\frac{n\pi x}{L} + b_n \sin\frac{n\pi x}{L}\right) \tag{1.39}$$

となる。このとき，$t = \pi x/L$ を用いた置換積分を考えると，一般周期におけるフーリエ級数 a_n, b_n がつぎのように得られる。

$$\begin{aligned}
a_n &= \frac{1}{\pi}\int_{-\pi}^{\pi} h(t)\cos nt\,dt \\
&= \frac{1}{\pi}\int_{-L}^{L} f(x)\cos\frac{n\pi x}{L}\left(\frac{\pi}{L}\right)dx \\
&= \frac{1}{L}\int_{-L}^{L} f(x)\cos\frac{n\pi x}{L}\,dx
\end{aligned} \tag{1.40}$$

$$\begin{aligned}
b_n &= \frac{1}{\pi}\int_{-\pi}^{\pi} h(t)\sin nt\,dt \\
&= \frac{1}{\pi}\int_{-L}^{L} f(x)\sin\frac{n\pi x}{L}\left(\frac{\pi}{L}\right)dx \\
&= \frac{1}{L}\int_{-L}^{L} f(x)\sin\frac{n\pi x}{L}\,dx
\end{aligned} \tag{1.41}$$

このときフーリエ余弦級数は

$$f(x) = \frac{a_0}{2} + \sum_{n=1}^{\infty} a_n \cos\frac{n\pi x}{L} \tag{1.42}$$

$$a_n = \frac{2}{L} \int_0^L f(x) \cos \frac{n\pi x}{L} dx \tag{1.43}$$

となり，フーリエ正弦級数は

$$f(x) = \sum_{n=1}^{\infty} b_n \sin \frac{n\pi x}{L} \tag{1.44}$$

$$b_n = \frac{2}{L} \int_0^L f(x) \sin \frac{n\pi x}{L} dx \tag{1.45}$$

となる。

2 複 素 解 析

複素解析を用いることで，き裂まわりなどの2次元解析が可能となる。この章では弾性力学にて必要な複素解析の概要について簡単に述べる[2),3)]。

2.1 複 素 数

良く知られているように $i = \sqrt{-1}$ という数を導入し，これを虚数と呼ぶこととする。このとき，二つの実数 x, y を導入してつぎのような新たな数 z を作る。

$$z = x + iy \tag{2.1}$$

これを複素数という。この複素数は実数と虚数の和からなり，実数の部分 $\mathrm{Re}[z]$（今後，実部と呼ぶ）と虚数の部分 $\mathrm{Im}[z]$（今後，虚部と呼ぶ）はつぎのように与えられる。

$$x = \mathrm{Re}[z], \quad y = \mathrm{Im}[z] \tag{2.2}$$

複素数 z に対して，つぎの共役複素数 $\bar{z}$ を作ることができる。

$$\bar{z} = x - iy \tag{2.3}$$

複素数の絶対値 $|z|$ は，ピタゴラスの定理を利用することで

$$|z| = \sqrt{x^2 + y^2} \tag{2.4}$$

として与えられるが，共役複素数 $\bar{z}$ を用いると，つぎのようにも書ける。

$$|z|^2 = z\bar{z} \tag{2.5}$$

実部を横軸，虚部を縦軸にとると，複素数 z を 2 次元平面上の 1 点として表すことができる。このように，複素数からなる 2 次元平面を複素数平面あるいはガウス平面という。このとき，極座標を利用することが可能であり

$$z = r(\cos\theta + i\sin\theta) \tag{2.6}$$

$$r = |z|, \quad \theta = \arg z \tag{2.7}$$

として書くことができる。この表記法を極形式という。ここで $\theta = \arg z$ を偏角と呼び，実軸と z を原点と結ぶ線との間の角に対応する。当然，つぎの関係

$$x = r\cos\theta, \quad y = r\sin\theta \tag{2.8}$$

が成り立つ。複素数の計算では，オイラーの公式 $e^{i\theta} = \cos\theta + i\sin\theta$ がたいへん有用である。下記は，特に利用されるオイラーの公式である。

$$\cos\theta = \frac{e^{i\theta} + e^{-i\theta}}{2}, \quad \sin\theta = \frac{e^{i\theta} - e^{-i\theta}}{2i} \tag{2.9}$$

$$e^{-i\theta} = \frac{1}{e^{i\theta}} = \cos\theta - i\sin\theta \tag{2.10}$$

$$e^{i(\theta_1 + \theta_2)} = e^{i\theta_1} e^{i\theta_2} \tag{2.11}$$

極形式にオイラーの公式を用いると

$$z = re^{i\theta} \tag{2.12}$$

と書ける。このとき，共役複素数については $\bar{z} = re^{-i\theta}$ となる。

四則演算については実数と同様に考えて良く，和と差については，$z_1 = x_1 + iy_1$，$z_2 = x_2 + iy_2$ としたときに

$$z_1 + z_2 = (x_1 + x_2) + i(y_1 + y_2) \tag{2.13}$$

$$z_1 - z_2 = (x_1 - x_2) + i(y_1 - y_2) \tag{2.14}$$

となり，積と商については，$z_1 = r_1 e^{i\theta_1}$，$z_2 = r_2 e^{i\theta_2}$ について

$$z_1 z_2 = r_1 r_2 e^{i(\theta_1 + \theta_2)} \tag{2.15}$$

$$\frac{z_1}{z_2} = \frac{r_1}{r_2} e^{i(\theta_1 - \theta_2)} \tag{2.16}$$

と書ける。$z^n = r^n e^{in\theta} = r^n(\cos n\theta + i\sin n\theta)$ $(n = 1, 2, \cdots)$ とすると

$$(\cos\theta + i\sin\theta)^n = \cos n\theta + i\sin n\theta \tag{2.17}$$

となることは容易にわかるだろう。これをド・モアブルの定理という。複素数の絶対値 $|z|$ については，つぎの関係が成り立つことが知られている。

$$|z_1 + z_2| \leqq |z_1| + |z_2| \tag{2.18}$$

$$|z_1 z_2| = |z_1||z_2|, \quad \arg(z_1 z_2) = \arg z_1 + \arg z_2 \tag{2.19}$$

$$\left|\frac{z_1}{z_2}\right| = \frac{|z_1|}{|z_2|}, \quad \arg\frac{z_1}{z_2} = \arg z_1 - \arg z_2 \tag{2.20}$$

2.2 複 素 関 数

実数と同じようにして関数をつぎのように定義することができる。

$$w = f(z) = u(x, y) + iv(x, y) \tag{2.21}$$

複素関数においては，$z \in D \to w = f(z) \in G$ のように領域 D から領域 G の写像として関数をとらえることが重要である。以下に具体的な関数を紹介する。

指数関数はつぎのように定義される。

$$e^z \equiv e^x e^{iy} = e^x(\cos y + i\sin y) \tag{2.22}$$

このとき，つぎの法則が成り立つ。

$$e^{-z} = \frac{1}{e^z} \tag{2.23}$$

$$e^{z_1 + z_2} = e^{z_1} e^{z_2} \tag{2.24}$$

三角関数においては，まず，実数におけるオイラーの公式の拡張を導入しよう。

$$e^{iz} = \cos z + i \sin z \tag{2.25}$$

すると，つぎのように定義される。

$$\cos z \equiv \frac{e^{iz} + e^{-iz}}{2} \tag{2.26}$$

$$\sin z \equiv \frac{e^{iz} - e^{-iz}}{2i} \tag{2.27}$$

加法定理も実数の拡張により与えられる。

$$\cos(z_1 \pm z_2) = \cos z_1 \cos z_2 \mp \sin z_1 \sin z_2 \tag{2.28}$$

$$\sin(z_1 \pm z_2) = \sin z_1 \cos z_2 \pm \cos z_1 \sin z_2 \tag{2.29}$$

双曲線関数も実数における定義の拡張により与えられる。

$$\cosh z \equiv \frac{e^z + e^{-z}}{2} \tag{2.30}$$

$$\sinh z \equiv \frac{e^z - e^{-z}}{2} \tag{2.31}$$

べき根 $w = \sqrt[n]{z}$ については注意が必要である。このべき根をべき関数 $z = w^n$ に直して考えると

$$w = w_0,\ e^{\frac{2\pi i}{n}} w_0,\ e^{\frac{4\pi i}{n}} w_0,\ \cdots,\ e^{\frac{2\pi(n-1)i}{n}} w_0 \tag{2.32}$$

のすべての複素数において $z = w_0^n$ という解を持つ。このように一つの z に対して n 個の w の値を持つ $w = \sqrt[n]{z}$ を多価関数という[1]。n 個の w のことを分岐という[2]。

　対数関数は指数関数の逆関数として，つぎのように定義できる。

$$w = \log z \Leftrightarrow z = e^w \tag{2.33}$$

このとき，極形式 $z = re^{i\theta}$ $(r > 0, 0 \leqq \theta < 2\pi)$ を用いれば，$e^{i(2n\pi)} = 1$ に注意すると

$$w = \log z = \log r + i(\theta + 2n\pi) \quad (n = 0, \pm 1, \pm 2, \cdots) \tag{2.34}$$

となり，一つの z に対して無数の w が存在する．この場合も多価関数である．

2.3　複素関数の微分

複素変数 z の関数 $w = f(z)$ について，z_0 における微分係数は，実数の場合と同様に

$$\left.\frac{dw}{dz}\right|_{z=z_0} = f'(z_0) \equiv \lim_{z \to z_0} \frac{f(z) - f(z_0)}{z - z_0} \quad (z_0 \in D) \tag{2.35}$$

として与えられる．実数の場合と同様に，$f'(z)$, $\dfrac{df(z)}{dz}$ を導関数と呼ぶ．微分が可能な関数 $w = f(z)$ を正則関数または解析関数という[2]．あるいは $z_0 \in D$ において $w = f(z)$ は正則という．$f(z) = u(x, y) + iv(x, y)$ が微分可能であるとき，つぎの関係を満たす必要がある．

$$\frac{\partial u}{\partial x} = \frac{\partial v}{\partial y}, \quad \frac{\partial u}{\partial y} = -\frac{\partial v}{\partial x} \tag{2.36}$$

この式をコーシー・リーマンの関係という．導関数の別表現として

$$f'(z) = u_x(z) + iv_x(z) = v_y(z) - iu_y(z) \tag{2.37}$$

として与えれられる．直接 z で微分しないでこちらを使うことも多いので，重要な表現である．二つの調和関数 $u(x, y)$, $v(x, y)$ がコーシー・リーマンの関係を満たすとき，たがいを共役調和関数[1] という．

初等関数の微分公式は，実数の場合の自然な拡張として与えられる．

2.4　複素関数の積分

複素関数の積分は本質的に線積分である．したがって，つぎのように書くことができる．

$$\int_C f(z)dz = \int_C (u + iv)(dx + idy)$$

$$= \int_C (udx - vdy) + i \int_C (vdx + udy) \qquad (2.38)$$

このとき，曲線 C がつぎのように t にてパラメータ表示されるとする。

$$C : z(t) = x(t) + iy(t) \quad (\alpha \leqq t \leqq \beta) \qquad (2.39)$$

すると，線積分はつぎのように書ける。

$$\int_C f(z)dz = \int_\alpha^\beta \left(u\frac{dx}{dt} - v\frac{dy}{dt} \right) dt + i \int_\alpha^\beta \left(v\frac{dx}{dt} + u\frac{dy}{dt} \right) dt \quad (2.40)$$

このことをつぎのように書く教科書もある[2]。

$$\int_C f(z)dz = \int_\alpha^\beta f(z(t))\frac{dz(t)}{dt}dt \qquad (2.41)$$

複素関数の積分に関して，つぎの基本公式が成り立つ[2]。

$$\int_C f(z)dz = \int_{C_1} f(z)dz + \int_{C_2} f(z)dz \quad (C = C_1 + C_2) \qquad (2.42)$$

$$\int_C f(z)dz = - \int_{-C} f(z)dz \qquad (2.43)$$

問題 2.1 点 $z = a$ を中心として，半径 R の円を曲線 C とする。このとき，つぎの関数の曲線 C に沿った積分を示せ[2]。

$$\int_C \frac{1}{z - a}dz = 2\pi i$$

【解答】 曲線 C の方程式は $z = a + Re^{i\theta}$ $(0 \leqq \theta < 2\pi)$ と書けるので

$$\int_0^{2\pi} \frac{1}{Re^{i\theta}}(iRe^{i\theta})d\theta = 2\pi i$$

となる。

◇

問題 2.2 問題 2.1 における曲線 C でつぎの積分を示せ[2]。

$$\int_C \frac{1}{(z-a)^n} dz = 0 \quad (n > 1)$$

【解答】

$$\frac{i}{R^{n-1}} \int_0^{2\pi} e^{-i(n-1)\theta} d\theta = 0$$

2.5　コーシーの積分定理

曲線 C の囲む閉領域内部において正則な関数ではつぎの公式が成り立つ。

$$\int_C f(z) dz = 0 \tag{2.44}$$

この公式をコーシーの積分定理という[1]。

問題 2.3 $f(z)$ は C_1 と C_2 とで囲まれた領域で正則とする。このとき

$$\int_{C_1} f(z) dz = \int_{C_2} f(z) dz$$

を示せ[2]。

【解答】　図 2.1 を考える。コーシーの積分定理より

$$\int_{BSRBAQPAB} f(z) dz = 0$$

$$\int_{BSRB} f(z) dz + \int_{BA} f(z) dz + \int_{APQA} f(z) dz + \int_{AB} f(z) dz = 0$$

$$\Leftrightarrow \int_{BSRB} f(z) dz = -\int_{APQA} f(z) dz$$

$$\Leftrightarrow \int_{C_1} f(z) dz = \int_{C_2} f(z) dz$$

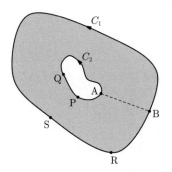

図 **2.1**　C_1 と C_2 とで
囲まれた領域[2)]

問題 2.4　図 **2.2** のように曲線 C の囲む閉領域の内部に $z = a$ を中心とし
た，半径 R の円 C_1 がある。このとき，つぎを示せ。

$$\int_C \frac{1}{z-a}dz = \int_{C_1} \frac{1}{z-a}dz = 2\pi i$$

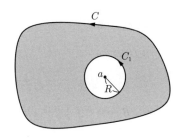

図 **2.2**　曲線 C_1 を内部に
含む閉領域[2)]

【解答】　問題 2.1 と問題 2.3 より

$$\int_C \frac{1}{z-a}dz = \int_{C_1} \frac{1}{z-a}dz = 2\pi i$$

コーシーの積分定理と上の問題から，つぎのコーシーの積分公式が得られる。

$$f(a) = \frac{1}{2\pi i}\int_C \frac{f(z)}{z-a}dz \tag{2.45}$$

ただし，a は C の内部の点とする。

問題 2.5 コーシーの積分公式を導出せよ[2]。

【解答】 問題 2.4 の図 2.2 をそのまま使うことにする。$f(z)/(z-a)$ は C と C_1 との間は正則関数であるので，問題 2.3 から

$$\int_C \frac{f(z)}{z-a}dz = \int_{C_1} \frac{f(z)}{z-a}dz \tag{2.46}$$

である。右辺の計算をする上で，つぎの関係を利用する。

$$\int_{C_1} \frac{f(z)-f(a)}{z-a}dz = \int_{C_1} \frac{f(z)}{z-a}dz - f(a)\int_{C_1} \frac{1}{z-a}dz$$
$$= \int_{C_1} \frac{f(z)}{z-a}dz - 2\pi i f(a)$$

このとき，R を十分に小さくとると，微小量 ε を用いて

$$|f(z)-f(a)| < \varepsilon$$

とできるから，$R \to 0$ では

$$\left|\int_{C_1} \frac{f(z)-f(a)}{z-a}dz\right| \leqq \int_{C_1} \frac{|f(z)-f(a)|}{|z-a|}ds$$
$$< \frac{\varepsilon}{R}\int_{C_1} ds = 2\pi\varepsilon \to 0$$

となる。ここで s は C_1 の弧長である。したがって

$$\int_{C_1} \frac{f(z)}{z-a}dz = 2\pi i f(a)$$

を得る。式 (2.46) は R には依存しないため，$R \to 0$ とすると式 (2.45) を得る。

問題 2.6 つぎの関数の指定した閉曲線 C に沿った積分値を求めよ[3]。

$$\frac{z^4+1}{z^2-2iz} \quad (C : |z| = 1)$$

【解答】

$$\int_C \frac{z^4+1}{z^2-2iz}dz = \int_C \frac{1}{z}\frac{z^4+1}{z-2i}dz = 2\pi i\left(\left.\frac{z^4+1}{z-2i}\right|_{z=0}\right) = 2\pi i\frac{1}{-2i} = -\pi$$

コーシーの積分公式は，より一般的につぎのようにして与えられることもある。

$$f^{(n)}(a) = \frac{n!}{2\pi i} \int_C \frac{f(z)}{(z-a)^{n+1}} dz \quad (n = 1, 2, \cdots) \tag{2.47}$$

問題 2.7 式 (2.47) を導出せよ。

【解答】 a の近くの $a+h$ でコーシーの積分公式を適用する。

$$f(a+h) = \frac{1}{2\pi i} \int_C \left(\frac{f(z)}{z-a-h} \right) dz$$

これから

$$\begin{aligned}
f'(a) &= \lim_{h \to 0} \frac{f(a+h) - f(a)}{h} \\
&= \lim_{h \to 0} \frac{1}{2\pi i} \int_C \frac{1}{h} \left(\frac{f(z)}{z-a-h} - \frac{f(z)}{z-a} \right) dz \\
&= \frac{1}{2\pi i} \int_C \frac{f(z)}{(z-a)^2} dz
\end{aligned}$$

同様にして

$$f''(a) = \frac{2!}{2\pi i} \int_C \frac{f(z)}{(z-a)^3} dz, \cdots, f^{(n)}(a) = \frac{n!}{2\pi i} \int_C \frac{f(z)}{(z-a)^{n+1}} dz$$

を得る[2)]。 ◇

問題 2.8 つぎの関数の指定した閉曲線 C に沿った積分値を求めよ[3)]。

$$\frac{\sin(\pi z/2)}{(z-1)^3} \quad \left(C : \left| z - \frac{1}{2} \right| = 1 \right)$$

【解答】

$$\begin{aligned}
\int_C \frac{\sin(\pi z/2)}{(z-1)^3} dz &= \frac{2\pi i}{2!} \frac{d^2}{dz^2} \sin \frac{\pi z}{2} \bigg|_{z=1} \\
&= \pi i \left[-\left(\frac{\pi}{2} \right)^2 \sin \frac{\pi z}{2} \right]_{z=1} = -\frac{\pi^3}{4} i
\end{aligned}$$

2.6 級 数 展 開

実数のテイラー展開の自然な拡張で複素数のテイラー展開が得られる[†]。

$$f(z) = \sum_{n=0}^{\infty} c_n (z-a)^n,$$

$$c_n = \frac{f^{(n)}(a)}{n!} = \frac{1}{2\pi i} \int_C \frac{f(z)}{(z-a)^{n+1}} dz \qquad (2.48)$$

問題 2.9 つぎの関数をマクローリン展開（$a = 0$ でのテイラー展開）せよ[3]。

$$\log(1+z)$$

【解答】 $f(z) = \log(1+z)$ とすると

$$f'(z) = \frac{1}{1+z},\ f''(z) = \frac{-1}{(1+z)^2},\ \cdots,\ f^{(n)}(z) = \frac{(-1)^{n-1}(n-1)!}{(1+z)^n}$$

であり，$z = 0$ を代入すると

$$f'(0) = 1,\ f''(0) = -1,\ \cdots,\ f^{(n)}(0) = (-1)^{n-1}(n-1)!$$

$$\Leftrightarrow \frac{f^{(n)}(0)}{n!} = \frac{(-1)^{n-1}}{n}$$

となる。よって次式を得る。ただし，$|z| < 1$ である。

$$\log(1+z) = z - \frac{z^2}{2} + \frac{z^3}{3} + \cdots = \sum_{n=1}^{\infty} \frac{(-1)^{n-1}}{n} z^n \qquad \Diamond$$

つぎの級数は特に重要である[3]。

$$\frac{1}{c-z} = \sum_{n=0}^{\infty} \frac{z^n}{c^{n+1}} \quad (|z| < |c|,\ c \neq 0) \qquad (2.49)$$

[†] 厳密には正則な領域内の最大円板内 $|z-a| < R$（実数）において得られる。

$$e^z = \sum_{n=0}^{\infty} \frac{z^n}{n!} \quad (|z| < \infty) \tag{2.50}$$

$$\cos z = \sum_{n=0}^{\infty} \frac{(-1)^n}{(2n)!} z^{2n} \quad (|z| < \infty) \tag{2.51}$$

$$\sin z = \sum_{n=0}^{\infty} \frac{(-1)^n}{(2n+1)!} z^{2n+1} \quad (|z| < \infty) \tag{2.52}$$

問題 2.10　つぎの関数を $z-1$ にてテイラー展開せよ[3]。

$$\frac{1}{z^2 - 2z + 2}$$

【解答】　$Z = (z-1)^2$ とすると

$$\frac{1}{1+Z} = \sum_{n=0}^{\infty} (-1)^n Z^n = \sum_{n=0}^{\infty} (-1)^n (z-1)^{2n}$$

このとき，$z=1$ におけるテイラー展開という。ただし，$|z-1| < 1$ である。

3 ベクトル／テンソル（指標表示）

ベクトルやテンソルは，弾性力学を記述するための言語のようなものである[13],[14]。ここでは，準備として，これらを極力，抽象的な表現をしないように心掛けながら紹介する。

3.1 ベ ク ト ル

まずは，高校数学の復習から入ろう。長さと方向を持つものをベクトルという。基本ベクトルが $(e_1,\ e_2,\ e_3)$ として与えられるとき，任意のベクトル $\boldsymbol{a}$ は次式で与えられる。

$$\boldsymbol{a} = a_1\boldsymbol{e}_1 + a_2\boldsymbol{e}_2 + a_3\boldsymbol{e}_3 \tag{3.1}$$

このとき，基本ベクトルをつぎのように書くことにする。

$$\boldsymbol{e}_1 = \begin{bmatrix} 1 \\ 0 \\ 0 \end{bmatrix}, \quad \boldsymbol{e}_2 = \begin{bmatrix} 0 \\ 1 \\ 0 \end{bmatrix}, \quad \boldsymbol{e}_3 = \begin{bmatrix} 0 \\ 0 \\ 1 \end{bmatrix} \tag{3.2}$$

すると，式 (3.1) はつぎのように書くこともできるだろう。

$$\boldsymbol{a} = a_1 \begin{bmatrix} 1 \\ 0 \\ 0 \end{bmatrix} + a_2 \begin{bmatrix} 0 \\ 1 \\ 0 \end{bmatrix} + a_3 \begin{bmatrix} 0 \\ 0 \\ 1 \end{bmatrix} = \begin{bmatrix} a_1 \\ a_2 \\ a_3 \end{bmatrix} \tag{3.3}$$

よって，ベクトルとは 3 行 1 列の行列と考えることもできる。これを利用して，ベクトル $\boldsymbol{b} = b_1\boldsymbol{e}_1 + b_2\boldsymbol{e}_2 + b_3\boldsymbol{e}_3$ との内積はつぎのように書くことができる。

$$\boldsymbol{a} \cdot \boldsymbol{b} = [a_1 \ a_2 \ a_3] \begin{bmatrix} b_1 \\ b_2 \\ b_3 \end{bmatrix} = a_1 b_1 + a_2 b_2 + a_3 b_3 \tag{3.4}$$

つまり内積は 1 行 3 列の行列と 3 行 1 列の行列の積を表している。すると，基本ベクトル間の内積は

$$\boldsymbol{e}_i \cdot \boldsymbol{e}_j = \begin{cases} 1 & (i = j) \\ 0 & (i \neq j) \end{cases} \tag{3.5}$$

として与えられる。つぎのように具体的に数字を入れてみると確かめることができる。例えば $i = 1$, $j = 1$ の場合

$$\boldsymbol{e}_1 \cdot \boldsymbol{e}_1 = [1 \ 0 \ 0] \begin{bmatrix} 1 \\ 0 \\ 0 \end{bmatrix} = 1 \tag{3.6}$$

となり，$i = 1$, $j = 2$ の場合

$$\boldsymbol{e}_1 \cdot \boldsymbol{e}_2 = [1 \ 0 \ 0] \begin{bmatrix} 0 \\ 1 \\ 0 \end{bmatrix} = 0 \tag{3.7}$$

これらは，式 (3.5) を満たしている。また，内積はつぎのように書くこともできる。

$$\boldsymbol{a} \cdot \boldsymbol{b} = a_1 b_1 + a_2 b_2 + a_3 b_3 = \sum_{i=1}^{3} a_i b_i = a_i b_i \tag{3.8}$$

式 (3.8) において最右辺の式から総和記号が抜け落ちている。これは同じ項において添字が 2 回現れたときには，総和記号を省略しても良いというルール（総和規約）を適用した結果である。今後も総和規約を積極的に利用していく。総

和の記号は仮に添字 i を使っているにすぎないので，つぎのように添字をつけ替えても良い。

$$a_i b_i = a_j b_j = a_k b_k \tag{3.9}$$

以降では，この添字のつけ替えも積極的に利用していこう。ベクトルでは内積と同様に外積も良く利用される。外積はつぎのように定義される。

$$\boldsymbol{a} \times \boldsymbol{b} = (|\boldsymbol{a}||\boldsymbol{b}|\sin\theta)\boldsymbol{n} \tag{3.10}$$

$\boldsymbol{n}$ は基本ベクトルであり，$\boldsymbol{a}$ を $\boldsymbol{b}$ に重ねるように回転させたときの右ねじの進行方向にとる。これより，基本ベクトルに関して，つぎの関係が成り立つ。

$$\boldsymbol{e}_1 \times \boldsymbol{e}_1 = \boldsymbol{0}, \qquad \boldsymbol{e}_1 \times \boldsymbol{e}_2 = \boldsymbol{e}_3, \qquad \boldsymbol{e}_1 \times \boldsymbol{e}_3 = -\boldsymbol{e}_2,$$

$$\boldsymbol{e}_2 \times \boldsymbol{e}_1 = -\boldsymbol{e}_3, \qquad \boldsymbol{e}_2 \times \boldsymbol{e}_2 = \boldsymbol{0}, \qquad \boldsymbol{e}_2 \times \boldsymbol{e}_3 = \boldsymbol{e}_1,$$

$$\boldsymbol{e}_3 \times \boldsymbol{e}_1 = \boldsymbol{e}_2, \qquad \boldsymbol{e}_3 \times \boldsymbol{e}_2 = -\boldsymbol{e}_1, \qquad \boldsymbol{e}_3 \times \boldsymbol{e}_3 = \boldsymbol{0} \tag{3.11}$$

これをつぎのようにまとめることができる。

$$\boldsymbol{e}_i \times \boldsymbol{e}_j = \varepsilon_{ijk}\boldsymbol{e}_k \tag{3.12}$$

$$\varepsilon_{ijk} = \begin{cases} 1 : (i,\ j,\ k) = (1,\ 2,\ 3), (2,\ 3,\ 1), (3,\ 1,\ 2) \\ -1 : (i,\ j,\ k) = (3,\ 2,\ 1),\ (1,\ 3,\ 2),\ (2,\ 1,\ 3) \\ 0 : 上記以外 \end{cases} \tag{3.13}$$

ここで，ε_{ijk} をレビ・チビタの記号という。さて，ここまで準備しておくと外積はスムーズに導出でき，総和記号を用いて

$$\boldsymbol{a} \times \boldsymbol{b} = a_i\boldsymbol{e}_i \times b_j\boldsymbol{e}_j = \varepsilon_{ijk}a_i b_j \boldsymbol{e}_k \tag{3.14}$$

と書くことができる。これがベクトル解析で出てきた外積と同じものかどうかは，総和規約と式 (3.13) にあるように添字が二つ以上同じときには 0 であることに注意し，つぎのように確かめることができる。

$$\varepsilon_{ijk}a_ib_j\boldsymbol{e}_k$$

$$= \varepsilon_{123}a_1b_2\boldsymbol{e}_3 + \varepsilon_{132}a_1b_3\boldsymbol{e}_2 + \varepsilon_{231}a_2b_3\boldsymbol{e}_1$$

$$+ \varepsilon_{213}a_2b_1\boldsymbol{e}_3 + \varepsilon_{312}a_3b_1\boldsymbol{e}_2 + \varepsilon_{321}a_3b_2\boldsymbol{e}_1$$

$$= (+1)a_1b_2\boldsymbol{e}_3 + (-1)a_1b_3\boldsymbol{e}_2 + (+1)a_2b_3\boldsymbol{e}_1$$

$$+ (-1)a_2b_1\boldsymbol{e}_3 + (+1)a_3b_1\boldsymbol{e}_2 + (-1)a_3b_2\boldsymbol{e}_1$$

$$= (a_2b_3 - a_3b_2)\,\boldsymbol{e}_1 + (a_3b_1 - a_1b_3)\,\boldsymbol{e}_2 + (a_1b_2 - a_2b_1)\,\boldsymbol{e}_3 \quad (3.15)$$

これは行列式の表記法を用いると，つぎのように書かれることもある。

$$\boldsymbol{a} \times \boldsymbol{b} = \begin{vmatrix} \boldsymbol{e}_1 & \boldsymbol{e}_2 & \boldsymbol{e}_3 \\ a_1 & a_2 & a_3 \\ b_1 & b_2 & b_3 \end{vmatrix} \quad (3.16)$$

具体的に調べてみよう。

$$\boldsymbol{a} \times \boldsymbol{b} = \begin{vmatrix} \boldsymbol{e}_1 & \boldsymbol{e}_2 & \boldsymbol{e}_3 \\ a_1 & a_2 & a_3 \\ b_1 & b_2 & b_3 \end{vmatrix}$$

$$= \begin{vmatrix} a_2 & a_3 \\ b_2 & b_3 \end{vmatrix}\boldsymbol{e}_1 + \begin{vmatrix} a_3 & a_1 \\ b_3 & b_1 \end{vmatrix}\boldsymbol{e}_2 + \begin{vmatrix} a_1 & a_2 \\ b_1 & b_2 \end{vmatrix}\boldsymbol{e}_3$$

$$= (a_2b_3 - a_3b_2)\boldsymbol{e}_1 + (a_3b_1 - a_1b_3)\boldsymbol{e}_2 + (a_1b_2 - a_2b_1)\boldsymbol{e}_3$$

$$(3.17)$$

となり，式 (3.15) と一致する。

　ここで，指標による表現において，とても有用なもう一つの記号をつぎのように導入する。

$$\delta_{ij} = \begin{cases} 1 & (i = j) \\ 0 & (i \neq j) \end{cases} \quad (3.18)$$

これをクロネッカーのデルタと呼ぶ。式 (3.5) の内積とまったく同じ形をしていることから，つぎのようにも書ける。

$$\delta_{ij} = \boldsymbol{e}_i \cdot \boldsymbol{e}_j \tag{3.19}$$

また，クロネッカーのデルタにはつぎのような公式がある。

$$\delta_{ij} = \delta_{ji} \quad (\text{対称性}) \tag{3.20}$$

$$\delta_{kk} = \delta_{11} + \delta_{22} + \delta_{33} = 3 \quad (\text{総和}) \tag{3.21}$$

$$a_i = \delta_{ij} a_j \quad (\text{推移}) \tag{3.22}$$

これらに加えて，レビ・チビタの記号とクロネッカーのデルタとの関係を表したつぎの関係もたいへん重要である。

$$\varepsilon_{ijk} \varepsilon_{ilm} = \delta_{jl} \delta_{km} - \delta_{jm} \delta_{kl} \tag{3.23}$$

このとき，レビ・チビタの記号にはつぎのような巡回（左端の添字を右端に持ってくる）および交換（二つの添字を入れ替えて −1 をかける）のルールを知っておくと便利である。

$$\varepsilon_{ijk} = \varepsilon_{jki} = \varepsilon_{kij} \quad (\text{巡回}) \tag{3.24}$$

$$\varepsilon_{ijk} = -\varepsilon_{jik} \quad (\text{交換}) \tag{3.25}$$

問題 3.1　つぎの関係を示せ。

$$(\boldsymbol{a} \times \boldsymbol{b}) \times \boldsymbol{c} = (\boldsymbol{a} \cdot \boldsymbol{c})\boldsymbol{b} - (\boldsymbol{b} \cdot \boldsymbol{c})\boldsymbol{a}$$

【解答】

$$\begin{aligned}
(\boldsymbol{a} \times \boldsymbol{b}) \times \boldsymbol{c} &= \varepsilon_{ijk} a_i b_j \boldsymbol{e}_k \times c_l \boldsymbol{e}_l \\
&= \varepsilon_{kij} \varepsilon_{klm} a_i b_j c_l \boldsymbol{e}_m \\
&= (\delta_{il} \delta_{jm} - \delta_{im} \delta_{jl}) a_i b_j c_l \boldsymbol{e}_m
\end{aligned}$$

$$= (a_i c_i) b_j \boldsymbol{e}_j - (b_j c_j) a_i \boldsymbol{e}_i$$

$$= (\boldsymbol{a} \cdot \boldsymbol{c}) \boldsymbol{b} - (\boldsymbol{b} \cdot \boldsymbol{c}) \boldsymbol{a}$$

となる。　　　　　　　　　　　　　　　　　　　　　　　　　　　　$\diamond$

3.2 テ ン ソ ル

つぎにテンソルについて紹介する。テンソルは，一般に線形写像であるとか，ベクトル空間といった抽象的な概念から説明されることが多い[13),14)]。しかし，工学，特に弾性力学に限っていえば，行列と考えて良い。

基本ベクトルが $(\boldsymbol{e}_1,\ \boldsymbol{e}_2,\ \boldsymbol{e}_3)$ として与えられるとき，つぎの関係を導入する。

$$\boldsymbol{e}_i \otimes \boldsymbol{e}_j = (\boldsymbol{e}_i)\,(\boldsymbol{e}_j)^T \tag{3.26}$$

ここで，T は転置を表し，$(\boldsymbol{e}_i)$ は $\boldsymbol{e}_i$ に対応する列ベクトルである。具体例を挙げると，基本ベクトルを用いてつぎのように書ける。

$$\boldsymbol{e}_1 \otimes \boldsymbol{e}_2 = \begin{bmatrix} 1 \\ 0 \\ 0 \end{bmatrix} \begin{bmatrix} 0 & 1 & 0 \end{bmatrix} = \begin{bmatrix} 0 & 1 & 0 \\ 0 & 0 & 0 \\ 0 & 0 & 0 \end{bmatrix} \tag{3.27}$$

つまり，ベクトルの基底が列ベクトルであるように，テンソルの基底は 3 行 3 列の行列で表現される。これを利用すると，任意の行列 $\boldsymbol{A}$ はつぎのように書くことができる。

$$\boldsymbol{A} = \begin{bmatrix} A_{11} & A_{12} & A_{13} \\ A_{21} & A_{22} & A_{23} \\ A_{31} & A_{32} & A_{33} \end{bmatrix}$$

$$= A_{11} \begin{bmatrix} 1 & 0 & 0 \\ 0 & 0 & 0 \\ 0 & 0 & 0 \end{bmatrix} + A_{12} \begin{bmatrix} 0 & 1 & 0 \\ 0 & 0 & 0 \\ 0 & 0 & 0 \end{bmatrix} + \cdots + A_{33} \begin{bmatrix} 0 & 0 & 0 \\ 0 & 0 & 0 \\ 0 & 0 & 1 \end{bmatrix}$$

$$= A_{11}e_1 \otimes e_1 + A_{12}e_1 \otimes e_2 + \cdots + A_{33}e_3 \otimes e_3$$

$$= A_{ij}e_i \otimes e_j \tag{3.28}$$

このように書かれた行列 A を（2階）テンソルと呼ぶことにする。以降，添字表記 A_{ij} と行列 A は断わりなく同一のものとして扱うこととする。テンソルはつぎのように二つのベクトルからも作ることができる。

$$A = a \otimes b$$

$$= a_i e_i \otimes b_j e_j$$

$$= a_1 b_1 e_1 \otimes e_1 + a_1 b_2 e_1 \otimes e_2 + \cdots + a_3 b_3 e_3 \otimes e_3$$

$$= a_1 b_1 \begin{bmatrix} 1 & 0 & 0 \\ 0 & 0 & 0 \\ 0 & 0 & 0 \end{bmatrix} + a_1 b_2 \begin{bmatrix} 0 & 1 & 0 \\ 0 & 0 & 0 \\ 0 & 0 & 0 \end{bmatrix} + \cdots + a_3 b_3 \begin{bmatrix} 0 & 0 & 0 \\ 0 & 0 & 0 \\ 0 & 0 & 1 \end{bmatrix}$$

$$= \begin{bmatrix} a_1 b_1 & a_1 b_2 & a_1 b_3 \\ a_2 b_1 & a_2 b_2 & a_2 b_3 \\ a_3 b_1 & a_3 b_2 & a_3 b_3 \end{bmatrix} \tag{3.29}$$

すると，行列とベクトルの積あるいは行列どうしの積を考えるのは当然の流れである。例えば行列 A とベクトル c の積ではつぎのようなルールを設けよう。

$$A \cdot c = (a \otimes b) \cdot c \equiv (b \cdot c)a \tag{3.30}$$

特に指標で書いたときには

$$\begin{aligned} (a \otimes b) \cdot c &= (a_i e_i \otimes b_j e_j) \cdot c_k e_k \\ &= (b_j e_j \cdot c_k e_k) a_i e_i \\ &= (b_j c_k \delta_{jk}) a_i e_i \\ &= (b_j c_j) a_i e_i \end{aligned} \tag{3.31}$$

となる。さらにテンソル A が単独で行列で与えられているときには

$$\boldsymbol{A} \cdot \boldsymbol{c} = (A_{ij}\boldsymbol{e}_i \otimes \boldsymbol{e}_j) \cdot c_k \boldsymbol{e}_k$$

$$= (\boldsymbol{e}_j \cdot c_k \boldsymbol{e}_k)A_{ij}\boldsymbol{e}_i$$

$$= (c_k \delta_{jk})A_{ij}\boldsymbol{e}_i$$

$$= A_{ij}c_j\boldsymbol{e}_i \tag{3.32}$$

と書ける。見慣れないこの表記が，線形代数の行列とベクトルの積であることはつぎのように確認できる。

$$\begin{bmatrix} A_{11} & A_{12} & A_{13} \\ A_{21} & A_{22} & A_{23} \\ A_{31} & A_{32} & A_{33} \end{bmatrix} \begin{bmatrix} c_1 \\ c_2 \\ c_3 \end{bmatrix}$$

$$= \begin{bmatrix} A_{11}c_1 + A_{12}c_2 + A_{13}c_3 \\ A_{21}c_1 + A_{22}c_2 + A_{23}c_3 \\ A_{31}c_1 + A_{32}c_2 + A_{33}c_3 \end{bmatrix} = \begin{bmatrix} A_{1j}c_j \\ A_{2j}c_j \\ A_{3j}c_j \end{bmatrix}$$

$$= A_{1j}c_j \begin{bmatrix} 1 \\ 0 \\ 0 \end{bmatrix} + A_{2j}c_j \begin{bmatrix} 0 \\ 1 \\ 0 \end{bmatrix} + A_{3j}c_j \begin{bmatrix} 0 \\ 0 \\ 1 \end{bmatrix}$$

$$= A_{ij}c_j\boldsymbol{e}_i \tag{3.33}$$

この考え方を拡張すると，つぎのようなベクトルと行列の積も考えることができる。

$$\boldsymbol{c} \cdot \boldsymbol{A} = \boldsymbol{c} \cdot (\boldsymbol{a} \otimes \boldsymbol{b}) \equiv (\boldsymbol{c} \cdot \boldsymbol{a})\boldsymbol{b} \tag{3.34}$$

特に指標で書いたときには

$$\boldsymbol{c} \cdot (\boldsymbol{a} \otimes \boldsymbol{b}) = c_k \boldsymbol{e}_k \cdot (a_i \boldsymbol{e}_i \otimes b_j \boldsymbol{e}_j)$$

$$= (c_k \boldsymbol{e}_k \cdot a_i \boldsymbol{e}_i)b_j \boldsymbol{e}_j$$

$$= (c_k a_i \delta_{ki})b_j \boldsymbol{e}_j = (c_k a_k)b_j \boldsymbol{e}_j \tag{3.35}$$

となる。さらにテンソル $\boldsymbol{A}$ が単独で行列で与えられているときには

$$
\begin{aligned}
\boldsymbol{c} \cdot \boldsymbol{A} &= c_k \boldsymbol{e}_k \cdot (A_{ij} \boldsymbol{e}_i \otimes \boldsymbol{e}_j) \\
&= (c_k \boldsymbol{e}_k \cdot \boldsymbol{e}_i) A_{ij} \boldsymbol{e}_j \\
&= (c_k \delta_{ki}) A_{ij} \boldsymbol{e}_j \\
&= c_i A_{ij} \boldsymbol{e}_j
\end{aligned}
\tag{3.36}
$$

この表記が，線形代数の行ベクトルと行列の積であることはつぎのように確認できる。

$$
\begin{aligned}
[c_1 \ \ c_2 \ \ c_3] &\begin{bmatrix} A_{11} & A_{12} & A_{13} \\ A_{21} & A_{22} & A_{23} \\ A_{31} & A_{32} & A_{33} \end{bmatrix} \\
&= [c_1 A_{11} + c_2 A_{21} + c_3 A_{31} \ \ c_1 A_{12} + c_2 A_{22} + c_3 A_{32} \ \ c_1 A_{13} + c_2 A_{23} + c_3 A_{33}] \\
&= [c_i A_{i1} \ \ c_i A_{i2} \ \ c_i A_{i3}] \\
&= c_i A_{i1} [1 \ \ 0 \ \ 0] + c_i A_{i2} [0 \ \ 1 \ \ 0] + c_i A_{i3} [0 \ \ 0 \ \ 1] \\
&= c_i A_{ij} \boldsymbol{e}_j
\end{aligned}
\tag{3.37}
$$

テンソルの転置も行列の転置と同様に定義できる。

$$
\begin{aligned}
\boldsymbol{A}^T &= \begin{bmatrix} A_{11} & A_{12} & A_{13} \\ A_{21} & A_{22} & A_{23} \\ A_{31} & A_{32} & A_{33} \end{bmatrix}^T = \begin{bmatrix} A_{11} & A_{21} & A_{31} \\ A_{12} & A_{22} & A_{32} \\ A_{13} & A_{23} & A_{33} \end{bmatrix} \\
&= A_{11} \boldsymbol{e}_1 \otimes \boldsymbol{e}_1 + A_{21} \boldsymbol{e}_1 \otimes \boldsymbol{e}_2 + \cdots + A_{33} \boldsymbol{e}_3 \otimes \boldsymbol{e}_3 \\
&= A_{ij} \boldsymbol{e}_j \otimes \boldsymbol{e}_i
\end{aligned}
\tag{3.38}
$$

問題 3.2 つぎの関係を示せ。

$$
\boldsymbol{A}^T \cdot \boldsymbol{c} = \boldsymbol{c} \cdot \boldsymbol{A}
$$

【解答】

$$\begin{aligned}
\boldsymbol{A}^T \cdot \boldsymbol{c} &= (A_{ij}\boldsymbol{e}_j \otimes \boldsymbol{e}_i) \cdot c_k\boldsymbol{e}_k \\
&= A_{ij}\delta_{ik}c_k\boldsymbol{e}_j \\
&= A_{ij}c_i\boldsymbol{e}_j \\
&= c_k\boldsymbol{e}_k \cdot (A_{ij}\boldsymbol{e}_i \otimes \boldsymbol{e}_j) \\
&= \boldsymbol{c} \cdot \boldsymbol{A}
\end{aligned}$$

線形代数の行列とベクトルの積でもつぎのように確認できる。

$$\begin{aligned}
\boldsymbol{A}^T \cdot \boldsymbol{c} &= \begin{bmatrix} A_{11} & A_{21} & A_{31} \\ A_{12} & A_{22} & A_{32} \\ A_{13} & A_{23} & A_{33} \end{bmatrix} \begin{bmatrix} c_1 \\ c_2 \\ c_3 \end{bmatrix} \\
&= \begin{bmatrix} A_{11}c_1 + A_{21}c_2 + A_{31}c_3 \\ A_{12}c_1 + A_{22}c_2 + A_{32}c_3 \\ A_{13}c_1 + A_{23}c_2 + A_{33}c_3 \end{bmatrix} \\
&= \begin{bmatrix} c_iA_{i1} \\ c_iA_{i2} \\ c_iA_{i3} \end{bmatrix} \\
&= c_iA_{i1}\begin{bmatrix} 1 \\ 0 \\ 0 \end{bmatrix} + c_iA_{i2}\begin{bmatrix} 0 \\ 1 \\ 0 \end{bmatrix} + c_iA_{i3}\begin{bmatrix} 0 \\ 0 \\ 1 \end{bmatrix} \\
&= c_iA_{ij}\boldsymbol{e}_j \\
&= \boldsymbol{c} \cdot \boldsymbol{A}
\end{aligned}$$

$\diamondsuit$

行列どうしの積ではつぎのようなルールを設けよう。

$$(\boldsymbol{a} \otimes \boldsymbol{b}) \cdot (\boldsymbol{c} \otimes \boldsymbol{d}) \equiv (\boldsymbol{b} \cdot \boldsymbol{c})(\boldsymbol{a} \otimes \boldsymbol{d}) \tag{3.39}$$

特に指標で書いたときには

$$\begin{aligned}
(\boldsymbol{a} \otimes \boldsymbol{b}) \cdot (\boldsymbol{c} \otimes \boldsymbol{d}) &= (a_i\boldsymbol{e}_i \otimes b_j\boldsymbol{e}_j) \cdot (c_k\boldsymbol{e}_k \otimes d_l\boldsymbol{e}_l) \\
&= (b_j\boldsymbol{e}_j \cdot c_k\boldsymbol{e}_k)(a_i\boldsymbol{e}_i \otimes d_l\boldsymbol{e}_l)
\end{aligned}$$

$$= (b_j c_k \delta_{jk})(a_i d_l \boldsymbol{e}_i \otimes \boldsymbol{e}_l)$$

$$= (b_j c_j)(a_i d_l \boldsymbol{e}_i \otimes \boldsymbol{e}_l) \tag{3.40}$$

となる。さらに二つのテンソル $\boldsymbol{A}$, $\boldsymbol{B}$ の積も

$$\boldsymbol{A} \cdot \boldsymbol{B} = (A_{ij} \boldsymbol{e}_i \otimes \boldsymbol{e}_j) \cdot (B_{kl} \boldsymbol{e}_k \otimes \boldsymbol{e}_l)$$

$$= (A_{ij} B_{kl} \delta_{jk})(\boldsymbol{e}_i \otimes \boldsymbol{e}_l)$$

$$= A_{ij} B_{jl} \boldsymbol{e}_i \otimes \boldsymbol{e}_l \tag{3.41}$$

とも書ける。これはつぎのように確認できる。

$$
\begin{bmatrix} A_{11} & A_{12} & A_{13} \\ A_{21} & A_{22} & A_{23} \\ A_{31} & A_{32} & A_{33} \end{bmatrix} \begin{bmatrix} B_{11} & B_{12} & B_{13} \\ B_{21} & B_{22} & B_{23} \\ B_{31} & B_{32} & B_{33} \end{bmatrix}
$$

$$
= \begin{bmatrix} A_{1j} B_{j1} & A_{1j} B_{j2} & A_{1j} B_{j3} \\ A_{2j} B_{j1} & A_{2j} B_{j2} & A_{2j} B_{j3} \\ A_{3j} B_{j1} & A_{3j} B_{j2} & A_{3j} B_{j3} \end{bmatrix}
$$

$$
= A_{1j} B_{j1} \begin{bmatrix} 1 & 0 & 0 \\ 0 & 0 & 0 \\ 0 & 0 & 0 \end{bmatrix} + A_{1j} B_{j2} \begin{bmatrix} 0 & 1 & 0 \\ 0 & 0 & 0 \\ 0 & 0 & 0 \end{bmatrix} + \cdots
$$

$$
+ A_{3j} B_{j3} \begin{bmatrix} 0 & 0 & 0 \\ 0 & 0 & 0 \\ 0 & 0 & 1 \end{bmatrix}
$$

$$
= A_{ij} B_{jl} \boldsymbol{e}_i \otimes \boldsymbol{e}_l \tag{3.42}
$$

3.3　ベクトル場・テンソル場における
微分演算子および発散定理

3 章の最後に，ベクトル場・テンソル場について紹介する。微分（ナブラ）演算子をつぎのように導入しよう。

$$\nabla \equiv \nabla_i e_i = \frac{\partial}{\partial x_1} e_1 + \frac{\partial}{\partial x_2} e_2 + \frac{\partial}{\partial x_3} e_3 = \begin{bmatrix} \dfrac{\partial}{\partial x_1} \\ \dfrac{\partial}{\partial x_2} \\ \dfrac{\partial}{\partial x_3} \end{bmatrix} \tag{3.43}$$

これを用いて，つぎのようにスカラー場 $\varphi = \varphi(x_1, x_2, x_3)$ の勾配を考える。

$$\nabla \varphi \equiv (\nabla_i \varphi) e_i = \frac{\partial \varphi}{\partial x_1} e_1 + \frac{\partial \varphi}{\partial x_2} e_2 + \frac{\partial \varphi}{\partial x_3} e_3 = \begin{bmatrix} \dfrac{\partial \varphi}{\partial x_1} \\ \dfrac{\partial \varphi}{\partial x_2} \\ \dfrac{\partial \varphi}{\partial x_3} \end{bmatrix} \tag{3.44}$$

つぎに，ベクトル場 $a = a(x_1, x_2, x_3) = a_1 e_1 + a_2 e_2 + a_3 e_3$ の勾配を考えよう。まずはナブラ演算子を前から作用させ（この場合のナブラ演算子を $\vec{\nabla}$ とする），テンソル（行列）を構成したときにはつぎのように書ける。

$$\vec{\nabla} \otimes a$$

$$= \begin{bmatrix} \dfrac{\partial}{\partial x_1} \\ \dfrac{\partial}{\partial x_2} \\ \dfrac{\partial}{\partial x_3} \end{bmatrix} [a_1 \ a_2 \ a_3] = \begin{bmatrix} \dfrac{\partial a_1}{\partial x_1} & \dfrac{\partial a_2}{\partial x_1} & \dfrac{\partial a_3}{\partial x_1} \\ \dfrac{\partial a_1}{\partial x_2} & \dfrac{\partial a_2}{\partial x_2} & \dfrac{\partial a_3}{\partial x_2} \\ \dfrac{\partial a_1}{\partial x_3} & \dfrac{\partial a_2}{\partial x_3} & \dfrac{\partial a_3}{\partial x_3} \end{bmatrix}$$

$$= \frac{\partial a_1}{\partial x_1} \begin{bmatrix} 1 & 0 & 0 \\ 0 & 0 & 0 \\ 0 & 0 & 0 \end{bmatrix} + \frac{\partial a_2}{\partial x_1} \begin{bmatrix} 0 & 1 & 0 \\ 0 & 0 & 0 \\ 0 & 0 & 0 \end{bmatrix} + \cdots + \frac{\partial a_3}{\partial x_3} \begin{bmatrix} 0 & 0 & 0 \\ 0 & 0 & 0 \\ 0 & 0 & 1 \end{bmatrix}$$

$$= \frac{\partial a_j}{\partial x_i} e_i \otimes e_j \tag{3.45}$$

また，後ろから作用したときは，$\overleftarrow{\nabla}$ を用いて，つぎのように書ける。

$$
\boldsymbol{a} \otimes \overleftarrow{\nabla}
$$

$$
= \begin{bmatrix} a_1 \\ a_2 \\ a_3 \end{bmatrix} \begin{bmatrix} \dfrac{\partial}{\partial x_1} & \dfrac{\partial}{\partial x_2} & \dfrac{\partial}{\partial x_3} \end{bmatrix} = \begin{bmatrix} \dfrac{\partial a_1}{\partial x_1} & \dfrac{\partial a_1}{\partial x_2} & \dfrac{\partial a_1}{\partial x_3} \\ \dfrac{\partial a_2}{\partial x_1} & \dfrac{\partial a_2}{\partial x_2} & \dfrac{\partial a_2}{\partial x_3} \\ \dfrac{\partial a_3}{\partial x_1} & \dfrac{\partial a_3}{\partial x_2} & \dfrac{\partial a_3}{\partial x_3} \end{bmatrix}
$$

$$
= \dfrac{\partial a_1}{\partial x_1} \begin{bmatrix} 1 & 0 & 0 \\ 0 & 0 & 0 \\ 0 & 0 & 0 \end{bmatrix} + \dfrac{\partial a_1}{\partial x_2} \begin{bmatrix} 0 & 1 & 0 \\ 0 & 0 & 0 \\ 0 & 0 & 0 \end{bmatrix} + \cdots + \dfrac{\partial a_3}{\partial x_3} \begin{bmatrix} 0 & 0 & 0 \\ 0 & 0 & 0 \\ 0 & 0 & 1 \end{bmatrix}
$$

$$
= \dfrac{\partial a_i}{\partial x_j} \boldsymbol{e}_i \otimes \boldsymbol{e}_j \tag{3.46}
$$

同様にして，ベクトル場 $\boldsymbol{a} = \boldsymbol{a}(x_1,\ x_2,\ x_3)$ の発散も考えてみよう。発散とはナブラ演算子と成分との内積なので，つぎのように書ける。

$$
\vec{\nabla} \cdot \boldsymbol{a} = \begin{bmatrix} \dfrac{\partial}{\partial x_1} & \dfrac{\partial}{\partial x_2} & \dfrac{\partial}{\partial x_3} \end{bmatrix} \begin{bmatrix} a_1 \\ a_2 \\ a_3 \end{bmatrix}
$$

$$
= \dfrac{\partial a_1}{\partial x_1} + \dfrac{\partial a_2}{\partial x_2} + \dfrac{\partial a_3}{\partial x_3} = \dfrac{\partial a_i}{\partial x_i} \tag{3.47}
$$

また，テンソル場 $\boldsymbol{A} = \boldsymbol{A}(x_1,\ x_2,\ x_3)$ の発散も考える。まずはナブラ演算子を前から作用したときはつぎのようになる。

$$
\vec{\nabla} \cdot \boldsymbol{A} = \begin{bmatrix} \dfrac{\partial}{\partial x_1} & \dfrac{\partial}{\partial x_2} & \dfrac{\partial}{\partial x_3} \end{bmatrix} \begin{bmatrix} A_{11} & A_{12} & A_{13} \\ A_{21} & A_{22} & A_{23} \\ A_{31} & A_{32} & A_{33} \end{bmatrix}
$$

$$
= \begin{bmatrix} \dfrac{\partial A_{i1}}{\partial x_i} & \dfrac{\partial A_{i2}}{\partial x_i} & \dfrac{\partial A_{i3}}{\partial x_i} \end{bmatrix}
$$

$$= \frac{\partial A_{i1}}{\partial x_i}[1 \ \ 0 \ \ 0] + \frac{\partial A_{i2}}{\partial x_i}[0 \ \ 1 \ \ 0] + \frac{\partial A_{i3}}{\partial x_i}[0 \ \ 0 \ \ 1]$$

$$= \frac{\partial A_{ij}}{\partial x_i}\boldsymbol{e}_j \tag{3.48}$$

つぎに後ろから作用させたときは，つぎのようになる。

$$\boldsymbol{A} \cdot \overleftarrow{\nabla} = \begin{bmatrix} A_{11} & A_{12} & A_{13} \\ A_{21} & A_{22} & A_{23} \\ A_{31} & A_{32} & A_{33} \end{bmatrix} \begin{bmatrix} \dfrac{\partial}{\partial x_1} \\ \dfrac{\partial}{\partial x_2} \\ \dfrac{\partial}{\partial x_3} \end{bmatrix} = \begin{bmatrix} \dfrac{\partial A_{1i}}{\partial x_i} \\ \dfrac{\partial A_{2i}}{\partial x_i} \\ \dfrac{\partial A_{3i}}{\partial x_i} \end{bmatrix}$$

$$= \frac{\partial A_{1i}}{\partial x_i}\begin{bmatrix} 1 \\ 0 \\ 0 \end{bmatrix} + \frac{\partial A_{2i}}{\partial x_i}\begin{bmatrix} 0 \\ 1 \\ 0 \end{bmatrix} + \frac{\partial A_{3i}}{\partial x_i}\begin{bmatrix} 0 \\ 0 \\ 1 \end{bmatrix}$$

$$= \frac{\partial A_{ji}}{\partial x_i}\boldsymbol{e}_j \tag{3.49}$$

本節の最後に発散定理を考えよう。まずは，ベクトル場 $\boldsymbol{a} = \boldsymbol{a}(x_1, \ x_2, \ x_3)$ の発散定理（積分定理）を考えよう。体積積分が面積積分に変換されるに伴い，勾配が（単位）法線ベクトル $\boldsymbol{n}$ の成分になると考えると，つぎのように書ける。

$$\int \vec{\nabla} \cdot \boldsymbol{a} dV$$

$$= \int \begin{bmatrix} \dfrac{\partial}{\partial x_1} & \dfrac{\partial}{\partial x_2} & \dfrac{\partial}{\partial x_3} \end{bmatrix} \begin{bmatrix} a_1 \\ a_2 \\ a_3 \end{bmatrix} dV$$

$$= \int \begin{bmatrix} n_1 & n_2 & n_3 \end{bmatrix} \begin{bmatrix} a_1 \\ a_2 \\ a_3 \end{bmatrix} dS$$

$$= \int n_i a_i dS = \int \boldsymbol{n} \cdot \boldsymbol{a} dS \tag{3.50}$$

つぎに，テンソル場 $\boldsymbol{A} = \boldsymbol{A}(x_1, x_2, x_3)$ の発散定理を考える。まずは前からの作用に対して考えよう。

$$
\int \vec{\nabla} \cdot \boldsymbol{A} dV = \int \begin{bmatrix} \dfrac{\partial}{\partial x_1} & \dfrac{\partial}{\partial x_2} & \dfrac{\partial}{\partial x_3} \end{bmatrix} \begin{bmatrix} A_{11} & A_{12} & A_{13} \\ A_{21} & A_{22} & A_{23} \\ A_{31} & A_{32} & A_{33} \end{bmatrix} dV
$$

$$
= \int \begin{bmatrix} n_1 & n_2 & n_3 \end{bmatrix} \begin{bmatrix} A_{11} & A_{12} & A_{13} \\ A_{21} & A_{22} & A_{23} \\ A_{31} & A_{32} & A_{33} \end{bmatrix} dS
$$

$$
= \int n_i A_{ij} dS = \int \boldsymbol{n} \cdot \boldsymbol{A} dS \tag{3.51}
$$

つぎに後ろからの作用の発散定理を考えると

$$
\int \boldsymbol{A} \cdot \overleftarrow{\nabla} dV = \int \begin{bmatrix} A_{11} & A_{12} & A_{13} \\ A_{21} & A_{22} & A_{23} \\ A_{31} & A_{32} & A_{33} \end{bmatrix} \begin{bmatrix} \dfrac{\partial}{\partial x_1} \\ \dfrac{\partial}{\partial x_2} \\ \dfrac{\partial}{\partial x_3} \end{bmatrix} dV
$$

$$
= \int \begin{bmatrix} A_{11} & A_{12} & A_{13} \\ A_{21} & A_{22} & A_{23} \\ A_{31} & A_{32} & A_{33} \end{bmatrix} \begin{bmatrix} n_1 \\ n_2 \\ n_3 \end{bmatrix} dS
$$

$$
= \int A_{ij} n_j dS = \int \boldsymbol{A} \cdot \boldsymbol{n} dS \tag{3.52}
$$

が得られる。

　1〜3章により，弾性力学に関して必要な数学は準備された。次章以降ではこれらの数学的知識を利用して，弾性力学を説明していく。

4

ひずみと応力

ひずみと応力は，変形下において現れる物理（テンソル）量であり，弾性力学において解析される対象である。ここでは，単なるテンソル表記による導出で終わらせずに，できうる限りその成分を（列あるいは行）ベクトルや行列の形にて具体的に書き出しながら紹介する。

4.1 変形勾配テンソル

図 4.1 のように変形前（基準配置）に位置ベクトル X だった点 P_0 が，変形後（現配置）に位置ベクトル x の点 P になったとする。このとき，点の移動に関する変位ベクトル u は次式で与えられる。

$$u = x - X \tag{4.1}$$

これを指標にて表すとつぎのように書ける。

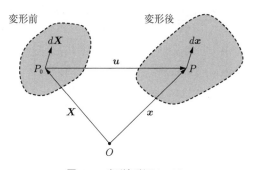

図 4.1　変形勾配テンソル

$$u_i \boldsymbol{e}_i = x_i \boldsymbol{e}_i - X_i \boldsymbol{e}_i \Leftrightarrow u_i = x_i - X_i \tag{4.2}$$

また, 列ベクトルにて表すとつぎのようになる。

$$\begin{bmatrix} u_1 \\ u_2 \\ u_3 \end{bmatrix} = \begin{bmatrix} x_1 \\ x_2 \\ x_3 \end{bmatrix} - \begin{bmatrix} X_1 \\ X_2 \\ X_3 \end{bmatrix} \tag{4.3}$$

このとき x_i を X_i について全微分し, 式 (4.2) を用いると, 次式を得る。

$$dx_i = \frac{\partial x_i}{\partial X_j} dX_j$$
$$= \frac{\partial (X_i + u_i)}{\partial X_j} dX_j = \left(\delta_{ij} + \frac{\partial u_i}{\partial X_j} \right) dX_j \tag{4.4}$$

これを丁寧に, 列ベクトルと行列にて書き出してみよう。

$$\begin{bmatrix} dx_1 \\ dx_2 \\ dx_3 \end{bmatrix} = \begin{bmatrix} \dfrac{\partial x_1}{\partial X_1} & \dfrac{\partial x_1}{\partial X_2} & \dfrac{\partial x_1}{\partial X_3} \\ \dfrac{\partial x_2}{\partial X_1} & \dfrac{\partial x_2}{\partial X_2} & \dfrac{\partial x_2}{\partial X_3} \\ \dfrac{\partial x_3}{\partial X_1} & \dfrac{\partial x_3}{\partial X_2} & \dfrac{\partial x_3}{\partial X_3} \end{bmatrix} \begin{bmatrix} dX_1 \\ dX_2 \\ dX_3 \end{bmatrix}$$

$$= \begin{bmatrix} \dfrac{\partial (X_1 + u_1)}{\partial X_1} & \dfrac{\partial (X_1 + u_1)}{\partial X_2} & \dfrac{\partial (X_1 + u_1)}{\partial X_3} \\ \dfrac{\partial (X_2 + u_2)}{\partial X_1} & \dfrac{\partial (X_2 + u_2)}{\partial X_2} & \dfrac{\partial (X_2 + u_2)}{\partial X_3} \\ \dfrac{\partial (X_3 + u_3)}{\partial X_1} & \dfrac{\partial (X_3 + u_3)}{\partial X_2} & \dfrac{\partial (X_3 + u_3)}{\partial X_3} \end{bmatrix} \begin{bmatrix} dX_1 \\ dX_2 \\ dX_3 \end{bmatrix}$$

$$= \begin{bmatrix} 1 + \dfrac{\partial u_1}{\partial X_1} & \dfrac{\partial u_1}{\partial X_2} & \dfrac{\partial u_1}{\partial X_3} \\ \dfrac{\partial u_2}{\partial X_1} & 1 + \dfrac{\partial u_2}{\partial X_2} & \dfrac{\partial u_2}{\partial X_3} \\ \dfrac{\partial u_3}{\partial X_1} & \dfrac{\partial u_3}{\partial X_2} & 1 + \dfrac{\partial u_3}{\partial X_3} \end{bmatrix} \begin{bmatrix} dX_1 \\ dX_2 \\ dX_3 \end{bmatrix} \tag{4.5}$$

このように, テンソルの演算を行うときには, 根気強くベクトルと行列の見慣

れた表記に直していくことが，理解をする際の早道である。この微小線素 $d\boldsymbol{X}$ を $d\boldsymbol{x}$ に変換するテンソル（行列）をつぎのように定義する。

$$d\boldsymbol{x} = \boldsymbol{F} \cdot d\boldsymbol{X} \tag{4.6}$$

ここで

$$\boldsymbol{F} = F_{ij}\boldsymbol{e}_i \otimes \boldsymbol{e}_j \tag{4.7}$$

にて与えられ

$$F_{ij}\boldsymbol{e}_i \otimes \boldsymbol{e}_j \equiv \frac{\partial x_i}{\partial X_j}\boldsymbol{e}_i \otimes \boldsymbol{e}_j = \left(\delta_{ij} + \frac{\partial u_i}{\partial X_j}\right)\boldsymbol{e}_i \otimes \boldsymbol{e}_j$$

$$= \begin{bmatrix} 1 + \dfrac{\partial u_1}{\partial X_1} & \dfrac{\partial u_1}{\partial X_2} & \dfrac{\partial u_1}{\partial X_3} \\[3mm] \dfrac{\partial u_2}{\partial X_1} & 1 + \dfrac{\partial u_2}{\partial X_2} & \dfrac{\partial u_2}{\partial X_3} \\[3mm] \dfrac{\partial u_3}{\partial X_1} & \dfrac{\partial u_3}{\partial X_2} & 1 + \dfrac{\partial u_3}{\partial X_3} \end{bmatrix} \tag{4.8}$$

となる。このテンソル $\boldsymbol{F} = F_{ij}\boldsymbol{e}_i \otimes \boldsymbol{e}_j$ のことを変形勾配テンソルという。連続体の変形状態を計る上で，重要なテンソルである。

4.2 ひ ず み

図 4.2 のように，変形前 $(d\boldsymbol{X},\,d\bar{\boldsymbol{X}})$，変形後 $(d\boldsymbol{x},\,d\bar{\boldsymbol{x}})$ の二組の線素を考え

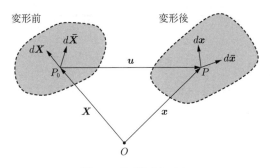

図 4.2 ひずみテンソル

る。変形の前後ではつぎのような関係にあるとする。

$$dx_i = F_{ij}dX_j = \left(\delta_{ij} + \frac{\partial u_i}{\partial X_j}\right)dX_j \tag{4.9}$$

$$d\bar{x}_i = F_{ij}d\bar{X}_j = \left(\delta_{ij} + \frac{\partial u_i}{\partial X_j}\right)d\bar{X}_j \tag{4.10}$$

この二つのベクトルの内積の変化を考える。

$$d\boldsymbol{x} \cdot d\bar{\boldsymbol{x}} - d\boldsymbol{X} \cdot d\bar{\boldsymbol{X}}$$

$$= dx_k d\bar{x}_k - dX_k d\bar{X}_k$$

$$= \left(\delta_{ki} + \frac{\partial u_k}{\partial X_i}\right)\left(\delta_{kj} + \frac{\partial u_k}{\partial X_j}\right)dX_i d\bar{X}_j - dX_k d\bar{X}_k$$

$$= \left(\frac{\partial u_i}{\partial X_j} + \frac{\partial u_j}{\partial X_i} + \frac{\partial u_k}{\partial X_i}\frac{\partial u_k}{\partial X_j}\right)dX_i d\bar{X}_j \tag{4.11}$$

この内積に対し，2階のテンソル $\boldsymbol{E} = E_{ij}\boldsymbol{e}_i \otimes \boldsymbol{e}_j$ をつぎのように定義する。

$$E_{ij} = \frac{1}{2}\left(\frac{\partial u_i}{\partial X_j} + \frac{\partial u_j}{\partial X_i} + \frac{\partial u_k}{\partial X_i}\frac{\partial u_k}{\partial X_j}\right) \tag{4.12}$$

これをグリーンのひずみテンソルという。ここで，右辺第3項の勾配に関する積 $\dfrac{\partial u_k}{\partial X_i}\dfrac{\partial u_k}{\partial X_j}$ を非線形項という。この非線形項を落とし，かつ変位ベクトル $\boldsymbol{u}$ は十分に小さいとして，勾配に関してつぎの近似を導入しよう。

$$\frac{\partial}{\partial X_j} = \frac{\partial x_1}{\partial X_j}\frac{\partial}{\partial x_1} + \frac{\partial x_2}{\partial X_j}\frac{\partial}{\partial x_2} + \frac{\partial x_3}{\partial X_j}\frac{\partial}{\partial x_3}$$

$$= \frac{\partial(X_1 + u_1)}{\partial X_j}\frac{\partial}{\partial x_1} + \frac{\partial(X_2 + u_2)}{\partial X_j}\frac{\partial}{\partial x_2} + \frac{\partial(X_3 + u_3)}{\partial X_j}\frac{\partial}{\partial x_3}$$

$$\approx \frac{\partial}{\partial x_j} \tag{4.13}$$

すると，微小ひずみテンソル $\boldsymbol{\varepsilon} = \varepsilon_{ij}\boldsymbol{e}_i \otimes \boldsymbol{e}_j$ がつぎのように導入できる。

$$\varepsilon_{ij} = \frac{1}{2}\left(\frac{\partial u_i}{\partial x_j} + \frac{\partial u_j}{\partial x_i}\right)$$

$$\Leftrightarrow \begin{bmatrix} \varepsilon_{11} & \varepsilon_{12} & \varepsilon_{13} \\ \varepsilon_{21} & \varepsilon_{22} & \varepsilon_{23} \\ \varepsilon_{31} & \varepsilon_{32} & \varepsilon_{33} \end{bmatrix} = \begin{bmatrix} \dfrac{\partial u_1}{\partial x_1} & \dfrac{1}{2}\left(\dfrac{\partial u_1}{\partial x_2} + \dfrac{\partial u_2}{\partial x_1}\right) & \dfrac{1}{2}\left(\dfrac{\partial u_1}{\partial x_3} + \dfrac{\partial u_3}{\partial x_1}\right) \\ \dfrac{1}{2}\left(\dfrac{\partial u_1}{\partial x_2} + \dfrac{\partial u_2}{\partial x_1}\right) & \dfrac{\partial u_2}{\partial x_2} & \dfrac{1}{2}\left(\dfrac{\partial u_2}{\partial x_3} + \dfrac{\partial u_3}{\partial x_2}\right) \\ \dfrac{1}{2}\left(\dfrac{\partial u_1}{\partial x_3} + \dfrac{\partial u_3}{\partial x_1}\right) & \dfrac{1}{2}\left(\dfrac{\partial u_2}{\partial x_3} + \dfrac{\partial u_3}{\partial x_2}\right) & \dfrac{\partial u_3}{\partial x_3} \end{bmatrix}$$

$$(4.14)$$

問題 4.1 式 (4.14) をもとに，工学ひずみ （ε_x, ε_y, ε_z, γ_{xy}, γ_{yz}, γ_{zx}） と変位の関係を書き下せ。ただし，以下とする。

$$x_1 \to x, \quad x_2 \to y, \quad x_3 \to z$$

$$u_1 \to u, \quad u_2 \to v, \quad u_3 \to w$$

$$\varepsilon_{11} \to \varepsilon_x, \quad \varepsilon_{22} \to \varepsilon_y, \quad \varepsilon_{33} \to \varepsilon_z,$$

$$2\varepsilon_{12} = 2\varepsilon_{21} \to \gamma_{xy}, \quad 2\varepsilon_{23} = 2\varepsilon_{32} \to \gamma_{yz}, \quad 2\varepsilon_{13} = 2\varepsilon_{31} \to \gamma_{zx}$$

【解答】

$$\varepsilon_x = \frac{\partial u}{\partial x}, \quad \varepsilon_y = \frac{\partial v}{\partial y}, \quad \varepsilon_z = \frac{\partial w}{\partial z},$$

$$\gamma_{xy} = \frac{\partial u}{\partial y} + \frac{\partial v}{\partial x}, \quad \gamma_{yz} = \frac{\partial v}{\partial z} + \frac{\partial w}{\partial y}, \quad \gamma_{zx} = \frac{\partial w}{\partial x} + \frac{\partial u}{\partial z}$$

$\Diamond$

問題 4.2 工学ひずみの間で満たすべき条件（適合条件という）はつぎのように与えられることを確かめよ[4]。

$$\frac{\partial^2 \varepsilon_x}{\partial y^2} + \frac{\partial^2 \varepsilon_y}{\partial x^2} = \frac{\partial^2 \gamma_{xy}}{\partial x \partial y}, \quad \frac{\partial^2 \varepsilon_y}{\partial z^2} + \frac{\partial^2 \varepsilon_z}{\partial y^2} = \frac{\partial^2 \gamma_{yz}}{\partial y \partial z},$$

$$\frac{\partial^2 \varepsilon_z}{\partial x^2} + \frac{\partial^2 \varepsilon_x}{\partial z^2} = \frac{\partial^2 \gamma_{zx}}{\partial z \partial x},$$

$$2\frac{\partial^2 \varepsilon_x}{\partial y \partial z} = \frac{\partial}{\partial x}\left(-\frac{\partial \gamma_{yz}}{\partial x} + \frac{\partial \gamma_{zx}}{\partial y} + \frac{\partial \gamma_{xy}}{\partial z}\right),$$

$$2\frac{\partial^2 \varepsilon_y}{\partial z \partial x} = \frac{\partial}{\partial y}\left(\frac{\partial \gamma_{yz}}{\partial x} - \frac{\partial \gamma_{zx}}{\partial y} + \frac{\partial \gamma_{xy}}{\partial z}\right),$$

$$2\frac{\partial^2 \varepsilon_z}{\partial x \partial y} = \frac{\partial}{\partial z}\left(\frac{\partial \gamma_{yz}}{\partial x} + \frac{\partial \gamma_{zx}}{\partial y} - \frac{\partial \gamma_{xy}}{\partial z}\right)$$

【解答】 $\dfrac{\partial^2 \varepsilon_x}{\partial y^2} + \dfrac{\partial^2 \varepsilon_y}{\partial x^2} = \dfrac{\partial^2 \gamma_{xy}}{\partial x \partial y}$ について確かめる。問題 4.1 の関係を代入し

$$\frac{\partial^2 \varepsilon_x}{\partial y^2} + \frac{\partial^2 \varepsilon_y}{\partial x^2} - \frac{\partial^2 \gamma_{xy}}{\partial x \partial y} = \frac{\partial^3 u}{\partial y^2 \partial x} + \frac{\partial^3 v}{\partial x^2 \partial y} - \frac{\partial^2}{\partial x \partial y}\left(\frac{\partial u}{\partial y} + \frac{\partial v}{\partial x}\right) = 0$$

を得る。ほか五つも同様にして得られる。

4.3　体 積 ひ ず み

図 4.3 を参考に微小要素の変形を考える。このとき，変形前につぎの関係を満たす微小ベクトルを考える。

$$d\boldsymbol{X}^1 = dS^1 \boldsymbol{e}_1, \quad d\boldsymbol{X}^2 = dS^2 \boldsymbol{e}_2, \quad d\boldsymbol{X}^3 = dS^3 \boldsymbol{e}_3 \tag{4.15}$$

ここで dS^1, dS^2, dS^3 は定数である。

すると，微小ベクトルの作る要素の体積は以下のように表される。

$$dV_0 = d\boldsymbol{X}^1 \cdot \left(d\boldsymbol{X}^2 \times d\boldsymbol{X}^3\right)$$

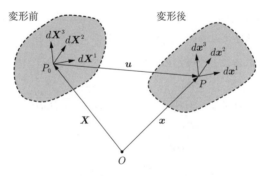

図 4.3　体積ひずみ

$$= dS^1 dS^2 dS^3 \boldsymbol{e}_1 \cdot (\boldsymbol{e}_2 \times \boldsymbol{e}_3) = dS^1 dS^2 dS^3 \tag{4.16}$$

つぎに，$d\boldsymbol{X}^i$ はそれぞれ $d\boldsymbol{x}^i$ に移り，以下のように表される。

$$d\boldsymbol{x}^i = \boldsymbol{F} \cdot d\boldsymbol{X}^i = (F_{kl}\boldsymbol{e}_k \otimes \boldsymbol{e}_l) \cdot dS^i \boldsymbol{e}_i = F_{ki}\boldsymbol{e}_k dS^i$$

$$= dS^i (F_{1i}\boldsymbol{e}_1 + F_{2i}\boldsymbol{e}_2 + F_{3i}\boldsymbol{e}_3) \tag{4.17}$$

$$\Leftrightarrow \begin{bmatrix} dx_1^i \\ dx_2^i \\ dx_3^i \end{bmatrix} = \begin{bmatrix} dS^i F_{1i} \\ dS^i F_{2i} \\ dS^i F_{3i} \end{bmatrix} \tag{4.18}$$

ここで変形後の微小要素の体積を dV とすると

$$dV = d\boldsymbol{x}^1 \cdot (d\boldsymbol{x}^2 \times d\boldsymbol{x}^3)$$

$$= \begin{vmatrix} dS^1 F_{11} & dS^2 F_{12} & dS^3 F_{13} \\ dS^1 F_{21} & dS^2 F_{22} & dS^3 F_{23} \\ dS^1 F_{31} & dS^2 F_{32} & dS^3 F_{33} \end{vmatrix}$$

$$= dS^1 dS^2 dS^3 \begin{vmatrix} F_{11} & F_{12} & F_{13} \\ F_{21} & F_{22} & F_{23} \\ F_{31} & F_{32} & F_{33} \end{vmatrix} \tag{4.19}$$

$$\Leftrightarrow dV = dV_0 |\boldsymbol{F}| \tag{4.20}$$

よって，体積変化は $\dfrac{dV}{dV_0} = |\boldsymbol{F}|$ によって与えられる。さて，変形勾配テンソル
の行列式を成分によって書くと，つぎのようになる。

$$|\boldsymbol{F}| = \begin{vmatrix} F_{11} & F_{12} & F_{13} \\ F_{21} & F_{22} & F_{23} \\ F_{31} & F_{32} & F_{33} \end{vmatrix} = \begin{vmatrix} 1 + \dfrac{\partial u_1}{\partial X_1} & \dfrac{\partial u_1}{\partial X_2} & \dfrac{\partial u_1}{\partial X_3} \\ \dfrac{\partial u_2}{\partial X_1} & 1 + \dfrac{\partial u_2}{\partial X_2} & \dfrac{\partial u_2}{\partial X_3} \\ \dfrac{\partial u_3}{\partial X_1} & \dfrac{\partial u_3}{\partial X_2} & 1 + \dfrac{\partial u_3}{\partial X_3} \end{vmatrix}$$

$$= \left(1 + \frac{\partial u_1}{\partial X_1}\right) \begin{vmatrix} 1 + \dfrac{\partial u_2}{\partial X_2} & \dfrac{\partial u_2}{\partial X_3} \\[2mm] \dfrac{\partial u_3}{\partial X_2} & 1 + \dfrac{\partial u_3}{\partial X_3} \end{vmatrix} + \frac{\partial u_1}{\partial X_2} \begin{vmatrix} \dfrac{\partial u_2}{\partial X_3} & \dfrac{\partial u_2}{\partial X_1} \\[2mm] 1 + \dfrac{\partial u_3}{\partial X_3} & \dfrac{\partial u_3}{\partial X_1} \end{vmatrix}$$

$$+ \frac{\partial u_1}{\partial X_3} \begin{vmatrix} \dfrac{\partial u_2}{\partial X_1} & 1 + \dfrac{\partial u_2}{\partial X_2} \\[2mm] \dfrac{\partial u_3}{\partial X_1} & \dfrac{\partial u_3}{\partial X_2} \end{vmatrix}$$

$$\cong 1 + \frac{\partial u_1}{\partial X_1} + \frac{\partial u_2}{\partial X_2} + \frac{\partial u_3}{\partial X_3} \tag{4.21}$$

よって，体積ひずみ e はつぎのように定義することができる。

$$e \equiv \frac{dV - dV_0}{dV_0} = \frac{\partial u_1}{\partial X_1} + \frac{\partial u_2}{\partial X_2} + \frac{\partial u_3}{\partial X_3}$$

$$= \varepsilon_{11} + \varepsilon_{22} + \varepsilon_{33} = \varepsilon_{ii} \tag{4.22}$$

4.4　応力ベクトル・応力テンソル

外力（特に表面力）が負荷されたとき，材料はそれに応じた内力を発生させる。例えば，**図 4.4** に示すように，点 P には（単位）表面力として $\bar{\boldsymbol{t}}$ が作用したとする。このとき，内力としては $\boldsymbol{t}$ が逆向きに生じる必要がある。つまり

$$\bar{\boldsymbol{t}} - \boldsymbol{t} = \boldsymbol{0} \Leftrightarrow \bar{\boldsymbol{t}} = \boldsymbol{t} \tag{4.23}$$

となる。この $\boldsymbol{t}$ を応力ベクトルという。また，応力ベクトルと応力テンソル

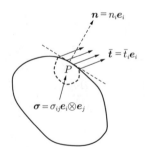

図 4.4 コーシーの公式

$\sigma = \sigma_{ij} \boldsymbol{e}_i \otimes \boldsymbol{e}_j$ には，法線ベクトルを介して，つぎの関係が成立しなくてはならない。

$$\boldsymbol{t} = \boldsymbol{n} \cdot \sigma = \sigma^T \cdot \boldsymbol{n} \tag{4.24}$$

$$\Leftrightarrow t_j = \sigma_{ij} n_i \tag{4.25}$$

$$\Leftrightarrow \begin{bmatrix} t_1 \\ t_2 \\ t_3 \end{bmatrix} = \begin{bmatrix} \sigma_{11} & \sigma_{21} & \sigma_{31} \\ \sigma_{12} & \sigma_{22} & \sigma_{32} \\ \sigma_{13} & \sigma_{23} & \sigma_{33} \end{bmatrix} \begin{bmatrix} n_1 \\ n_2 \\ n_3 \end{bmatrix} \tag{4.26}$$

この関係をコーシーの公式といい，これこそが応力の定義にほかならない。境界表面では，表面力 $\bar{\boldsymbol{t}}$ を用いて直接

$$\bar{\boldsymbol{t}} = \sigma^T \cdot \boldsymbol{n} \tag{4.27}$$

と書いて差し支えない。

5

弾性力学の支配方程式

　4章ではひずみと応力を導入した。そこで，これらの変形に関与する物理量を決定するための支配方程式を紹介する。弾性力学は動的な現象でも，静的につり合った状態でも扱うことができるが，本書では特に静的な状態に絞って紹介したい。

5.1　平　衡　方　程　式

　図 **5.1** に示すように，連続体の内部に任意の閉曲面 S をとり，その中に含まれる連続体（体積 V）における運動量の変化と，そこに作用する力の関係を考える。対象となる物体の運動に関する式はつぎのように与えられる[13]。

$$\int_V \rho \boldsymbol{a}dV = \int_S \bar{\boldsymbol{t}}dS + \int_V \rho \boldsymbol{k}dV \tag{5.1}$$

ただし，ρ は密度，$\boldsymbol{a}$ は加速度，$\boldsymbol{k}$ は体積力と呼ばれ，重力と考えておけば良

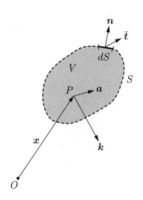

図 **5.1**　運動量保存の法則

い。これを運動量保存の法則という。式 (5.1) の右辺第 1 項にコーシーの公式
(4.24) を代入すると，次式が得られる。

$$\int_V \rho \boldsymbol{a} dV = \int_S \boldsymbol{n} \cdot \boldsymbol{\sigma} dS + \int_V \rho \boldsymbol{k} dV \tag{5.2}$$

$$\Leftrightarrow \int_V \rho \boldsymbol{a} dV = \int_S \boldsymbol{\sigma}^T \cdot \boldsymbol{n} dS + \int_V \rho \boldsymbol{k} dV \tag{5.3}$$

これを指標にて表すと

$$\Leftrightarrow \int_V \rho a_j dV = \int_S \sigma_{ij} n_i dS + \int_V \rho k_j dV \tag{5.4}$$

であり，行列表記するとつぎのようになる。ただし，σ_{ij} は転置をとってある。

$$\int_V \begin{bmatrix} \rho a_1 \\ \rho a_2 \\ \rho a_3 \end{bmatrix} dV = \int_S \begin{bmatrix} \sigma_{11} & \sigma_{21} & \sigma_{31} \\ \sigma_{12} & \sigma_{22} & \sigma_{32} \\ \sigma_{13} & \sigma_{23} & \sigma_{33} \end{bmatrix} \begin{bmatrix} n_1 \\ n_2 \\ n_3 \end{bmatrix} dS$$

$$+ \int_V \begin{bmatrix} \rho k_1 \\ \rho k_2 \\ \rho k_3 \end{bmatrix} dV \tag{5.5}$$

この式の右辺第 1 項は発散定理 (3.52) が適用できて

$$\int_V \begin{bmatrix} \rho a_1 \\ \rho a_2 \\ \rho a_3 \end{bmatrix} dV = \int_V \begin{bmatrix} \sigma_{11} & \sigma_{21} & \sigma_{31} \\ \sigma_{12} & \sigma_{22} & \sigma_{32} \\ \sigma_{13} & \sigma_{23} & \sigma_{33} \end{bmatrix} \begin{bmatrix} \dfrac{\partial}{\partial x_1} \\[2mm] \dfrac{\partial}{\partial x_2} \\[2mm] \dfrac{\partial}{\partial x_3} \end{bmatrix} dV$$

$$+ \int_V \begin{bmatrix} \rho k_1 \\ \rho k_2 \\ \rho k_3 \end{bmatrix} dV \tag{5.6}$$

となり，この右辺の行列を計算すると，つぎのようになる。

$$\int_V \begin{bmatrix} \rho a_1 \\ \rho a_2 \\ \rho a_3 \end{bmatrix} dV = \int_V \begin{bmatrix} \dfrac{\partial \sigma_{11}}{\partial x_1} + \dfrac{\partial \sigma_{21}}{\partial x_2} + \dfrac{\partial \sigma_{31}}{\partial x_3} \\ \dfrac{\partial \sigma_{12}}{\partial x_1} + \dfrac{\partial \sigma_{22}}{\partial x_2} + \dfrac{\partial \sigma_{32}}{\partial x_3} \\ \dfrac{\partial \sigma_{13}}{\partial x_1} + \dfrac{\partial \sigma_{23}}{\partial x_2} + \dfrac{\partial \sigma_{33}}{\partial x_3} \end{bmatrix} dV$$

$$+ \int_V \begin{bmatrix} \rho k_1 \\ \rho k_2 \\ \rho k_3 \end{bmatrix} dV \tag{5.7}$$

任意の閉空間にて成立する条件より

$$\begin{bmatrix} \rho a_1 \\ \rho a_2 \\ \rho a_3 \end{bmatrix} = \begin{bmatrix} \dfrac{\partial \sigma_{11}}{\partial x_1} + \dfrac{\partial \sigma_{21}}{\partial x_2} + \dfrac{\partial \sigma_{31}}{\partial x_3} \\ \dfrac{\partial \sigma_{12}}{\partial x_1} + \dfrac{\partial \sigma_{22}}{\partial x_2} + \dfrac{\partial \sigma_{32}}{\partial x_3} \\ \dfrac{\partial \sigma_{13}}{\partial x_1} + \dfrac{\partial \sigma_{23}}{\partial x_2} + \dfrac{\partial \sigma_{33}}{\partial x_3} \end{bmatrix} + \begin{bmatrix} \rho k_1 \\ \rho k_2 \\ \rho k_3 \end{bmatrix} \tag{5.8}$$

を得る。これを運動方程式という。指標表記ではつぎのように得られる。

$$\int_V \rho a_j dV = \int_S \sigma_{ij} n_i dS + \int_V \rho k_j dV \tag{5.9}$$

$$\Leftrightarrow \int_V \rho a_j dV = \int_V \frac{\partial \sigma_{ij}}{\partial x_i} dV + \int_V \rho k_j dV \tag{5.10}$$

$$\Leftrightarrow \rho a_j = \frac{\partial \sigma_{ij}}{\partial x_i} + \rho k_j \tag{5.11}$$

$$\Leftrightarrow \rho \boldsymbol{a} = \vec{\nabla} \cdot \boldsymbol{\sigma} + \rho \boldsymbol{k} \tag{5.12}$$

もし，慣性力が無視できるときには

$$\begin{bmatrix} \dfrac{\partial \sigma_{11}}{\partial x_1} + \dfrac{\partial \sigma_{21}}{\partial x_2} + \dfrac{\partial \sigma_{31}}{\partial x_3} \\ \dfrac{\partial \sigma_{12}}{\partial x_1} + \dfrac{\partial \sigma_{22}}{\partial x_2} + \dfrac{\partial \sigma_{32}}{\partial x_3} \\ \dfrac{\partial \sigma_{13}}{\partial x_1} + \dfrac{\partial \sigma_{23}}{\partial x_2} + \dfrac{\partial \sigma_{33}}{\partial x_3} \end{bmatrix} + \begin{bmatrix} \rho k_1 \\ \rho k_2 \\ \rho k_3 \end{bmatrix} = \begin{bmatrix} 0 \\ 0 \\ 0 \end{bmatrix} \tag{5.13}$$

あるいは

$$\frac{\partial \sigma_{ij}}{\partial x_i} + \rho k_j = 0 \Leftrightarrow \vec{\nabla} \cdot \boldsymbol{\sigma} + \rho \boldsymbol{k} = \boldsymbol{0} \tag{5.14}$$

として与えられる。これを平衡方程式あるいはつり合いの式という。

問題 5.1 式 (5.14) を書き下せ。ただし，$1 \to x$，$2 \to y$，$3 \to z$ とし

$$x_1 \to x, \quad x_2 \to y, \quad x_3 \to z,$$

$$\sigma_{11} \to \sigma_x, \quad \sigma_{22} \to \sigma_y, \quad \sigma_{33} \to \sigma_z,$$

$$\sigma_{12} = \sigma_{21} \to \sigma_{xy}, \quad \sigma_{23} = \sigma_{32} \to \sigma_{yz}, \quad \sigma_{13} = \sigma_{31} \to \sigma_{zx}$$

とする。

【解答】 式 (5.13) を参考にすると，次式が得られる[†]。

$$\frac{\partial \sigma_x}{\partial x} + \frac{\partial \sigma_{xy}}{\partial y} + \frac{\partial \sigma_{zx}}{\partial z} + \rho k_x = 0$$

$$\frac{\partial \sigma_{xy}}{\partial x} + \frac{\partial \sigma_y}{\partial y} + \frac{\partial \sigma_{yz}}{\partial z} + \rho k_y = 0$$

$$\frac{\partial \sigma_{zx}}{\partial x} + \frac{\partial \sigma_{yz}}{\partial y} + \frac{\partial \sigma_z}{\partial z} + \rho k_z = 0$$

5.2 モーメントのつり合い（応力の対称性）

つぎに，モーメントのつり合いから，応力テンソルが対称である（添字を逆にしても値が変わらない）ことを示そう。物質の角運動量の変化は，表面と物質全体に生じるモーメントの和に等しいことを利用すると，つぎの関係が得られる。

[†] σ_x，σ_y，σ_z は垂直応力，σ_{xy}，σ_{yz}，σ_{zx} はせん断応力と呼ばれる。せん断応力については τ_{xy}，τ_{yz}，τ_{zx} と書かれることも多い。本書ではどちらも利用する。また $\sigma_{ij} = \sigma_{ji}$ が用いられているが，これは 5.2 節にて示される。

$$\int_V \boldsymbol{x} \times \rho \boldsymbol{a} dV = \int_S \boldsymbol{x} \times \bar{\boldsymbol{t}} dS + \int_V \boldsymbol{x} \times \rho \boldsymbol{k} dV \qquad (5.15)$$

この右辺第1項にコーシーの公式を代入すると，次式が得られる。

$$\int_V \boldsymbol{x} \times \rho \boldsymbol{a} dV = \int_S \boldsymbol{x} \times (\boldsymbol{n} \cdot \boldsymbol{\sigma}) dS + \int_V \boldsymbol{x} \times \rho \boldsymbol{k} dV \qquad (5.16)$$

ここで，右辺第1項について考えよう。

$$
\begin{aligned}
&\int_S \boldsymbol{x} \times (\boldsymbol{n} \cdot \boldsymbol{\sigma}) dS \\
&= \int_S x_k \boldsymbol{e}_k \times (n_i \sigma_{ij} \boldsymbol{e}_j) dS \\
&= \int_S \varepsilon_{kjl} x_k n_i \sigma_{ij} \boldsymbol{e}_l dS \\
&= \int_V \frac{\partial}{\partial x_i} (\varepsilon_{kjl} x_k \sigma_{ij}) \boldsymbol{e}_l dV \\
&= \int_V \varepsilon_{kjl} \left(\frac{\partial x_k}{\partial x_i} \sigma_{ij} + x_k \frac{\partial \sigma_{ij}}{\partial x_i} \right) \boldsymbol{e}_l dV \\
&= \int_V \left(\varepsilon_{kjl} \sigma_{kj} \boldsymbol{e}_l + \varepsilon_{kjl} x_k \frac{\partial \sigma_{ij}}{\partial x_i} \boldsymbol{e}_l \right) dV \quad \left(\because \delta_{ki} = \frac{\partial x_k}{\partial x_i} \right) \\
&= \int_V \varepsilon_{kjl} \sigma_{kj} \boldsymbol{e}_l dV + \int_V \boldsymbol{x} \times (\vec{\nabla} \cdot \boldsymbol{\sigma}) dV \qquad (5.17)
\end{aligned}
$$

これをもとの式に代入し，運動方程式を考慮すると

$$\int_V \boldsymbol{x} \times \rho \boldsymbol{a} dV - \left(\int_V \varepsilon_{kjl} \sigma_{kj} \boldsymbol{e}_l dV + \int_V \boldsymbol{x} \times (\vec{\nabla} \cdot \boldsymbol{\sigma}) dV \right)$$
$$- \int_V \boldsymbol{x} \times \rho \boldsymbol{k} dV = \boldsymbol{0} \qquad (5.18)$$

$$\Leftrightarrow \int_V \boldsymbol{x} \times (\rho \boldsymbol{a} - \vec{\nabla} \cdot \boldsymbol{\sigma} - \rho \boldsymbol{k}) dV - \int_V \varepsilon_{kjl} \sigma_{kj} \boldsymbol{e}_l dV = \boldsymbol{0} \qquad (5.19)$$

$$\Leftrightarrow \int_V \varepsilon_{kjl} \sigma_{kj} \boldsymbol{e}_l dV = \boldsymbol{0} \qquad (5.20)$$

$$\Leftrightarrow \varepsilon_{kjl} \sigma_{kj} \boldsymbol{e}_l = \boldsymbol{0} \qquad (5.21)$$

が得られる。これをレビ・チビタ記号の性質に注意しながら書き出してみよう。すると

$$\varepsilon_{kjl}\sigma_{kj}\boldsymbol{e}_l = \varepsilon_{lkj}\sigma_{kj}\boldsymbol{e}_l$$

$$= \varepsilon_{123}\sigma_{23}\boldsymbol{e}_1 + \varepsilon_{132}\sigma_{32}\boldsymbol{e}_1 + \varepsilon_{231}\sigma_{31}\boldsymbol{e}_2$$

$$+ \varepsilon_{213}\sigma_{13}\boldsymbol{e}_2 + \varepsilon_{312}\sigma_{12}\boldsymbol{e}_3 + \varepsilon_{321}\sigma_{21}\boldsymbol{e}_3$$

$$= (\sigma_{23} - \sigma_{32})\boldsymbol{e}_1 + (\sigma_{31} - \sigma_{13})\boldsymbol{e}_2 + (\sigma_{12} - \sigma_{21})\boldsymbol{e}_3 = \boldsymbol{0}$$

$$\Leftrightarrow \sigma_{23} = \sigma_{32},\ \sigma_{31} = \sigma_{13},\ \sigma_{12} = \sigma_{21}$$

$$\Leftrightarrow \sigma_{ij} = \sigma_{ji} \tag{5.22}$$

となり，応力の対称性が得られる。これは指標表記によって，つぎのように直接得ることもできる。

$$\varepsilon_{ijl}\sigma_{ij}\boldsymbol{e}_l = \boldsymbol{0}$$

$$\Leftrightarrow \boldsymbol{e}_m \times \varepsilon_{ijl}\sigma_{ij}\boldsymbol{e}_l = \boldsymbol{0}$$

$$\Leftrightarrow \varepsilon_{nml}\varepsilon_{ijl}\sigma_{ij}\boldsymbol{e}_n = \boldsymbol{0}$$

$$\Leftrightarrow (\delta_{ni}\delta_{mj} - \delta_{nj}\delta_{mi})\sigma_{ij} = 0$$

$$\Leftrightarrow \sigma_{nm} - \sigma_{mn} = 0$$

$$\Leftrightarrow \sigma_{nm} = \sigma_{mn} \tag{5.23}$$

よって，モーメントのつり合いと応力テンソルの対称性は同値であることが示された。

5.3　フックの法則

　弾性力学において，応力とひずみの間には，フックの法則と呼ばれる関係式がある。これはつぎのように与えられる。

$$\varepsilon_{11} = \frac{\sigma_{11}}{E} - \frac{\nu}{E}(\sigma_{22} + \sigma_{33}), \quad \varepsilon_{22} = \frac{\sigma_{22}}{E} - \frac{\nu}{E}(\sigma_{11} + \sigma_{33}),$$

$$\varepsilon_{33} = \frac{\sigma_{33}}{E} - \frac{\nu}{E}(\sigma_{11} + \sigma_{22}),$$

$$\gamma_{23} = \frac{\sigma_{23}}{G}, \quad \gamma_{31} = \frac{\sigma_{31}}{G}, \quad \gamma_{12} = \frac{\sigma_{12}}{G} \tag{5.24}$$

ここで E は縦弾性係数，G は横弾性係数，ν はポアソン比である。これを行列の形にまとめると

$$
\begin{bmatrix} \varepsilon_{11} \\ \varepsilon_{22} \\ \varepsilon_{33} \\ \gamma_{23} \\ \gamma_{31} \\ \gamma_{12} \end{bmatrix} = \begin{bmatrix} \dfrac{1}{E} & -\dfrac{\nu}{E} & -\dfrac{\nu}{E} & 0 & 0 & 0 \\[6pt] -\dfrac{\nu}{E} & \dfrac{1}{E} & -\dfrac{\nu}{E} & 0 & 0 & 0 \\[6pt] -\dfrac{\nu}{E} & -\dfrac{\nu}{E} & \dfrac{1}{E} & 0 & 0 & 0 \\[6pt] 0 & 0 & 0 & \dfrac{1}{G} & 0 & 0 \\[6pt] 0 & 0 & 0 & 0 & \dfrac{1}{G} & 0 \\[6pt] 0 & 0 & 0 & 0 & 0 & \dfrac{1}{G} \end{bmatrix} \begin{bmatrix} \sigma_{11} \\ \sigma_{22} \\ \sigma_{33} \\ \sigma_{23} \\ \sigma_{31} \\ \sigma_{12} \end{bmatrix} \tag{5.25}
$$

また，逆行列をとることより

$$
\begin{bmatrix} \sigma_{11} \\ \sigma_{22} \\ \sigma_{33} \\ \sigma_{23} \\ \sigma_{31} \\ \sigma_{12} \end{bmatrix}
$$

$$
= \frac{E(1-\nu)}{(1-2\nu)(1+\nu)} \begin{bmatrix} 1 & \dfrac{\nu}{1-\nu} & \dfrac{\nu}{1-\nu} & 0 & 0 & 0 \\[6pt] \dfrac{\nu}{1-\nu} & 1 & \dfrac{\nu}{1-\nu} & 0 & 0 & 0 \\[6pt] \dfrac{\nu}{1-\nu} & \dfrac{\nu}{1-\nu} & 1 & 0 & 0 & 0 \\[6pt] 0 & 0 & 0 & \dfrac{1-2\nu}{2(1-\nu)} & 0 & 0 \\[6pt] 0 & 0 & 0 & 0 & \dfrac{1-2\nu}{2(1-\nu)} & 0 \\[6pt] 0 & 0 & 0 & 0 & 0 & \dfrac{1-2\nu}{2(1-\nu)} \end{bmatrix} \begin{bmatrix} \varepsilon_{11} \\ \varepsilon_{22} \\ \varepsilon_{33} \\ \gamma_{23} \\ \gamma_{31} \\ \gamma_{12} \end{bmatrix}
$$

$$
\tag{5.26}
$$

が得られる。この式は，指標表記ではつぎのようにして書くことができる。

$$
\sigma_{ij} = \lambda \varepsilon_{kk} \delta_{ij} + 2\mu \varepsilon_{ij} \tag{5.27}
$$

λ と μ はラメ定数と呼ばれる材料定数である。ただし，この表記法は塑性力学の一部を除いてあまり有用ではなく，式 (5.26) で覚えておくことが重要である。E, G, ν と λ, μ の間にはつぎのような関係がある。

$$E = \frac{\mu(3\lambda + 2\mu)}{\lambda + \mu} \tag{5.28}$$

$$G = \mu \tag{5.29}$$

$$\nu = \frac{\lambda}{2(\lambda + \mu)} \tag{5.30}$$

また，これより次式となる。

$$G = \frac{E}{2(1 + \nu)} \tag{5.31}$$

5.4　境界値問題と支配方程式

弾性力学では，おもに図 5.2 に示すような境界条件にて解かれることが多い。

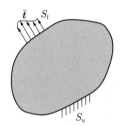

図 5.2　各種境界条件

このとき，変位条件が与えられる S_u と荷重条件が与えられる S_t とでは，つぎの関係が与えられる[†]。

$$u_i = \bar{u}_i \quad \text{on } S_u \tag{5.32}$$

$$\sigma_{ij} n_i = \bar{t}_j \quad \text{on } S_t \tag{5.33}$$

この境界条件を満たすように，これまで紹介してきたつぎの三つの関係式を解くことを，弾性力学の境界値問題という。

平衡方程式

$$\frac{\partial \sigma_{ij}}{\partial x_i} + \rho k_j = 0 \tag{5.34}$$

[†]　式 (5.32) と式 (5.33) における文字の上の棒は，外部から与えられたものであることを示す。

変位–ひずみの関係式

$$\varepsilon_{ij} = \frac{1}{2}\left(\frac{\partial u_i}{\partial x_j} + \frac{\partial u_j}{\partial x_i}\right) \tag{5.35}$$

フックの法則

$$\sigma_{ij} = \lambda\varepsilon_{kk}\delta_{ij} + 2\mu\varepsilon_{ij} \tag{5.36}$$

これにより，弾性力学において解を決定するための基本的な式，つまり支配方程式がすべて示された。

問題 5.2 平面応力 ($\sigma_{33} = \sigma_{23} = \sigma_{31} = 0$) 状態における，応力 ($\sigma_{11}, \sigma_{22}, \sigma_{12}$) とひずみ ($\varepsilon_{11}, \varepsilon_{22}, \gamma_{12}$) の関係を求めよ。

【解答】　$\sigma_{23} = \sigma_{31} = 0$ より $\gamma_{23} = \gamma_{31} = 0$ となる。よって，式 (5.25) から面内成分（添字 1，2 のついたもの）を抜きとると

$$\begin{bmatrix} \varepsilon_{11} \\ \varepsilon_{22} \\ \gamma_{12} \end{bmatrix} = \begin{bmatrix} \dfrac{1}{E} & -\dfrac{\nu}{E} & 0 \\ -\dfrac{\nu}{E} & \dfrac{1}{E} & 0 \\ 0 & 0 & \dfrac{1}{G} \end{bmatrix} \begin{bmatrix} \sigma_{11} \\ \sigma_{22} \\ \sigma_{12} \end{bmatrix} \tag{5.37}$$

となる[6]。ただし $\varepsilon_{33} = \dfrac{\nu}{E}(\sigma_{11} + \sigma_{22})$ として与えられる。この逆関係は

$$\begin{bmatrix} \sigma_{11} \\ \sigma_{22} \\ \sigma_{12} \end{bmatrix} = \frac{E}{1 - \nu^2} \begin{bmatrix} 1 & \nu & 0 \\ \nu & 1 & 0 \\ 0 & 0 & \dfrac{1-\nu}{2} \end{bmatrix} \begin{bmatrix} \varepsilon_{11} \\ \varepsilon_{22} \\ \gamma_{12} \end{bmatrix} \tag{5.38}$$

によって与えられる[6]。

$\Diamond$

問題 5.3 平面ひずみ ($\varepsilon_{33} = \gamma_{23} = \gamma_{31} = 0$) 状態における，応力 ($\sigma_{11}, \sigma_{22}, \sigma_{12}$) とひずみ ($\varepsilon_{11}, \varepsilon_{22}, \gamma_{12}$) の関係を求めよ。

【解答】 $\gamma_{23} = \gamma_{31} = 0$ より $\sigma_{23} = \sigma_{31} = 0$ となる。また，$\varepsilon_{33} = 0$ より

$$\varepsilon_{33} = \frac{\sigma_{33}}{E} - \frac{\nu}{E}(\sigma_{11} + \sigma_{22}) = 0 \Leftrightarrow \sigma_{33} = \nu(\sigma_{11} + \sigma_{22}) \tag{5.39}$$

つまり

$$\begin{aligned}
\varepsilon_{11} &= \frac{\sigma_{11}}{E} - \frac{\nu}{E}(\sigma_{22} + \sigma_{33}) \\
&= \frac{\sigma_{11}}{E} - \frac{\nu}{E}\sigma_{22} - \frac{\nu^2}{E}(\sigma_{11} + \sigma_{22}) \\
&= \frac{1-\nu^2}{E}\sigma_{11} - \frac{\nu+\nu^2}{E}\sigma_{22}
\end{aligned} \tag{5.40}$$

$$\begin{aligned}
\varepsilon_{22} &= \frac{\sigma_{22}}{E} - \frac{\nu}{E}(\sigma_{11} + \sigma_{33}) \\
&= \frac{\sigma_{22}}{E} - \frac{\nu}{E}\sigma_{11} - \frac{\nu^2}{E}(\sigma_{11} + \sigma_{22}) \\
&= \frac{1-\nu^2}{E}\sigma_{22} - \frac{\nu+\nu^2}{E}\sigma_{11}
\end{aligned} \tag{5.41}$$

$$\gamma_{12} = \frac{\sigma_{12}}{G} \tag{5.42}$$

となり，これを行列の形にまとめると，つぎのようになる[6]。

$$\begin{bmatrix} \varepsilon_{11} \\ \varepsilon_{22} \\ \gamma_{12} \end{bmatrix} = \begin{bmatrix} \dfrac{1-\nu^2}{E} & -\dfrac{\nu+\nu^2}{E} & 0 \\ -\dfrac{\nu+\nu^2}{E} & \dfrac{1-\nu^2}{E} & 0 \\ 0 & 0 & \dfrac{1}{G} \end{bmatrix} \begin{bmatrix} \sigma_{11} \\ \sigma_{22} \\ \sigma_{12} \end{bmatrix} \tag{5.43}$$

この逆関係は

$$\begin{bmatrix} \sigma_{11} \\ \sigma_{22} \\ \sigma_{12} \end{bmatrix} = \frac{E(1-\nu)}{(1-2\nu)(1+\nu)} \begin{bmatrix} 1 & \dfrac{\nu}{1-\nu} & 0 \\ \dfrac{\nu}{1-\nu} & 1 & 0 \\ 0 & 0 & \dfrac{1-2\nu}{2(1-\nu)} \end{bmatrix} \begin{bmatrix} \varepsilon_{11} \\ \varepsilon_{22} \\ \gamma_{12} \end{bmatrix} \tag{5.44}$$

によって与えられる[6]。式 (5.43) は

$$E' = \frac{E}{1-\nu^2}, \quad \nu' = \frac{\nu}{1-\nu} \tag{5.45}$$

として見ると平面応力（問題 5.2 の式 (5.37)）と同形となる。　　　　◇

6 エネルギー原理

5 章では静的な弾性力学における支配方程式を紹介した。ここでは，弾性力学の優れた特徴の一つである，エネルギー原理について紹介する。これにより，偏微分方程式の境界値問題としてではなく，変分問題として書き直すことができるからである。まずは，領域積分を利用した解の一意性について述べ，つぎに，各種エネルギー原理について述べていく。

6.1 解 の 一 意 性[4), 13)]

前章では，弾性力学では図 **6.1** に示すような境界条件にて偏微分方程式が解かれることを述べた。このとき，解かれるべき方程式は

平衡方程式

$$\frac{\partial \sigma_{ij}}{\partial x_i} + \rho k_j = 0 \tag{6.1}$$

変位–ひずみの関係式

$$\varepsilon_{ij} = \frac{1}{2}\left(\frac{\partial u_i}{\partial x_j} + \frac{\partial u_j}{\partial x_i}\right) \tag{6.2}$$

フックの法則

$$\sigma_{ij} = \lambda \varepsilon_{kk} \delta_{ij} + 2\mu \varepsilon_{ij} \tag{6.3}$$

の 15 個，そして解かれる未知数は応力 σ_{ij} が 6 個，ε_{ij} が 6 個，変位 u_i が 3 個の計 15 個で一致しており，理論的には解が決定できるはずである。また，この

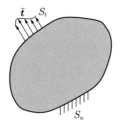

図 6.1 境界値問題

ときの境界条件は

$$u_i = \bar{u}_i \tag{6.4}$$

$$\sigma_{ij} n_i = \bar{t}_j \tag{6.5}$$

である。

　ここで，この方程式の解がつぎの二組あるとしよう。

$$\left(u_i', \, \varepsilon_{ij}', \, \sigma_{ij}' \right), \, \left(u_i'', \, \varepsilon_{ij}'', \, \sigma_{ij}'' \right) \tag{6.6}$$

このとき，この二組の差を以下のように表す。

$$\hat{u}_i = u_i' - u_i'', \quad \hat{\varepsilon}_{ij} = \varepsilon_{ij}' - \varepsilon_{ij}'', \quad \hat{\sigma}_{ij} = \sigma_{ij}' - \sigma_{ij}'' \tag{6.7}$$

この二つの解の差は，つぎの四つの関係を満たす必要がある。

$$\frac{\partial \hat{\sigma}_{ij}}{\partial x_j} = 0 \tag{6.8}$$

$$\hat{\sigma}_{ij} = \lambda \hat{\varepsilon}_{kk} \delta_{ij} + 2\mu \hat{\varepsilon}_{ij} \tag{6.9}$$

$$n_i \hat{\sigma}_{ij} = 0 \tag{6.10}$$

$$\hat{u}_i = 0 \tag{6.11}$$

式 (6.10) と式 (6.11) により，対象となる領域はすべて 0 の境界条件として記述できるため，つぎの関係が成り立つ。

$$I = \int_S \hat{u}_i \hat{\sigma}_{ij} n_j dS = 0 \tag{6.12}$$

これに発散定理を適用すると

$$I = \int_V \frac{\partial}{\partial x_j}(\hat{u}_i \hat{\sigma}_{ij}) dV$$

$$= \int_V \left(\frac{\partial \hat{u}_i}{\partial x_j}\hat{\sigma}_{ij} + \hat{u}_i \frac{\partial \hat{\sigma}_{ij}}{\partial x_j}\right) dV$$

$$= \int_V \left(\frac{\partial \hat{u}_i}{\partial x_j}\hat{\sigma}_{ij}\right) dV$$

$$= \int_V \left(\frac{1}{2}\frac{\partial \hat{u}_i}{\partial x_j}\hat{\sigma}_{ij} + \frac{1}{2}\frac{\partial \hat{u}_i}{\partial x_j}\hat{\sigma}_{ji}\right) dV$$

$$= \int_V \left(\frac{1}{2}\frac{\partial \hat{u}_i}{\partial x_j}\hat{\sigma}_{ij} + \frac{1}{2}\frac{\partial \hat{u}_j}{\partial x_i}\hat{\sigma}_{ij}\right) dV$$

$$= \int_V \hat{\varepsilon}_{ij}\hat{\sigma}_{ij} dV$$

$$= \int_V \left\{\lambda(\hat{\varepsilon}_{kk})^2 + 2\mu\hat{\varepsilon}_{ij}\hat{\varepsilon}_{ij}\right\} dV = 0 \tag{6.13}$$

よって式 (6.13) を満たす条件は，$\hat{\varepsilon}_{ij} = 0$ である．式 (6.9) より $\hat{\sigma}_{ij} = 0$，式 (6.11) より $\hat{u}_i = 0$ となる．よって，解の一意性が保証される．

問題 6.1　つぎの関係を示せ．

$$\int_V \hat{\varepsilon}_{ij}\hat{\sigma}_{ij} dV = \int_V \left\{\lambda(\hat{\varepsilon}_{kk})^2 + 2\mu\hat{\varepsilon}_{ij}\hat{\varepsilon}_{ij}\right\} dV$$

【解答】

$$\hat{\varepsilon}_{ij}\hat{\sigma}_{ij} = \hat{\varepsilon}_{ij}(\lambda\hat{\varepsilon}_{kk}\delta_{ij} + 2\mu\hat{\varepsilon}_{ij}) = \lambda(\hat{\varepsilon}_{kk})^2 + 2\mu\hat{\varepsilon}_{ij}\hat{\varepsilon}_{ij}$$

 ◇

6.2　仮想仕事の原理

つぎに，平衡方程式と等価である，仮想仕事の原理を導出しよう．弾性力学における平衡方程式は次式で与えられる．

$$\frac{\partial \sigma_{ij}}{\partial x_i} + \rho k_j = 0 \tag{6.14}$$

このとき，つぎの境界条件を満たす必要がある。

$$u_i = \bar{u}_i \quad \text{on} \ S_u \tag{6.15}$$

$$\sigma_{ij} n_i = \bar{t}_j \quad \text{on} \ S_t \tag{6.16}$$

ここで，仮想変位 δu_i を考える。これは任意のもので構わないが，変位境界 S_u においてだけはつぎの関係を満たすことにしよう。

$$\delta u_i = 0 \quad \text{on} \ S_u \tag{6.17}$$

このとき，つぎのように平衡方程式と力学的境界条件と δu_i と内積をとり，領域積分したものを考える。

$$-\int_V \left(\frac{\partial \sigma_{ij}}{\partial x_i} + \rho k_j \right) \delta u_j dV + \int_S (\sigma_{ij} n_i - \bar{t}_j) \delta u_j dS = 0 \tag{6.18}$$

これに発散定理を適用すると

$$\int_V \sigma_{ij} \delta \varepsilon_{ij} dV - \int_V \rho k_j \delta u_j dV - \int_{S_t} \bar{t}_j \delta u_j dS = 0 \tag{6.19}$$

ただし

$$\delta \varepsilon_{ij} = \frac{1}{2} \left(\frac{\partial \delta u_i}{\partial x_j} + \frac{\partial \delta u_j}{\partial x_i} \right) \tag{6.20}$$

が得られる。この式を仮想仕事の原理という。

問題 6.2 仮想仕事の原理を導出せよ。

$$\int_V \sigma_{ij} \delta \varepsilon_{ij} dV - \int_V \rho k_j \delta u_j dV - \int_{S_t} \bar{t}_j \delta u_j dS = 0$$

【解答】 変位境界において $\delta u_i = 0$ であることより

$$-\int_V \left(\frac{\partial \sigma_{ij}}{\partial x_i} + \rho k_j \right) \delta u_j dV + \int_S (\sigma_{ij} n_i - \bar{t}_j) \delta u_j dS = 0$$

となる。ここで，二つ目の積分における応力に関する項を取り出し，発散定理を適用すると

$$-\int_V \left(\frac{\partial \sigma_{ij}}{\partial x_i} + \rho k_j\right) \delta u_j dV + \int_S \sigma_{ij} n_i \delta u_j dS - \int_S \bar{t}_j \delta u_j dS = 0$$

$$\Leftrightarrow -\int_V \left(\frac{\partial \sigma_{ij}}{\partial x_i} + \rho k_j\right) \delta u_j dV + \int_V \left(\frac{\partial \sigma_{ij}}{\partial x_i} \delta u_j + \sigma_{ij} \frac{\partial \delta u_j}{\partial x_i}\right) dV$$

$$-\int_S \bar{t}_j \delta u_j dS = 0$$

$$\Leftrightarrow \int_V \sigma_{ij} \frac{\partial \delta u_j}{\partial x_i} dV - \int_V \rho k_j \delta u_j dV - \int_S \bar{t}_j \delta u_j dS = 0$$

が得られる。ここで，応力の対称性を利用して

$$\int_V \sigma_{ij} \frac{\partial \delta u_j}{\partial x_i} dV = \int_V \frac{1}{2} \left(\sigma_{ij} \frac{\partial \delta u_j}{\partial x_i} + \sigma_{ji} \frac{\partial \delta u_j}{\partial x_i}\right) dV$$

$$= \int_V \frac{1}{2} \left(\sigma_{ij} \frac{\partial \delta u_j}{\partial x_i} + \sigma_{ij} \frac{\partial \delta u_i}{\partial x_j}\right) dV$$

$$= \int_V \frac{1}{2} \sigma_{ij} \left(\frac{\partial \delta u_j}{\partial x_i} + \frac{\partial \delta u_i}{\partial x_j}\right) dV$$

$$= \int_V \sigma_{ij} \delta \varepsilon_{ij} dV$$

と書き直すことができ，S_u では $\delta u_i = 0$ より

$$\int_V \sigma_{ij} \delta \varepsilon_{ij} dV - \int_V \rho k_j \delta u_j dV - \int_{S_t} \bar{t}_j \delta u_j dS = 0$$

が得られる。

仮想仕事の原理を添字を使わず，成分にて書くとつぎのようになる。

$$\int_V \left(\sigma_{11} \delta \varepsilon_{11} + \sigma_{22} \delta \varepsilon_{22} + \sigma_{33} \delta \varepsilon_{33} + \sigma_{23} \delta \gamma_{23} + \sigma_{31} \delta \gamma_{31} + \sigma_{12} \delta \gamma_{12}\right) dV$$

$$-\int_V \left(\rho k_1 \delta u_1 + \rho k_2 \delta u_2 + \rho k_3 \delta u_3\right) dV$$

$$-\int_{S_t} \left(\bar{t}_1 \delta u_1 + \bar{t}_2 \delta u_2 + \bar{t}_3 \delta u_3\right) dS = 0 \tag{6.21}$$

また行列表記すると

$$\int_V \begin{bmatrix} \delta\varepsilon_{11} & \delta\varepsilon_{22} & \delta\varepsilon_{33} & \delta\gamma_{23} & \delta\gamma_{31} & \delta\gamma_{12} \end{bmatrix} \begin{bmatrix} \sigma_{11} \\ \sigma_{22} \\ \sigma_{33} \\ \sigma_{23} \\ \sigma_{31} \\ \sigma_{12} \end{bmatrix} dV$$

$$- \int_V \begin{bmatrix} \delta u_1 & \delta u_2 & \delta u_3 \end{bmatrix} \begin{bmatrix} \rho k_1 \\ \rho k_2 \\ \rho k_3 \end{bmatrix} dV$$

$$- \int_{S_t} \begin{bmatrix} \delta u_1 & \delta u_2 & \delta u_3 \end{bmatrix} \begin{bmatrix} \bar{t}_1 \\ \bar{t}_2 \\ \bar{t}_3 \end{bmatrix} dS = 0 \tag{6.22}$$

この仮想仕事の原理は，有限要素法（変位法）における基礎として用いられている[5),13)]。

6.3　ポテンシャルエネルギー最小の定理

　もし，与えられた体積力あるいは表面力が，変位に依存しない一定荷重として取り扱って良いときには，ポテンシャルエネルギー最小の定理が定義できる。このことを紹介しよう。

　まずポテンシャルエネルギーとは，つぎの汎関数 Π で与えられるものである。

$$\Pi = \int_V \frac{1}{2}\sigma_{ij}\varepsilon_{ij}dV - \int_V \rho k_j u_j dV - \int_{S_t} \bar{t}_j u_j dS \tag{6.23}$$

これを成分で書くと

$$\Pi = \int_V \frac{1}{2}\left(\sigma_{11}\varepsilon_{11} + \sigma_{22}\varepsilon_{22} + \sigma_{33}\varepsilon_{33} + \sigma_{23}\gamma_{23} + \sigma_{31}\gamma_{31} + \sigma_{12}\gamma_{12}\right)dV$$

$$-\int_V (\rho k_1 u_1 + \rho k_2 u_2 + \rho k_3 u_3)\, dV - \int_{S_t} (\bar{t}_1 u_1 + \bar{t}_2 u_2 + \bar{t}_3 u_3)\, dS$$

$$(6.24)$$

となり，行列表記すると

$$\Pi = \int_V \frac{1}{2} \begin{bmatrix} \varepsilon_{11} & \varepsilon_{22} & \varepsilon_{33} & \gamma_{23} & \gamma_{31} & \gamma_{12} \end{bmatrix} \begin{bmatrix} \sigma_{11} \\ \sigma_{22} \\ \sigma_{33} \\ \sigma_{23} \\ \sigma_{31} \\ \sigma_{12} \end{bmatrix} dV$$

$$-\int_V \begin{bmatrix} u_1 & u_2 & u_3 \end{bmatrix} \begin{bmatrix} \rho k_1 \\ \rho k_2 \\ \rho k_3 \end{bmatrix} dV - \int_{S_t} \begin{bmatrix} u_1 & u_2 & u_3 \end{bmatrix} \begin{bmatrix} \bar{t}_1 \\ \bar{t}_2 \\ \bar{t}_3 \end{bmatrix} dS$$

$$(6.25)$$

となる。さらにフックの法則まで組み込むと

$$\Pi = \int_V \frac{1}{2} \begin{bmatrix} \varepsilon_{11} & \varepsilon_{22} & \varepsilon_{33} & \gamma_{23} & \gamma_{31} & \gamma_{12} \end{bmatrix} [D_{ij}] \begin{bmatrix} \varepsilon_{11} \\ \varepsilon_{22} \\ \varepsilon_{33} \\ \gamma_{23} \\ \gamma_{31} \\ \gamma_{12} \end{bmatrix} dV$$

$$-\int_V \begin{bmatrix} u_1 & u_2 & u_3 \end{bmatrix} \begin{bmatrix} \rho k_1 \\ \rho k_2 \\ \rho k_3 \end{bmatrix} dV - \int_{S_t} \begin{bmatrix} u_1 & u_2 & u_3 \end{bmatrix} \begin{bmatrix} \bar{t}_1 \\ \bar{t}_2 \\ \bar{t}_3 \end{bmatrix} dS$$

$$(6.26)$$

ただし

$$[D_{ij}] = \frac{E(1-\nu)}{(1-2\nu)(1+\nu)} \begin{bmatrix} 1 & \dfrac{\nu}{1-\nu} & \dfrac{\nu}{1-\nu} & 0 & 0 & 0 \\ \dfrac{\nu}{1-\nu} & 1 & \dfrac{\nu}{1-\nu} & 0 & 0 & 0 \\ \dfrac{\nu}{1-\nu} & \dfrac{\nu}{1-\nu} & 1 & 0 & 0 & 0 \\ 0 & 0 & 0 & \dfrac{1-2\nu}{2(1-\nu)} & 0 & 0 \\ 0 & 0 & 0 & 0 & \dfrac{1-2\nu}{2(1-\nu)} & 0 \\ 0 & 0 & 0 & 0 & 0 & \dfrac{1-2\nu}{2(1-\nu)} \end{bmatrix}$$

$$(6.27)$$

として与えられる。この関数の第1項はひずみエネルギーと呼ばれ，内部のエネルギーを表し，そこから外力の仕事である第2項，第3項を引いているため，ポテンシャルエネルギーと呼ばれる。この Π の第1変分の停留条件

$$\delta\Pi = 0$$

が仮想仕事の原理になる。このことを確かめよう。まずは，試行変位がつぎのように書けることを仮定しよう。

$$\begin{bmatrix} U_1 \\ U_2 \\ U_3 \end{bmatrix} = \begin{bmatrix} u_1 \\ u_2 \\ u_3 \end{bmatrix} + \alpha \begin{bmatrix} \eta_1 \\ \eta_2 \\ \eta_3 \end{bmatrix} \qquad (6.28)$$

つまり，$\alpha\eta_i$ が変位の変分である。ただし，変位境界では，先ほどと同様に

$$\begin{bmatrix} \eta_1 \\ \eta_2 \\ \eta_3 \end{bmatrix} = \begin{bmatrix} 0 \\ 0 \\ 0 \end{bmatrix} \qquad (6.29)$$

としよう。すると

$$\Pi = \int_V \frac{1}{2}\Big[\varepsilon_{11} + \alpha\hat{\varepsilon}_{11} \quad \varepsilon_{22} + \alpha\hat{\varepsilon}_{22} \quad \varepsilon_{33} + \alpha\hat{\varepsilon}_{33} \quad \gamma_{23} + \alpha\hat{\gamma}_{23}$$

$$\begin{array}{cc} \gamma_{31} + \alpha\hat{\gamma}_{31} & \gamma_{12} + \alpha\hat{\gamma}_{12} \end{array}\Big] [D_{ij}] \begin{bmatrix} \varepsilon_{11} + \alpha\hat{\varepsilon}_{11} \\ \varepsilon_{22} + \alpha\hat{\varepsilon}_{22} \\ \varepsilon_{33} + \alpha\hat{\varepsilon}_{33} \\ \gamma_{23} + \alpha\hat{\gamma}_{23} \\ \gamma_{31} + \alpha\hat{\gamma}_{31} \\ \gamma_{12} + \alpha\hat{\gamma}_{12} \end{bmatrix} dV$$

$$- \int_V \begin{bmatrix} u_1 + \alpha\eta_1 & u_2 + \alpha\eta_2 & u_3 + \alpha\eta_3 \end{bmatrix} \begin{bmatrix} \rho k_1 \\ \rho k_2 \\ \rho k_3 \end{bmatrix} dV$$

$$- \int_{S_t} \begin{bmatrix} u_1 + \alpha\eta_1 & u_2 + \alpha\eta_2 & u_3 + \alpha\eta_3 \end{bmatrix} \begin{bmatrix} \bar{t}_1 \\ \bar{t}_2 \\ \bar{t}_3 \end{bmatrix} dS \qquad (6.30)$$

となる。ただし

$$\hat{\varepsilon}_{ij} = \frac{1}{2}\left(\frac{\partial \eta_i}{\partial x_j} + \frac{\partial \eta_j}{\partial x_i}\right) \qquad (6.31)$$

とした。このとき，第1変分はつぎのように与えられる[†]。

$$\delta\Pi = \left(\frac{d\Pi(U_i)}{d\alpha}\right)\bigg|_{\alpha=0} \alpha$$

$$= \int_V \frac{1}{2} \begin{bmatrix} \alpha\hat{\varepsilon}_{11} & \alpha\hat{\varepsilon}_{22} & \alpha\hat{\varepsilon}_{33} & \alpha\hat{\gamma}_{23} & \alpha\hat{\gamma}_{31} & \alpha\hat{\gamma}_{12} \end{bmatrix} [D_{ij}] \begin{bmatrix} \varepsilon_{11} \\ \varepsilon_{22} \\ \varepsilon_{33} \\ \gamma_{23} \\ \gamma_{31} \\ \gamma_{12} \end{bmatrix} dV$$

[†] 拙著「ベクトル解析からはじめる固体力学入門」[13]) の付録 A.6 参照のこと。

$$+ \int_V \frac{1}{2} \begin{bmatrix} \varepsilon_{11} & \varepsilon_{22} & \varepsilon_{33} & \gamma_{23} & \gamma_{31} & \gamma_{12} \end{bmatrix} [D_{ij}] \begin{bmatrix} \alpha\hat{\varepsilon}_{11} \\ \alpha\hat{\varepsilon}_{22} \\ \alpha\hat{\varepsilon}_{33} \\ \alpha\hat{\gamma}_{23} \\ \alpha\hat{\gamma}_{31} \\ \alpha\hat{\gamma}_{12} \end{bmatrix} dV$$

$$- \int_V \begin{bmatrix} \alpha\eta_1 & \alpha\eta_2 & \alpha\eta_3 \end{bmatrix} \begin{bmatrix} \rho k_1 \\ \rho k_2 \\ \rho k_3 \end{bmatrix} dV$$

$$- \int_{S_t} \begin{bmatrix} \alpha\eta_1 & \alpha\eta_2 & \alpha\eta_3 \end{bmatrix} \begin{bmatrix} \bar{t}_1 \\ \bar{t}_2 \\ \bar{t}_3 \end{bmatrix} dS \tag{6.32}$$

となる。ここで

$$\begin{bmatrix} \delta u_1 \\ \delta u_2 \\ \delta u_3 \end{bmatrix} = \alpha \begin{bmatrix} \eta_1 \\ \eta_2 \\ \eta_3 \end{bmatrix} \tag{6.33}$$

とすると，式 (6.27) からわかる $[D_{ij}]$ の対称性より，次式を得る。

$$\delta\Pi = \int_V \begin{bmatrix} \delta\varepsilon_{11} & \delta\varepsilon_{22} & \delta\varepsilon_{33} & \delta\gamma_{23} & \delta\gamma_{31} & \delta\gamma_{12} \end{bmatrix} \begin{bmatrix} \sigma_{11} \\ \sigma_{22} \\ \sigma_{33} \\ \sigma_{23} \\ \sigma_{31} \\ \sigma_{12} \end{bmatrix} dV$$

$$- \int_V \begin{bmatrix} \delta u_1 & \delta u_2 & \delta u_3 \end{bmatrix} \begin{bmatrix} \rho k_1 \\ \rho k_2 \\ \rho k_3 \end{bmatrix} dV$$

$$- \int_{S_t} \left[\begin{array}{ccc} \delta u_1 & \delta u_2 & \delta u_3 \end{array} \right] \left[\begin{array}{c} \bar{t}_1 \\ \bar{t}_2 \\ \bar{t}_3 \end{array} \right] dS \tag{6.34}$$

よって，Π の第 1 変分の停留条件

$$\delta \Pi = 0 \tag{6.35}$$

$$\Leftrightarrow \int_V \left[\begin{array}{cccccc} \delta\varepsilon_{11} & \delta\varepsilon_{22} & \delta\varepsilon_{33} & \delta\gamma_{23} & \delta\gamma_{31} & \delta\gamma_{12} \end{array} \right] \left[\begin{array}{c} \sigma_{11} \\ \sigma_{22} \\ \sigma_{33} \\ \sigma_{23} \\ \sigma_{31} \\ \sigma_{12} \end{array} \right] dV$$

$$- \int_V \left[\begin{array}{ccc} \delta u_1 & \delta u_2 & \delta u_3 \end{array} \right] \left[\begin{array}{c} \rho k_1 \\ \rho k_2 \\ \rho k_3 \end{array} \right] dV$$

$$- \int_{S_t} \left[\begin{array}{ccc} \delta u_1 & \delta u_2 & \delta u_3 \end{array} \right] \left[\begin{array}{c} \bar{t}_1 \\ \bar{t}_2 \\ \bar{t}_3 \end{array} \right] dS = 0 \tag{6.36}$$

は仮想仕事の原理となる。このことは "物体変位の正解において，ポテンシャルエネルギーは停留値（＝ 0）となる" ことを示している。さらに，第 2 変分についても調べてみよう。変分学により第 2 変分[13)]はつぎのように与えられる。

$$\delta^2 \Pi$$
$$= \frac{1}{2} \left(\frac{d^2 \Pi(U_i)}{d\alpha^2} \right) \bigg|_{\alpha=0} \alpha^2$$

$$= \int_V \frac{1}{2} \begin{bmatrix} \alpha\hat{\varepsilon}_{11} & \alpha\hat{\varepsilon}_{22} & \alpha\hat{\varepsilon}_{33} & \alpha\hat{\gamma}_{23} & \alpha\hat{\gamma}_{31} & \alpha\hat{\gamma}_{12} \end{bmatrix} [D_{ij}] \begin{bmatrix} \alpha\hat{\varepsilon}_{11} \\ \alpha\hat{\varepsilon}_{22} \\ \alpha\hat{\varepsilon}_{33} \\ \alpha\hat{\gamma}_{23} \\ \alpha\hat{\gamma}_{31} \\ \alpha\hat{\gamma}_{12} \end{bmatrix} dV \tag{6.37}$$

ここで，$[D_{ij}]$ の正定値性より，ひずみエネルギーはいかなるひずみにおいても正の値をとる。つまり

$$\delta^2\Pi \geqq 0 \tag{6.38}$$

となる。よって，ポテンシャルエネルギーは正解において最小となる。このことをポテンシャルエネルギー最小の定理という。ポテンシャルエネルギー最小ということは，物体は正解において安定な平衡状態にあることを示している[4]。また，変形に関して，変位境界条件を満たす近似関数を導入したとき，ポテンシャルエネルギーを近似関数の制約の範囲内で最小にすることにより近似解を求めようとする数値解法（リッツ法）の理論的よりどころとなっている。

また，物体に強制変位が与えられ，物体力や表面力が 0 であるとき，ポテンシャルエネルギーは

$$\Pi = \int_V \frac{1}{2}(\sigma_{11}\varepsilon_{11} + \sigma_{22}\varepsilon_{22} + \sigma_{33}\varepsilon_{33} + \sigma_{23}\gamma_{23} + \sigma_{31}\gamma_{31} + \sigma_{12}\gamma_{12})dV \tag{6.39}$$

と書ける。このとき，正解はひずみエネルギーを最小にする。このことをひずみ仕事最小の定理といい，航空機構造の変形解析等に用いられる。

6.4 カスティリアーノの定理

ポテンシャルエネルギー最小の定理の自然な拡張として，集中変位が与えら

れた点の集中外力を求める方法に，カスティリアーノの定理がある。これは，物体のひずみエネルギーが集中変位の関数で表現できるときに利用できる。トラスやはりなどの比較的簡単な変形を扱うときに，この手法がたいへん効果的である。

まず，物体にかかる外力は p 点における集中変位 u_i^p に対応する P_i だけだとしたとき，ポテンシャルエネルギーはつぎのように書くことができる。

$$\Pi(u_i^p) = \int_V \frac{1}{2}\sigma_{ij}(u_i^p)\varepsilon_{ij}(u_i^p)dV - P_i u_i^p = \varphi(u_i^p) - P_i u_i^p \qquad (6.40)$$

Π の集中変位 u_i^p に対する第 1 変分の停留条件は

$$\delta\Pi(u_i^p) = 0 \qquad (6.41)$$

であり

$$U_i^p = u_i^p + \alpha_i\eta_i^p \qquad (6.42)$$

とすると，第 1 変分は

$$\delta\Pi = \left(\frac{d\Pi(U_i^p)}{d\alpha_i}\right)\bigg|_{\alpha_i=0}\alpha_i \qquad (6.43)$$

であり，よって

$$\begin{aligned}
\delta\Pi &= \frac{\partial\varphi}{\partial U_1^p}\frac{dU_1^p}{d\alpha_1}\bigg|_{\alpha_1=0}\alpha_1 + \frac{\partial\varphi}{\partial U_2^p}\frac{dU_2^p}{d\alpha_2}\bigg|_{\alpha_2=0}\alpha_2 + \frac{\partial\varphi}{\partial U_3^p}\frac{dU_3^p}{d\alpha_3}\bigg|_{\alpha_3=0}\alpha_3 \\
&\quad - \frac{\partial(P_i U_i^p)}{\partial U_1^p}\frac{dU_1^p}{d\alpha_1}\bigg|_{\alpha_1=0}\alpha_1 - \frac{\partial(P_i U_i^p)}{\partial U_2^p}\frac{dU_2^p}{d\alpha_2}\bigg|_{\alpha_2=0}\alpha_2 \\
&\quad - \frac{\partial(P_i U_i^p)}{\partial U_3^p}\frac{dU_3^p}{d\alpha_3}\bigg|_{\alpha_3=0}\alpha_3 \\
&= \left(\frac{\partial\varphi}{\partial u_1^p} - P_1\right)\delta u_1^p + \left(\frac{\partial\varphi}{\partial u_2^p} - P_2\right)\delta u_2^p + \left(\frac{\partial\varphi}{\partial u_3^p} - P_3\right)\delta u_3^p = 0
\end{aligned}$$
$$(6.44)$$

となる。つまり，任意の δu_i^p で成り立つ条件は

$$P_i = \frac{\partial \varphi}{\partial u_i^p} \qquad (6.45)$$

となる。これは物体に蓄えられるひずみエネルギーが集中変位の関数で表現できるとき，集中力は集中変位 u_i^p 成分の偏微分で与えられることを意味している。トラスやはりなどは幾何形状から容易にひずみエネルギーが算出できるので，構造力学分野にて幅広く用いられている。

問題 6.3　図 6.2 のようなヤング率 E，断面積 A，長さ l の真直な棒を考える。上端が剛体壁に埋め込まれ，下端の点 P に荷重 W が作用しているとき，つぎの問いに答えよ。ただし，自重は考えない。

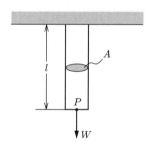

図 6.2　荷重が作用した
断面積 A の真直な棒

(1)　1 次元の仮想仕事の式を示せ。またこの問題で，部分積分を用いて内部仮想仕事を変形すると，外部仮想仕事の式と等しくなることを示せ。

(2)　1 次元の仮想仕事の式を用いることで，上記，荷重点 P の変位 U_P を求めよ。

(3)　1 次元のポテンシャルエネルギーの式を示し，その最小条件より，上記，荷重点 P の変位 U_P を求めよ。

(4)　上記の弾性解は一意に決定できることを示せ。

【解答】

(1)　1 次元仮想仕事の式：$A\displaystyle\int_0^l \delta\varepsilon\sigma dx - \delta u|_{x=l}W = 0$ $\quad\left(\delta\varepsilon = \dfrac{d\delta u}{dx},\ \sigma = E\dfrac{du}{dx}\right)$
また，内部仮想仕事の式を書き直すと

$$A \int_0^l \delta\varepsilon\sigma dx = A \int_0^l \frac{d\delta u}{dx}\sigma dx$$

$$= A\left[\sigma\delta u\right]_0^l - A \int_0^l \delta u \frac{d\sigma}{dx} dx = \delta u|_{x=l} W$$

ただし，$W = A\sigma$，$\dfrac{d\sigma}{dx} = 0$ を用いた。

(2) 1次元仮想仕事の式で，$\delta u = x$（仮想変位なので，変位境界さえ満たしていれば何でも良い），$u = \dfrac{U_P}{l}x$ とすると，$\delta\varepsilon = 1$，$\sigma = E\dfrac{du}{dx} = E\dfrac{U_P}{l}$ であり

$$A \int_0^l E\frac{U_P}{l} dx - lW = 0 \Leftrightarrow U_P = \frac{lW}{EA}$$

となる。

(3) 1次元のポテンシャルエネルギーの式：$\Pi = A \int_0^l \dfrac{1}{2}\varepsilon\sigma dx - u|_{x=l}W$

ここで，$u = \dfrac{U_P}{l}x$ とすると

$$\Pi = A \int_0^l \frac{1}{2}E\left(\frac{U_P}{l}\right)^2 dx - U_P W \Leftrightarrow \Pi = EA\frac{U_p^2}{2l} - U_P W$$

よって，停留条件より

$$\frac{\partial \Pi}{\partial U_P} = 0 \Leftrightarrow EA\frac{U_P}{l} - W = 0 \Leftrightarrow U_P = \frac{lW}{EA}$$

また

$$\frac{\partial^2 \Pi}{\partial U_p^2} = \frac{EA}{l} > 0$$

より，このとき，ポテンシャルエネルギーは最小となる。

(4) 上の問題の正解を二つ考え，その差に関するつぎの試行関数を導入する。

$$\hat{u} = u^{(1)} - u^{(2)}, \quad \hat{\sigma} = \sigma^{(1)} - \sigma^{(2)}, \quad \hat{\varepsilon} = \varepsilon^{(1)} - \varepsilon^{(2)}$$

このとき，(1) と (2) は二つの正解を表している。これらは正解であるため，つぎの関係を満たす必要がある。

$$\frac{\partial \hat{\sigma}}{\partial x} = 0, \quad \hat{\sigma} = E\frac{d\hat{u}}{dx}, \quad \hat{\varepsilon} = \frac{d\hat{u}}{dx}, \quad [\hat{\sigma}n]_{x=l} = 0, \quad \hat{u}|_{x=0} = 0$$

このとき

$$A\hat{u}\hat{\sigma}n|_{x=l} + A\hat{u}\hat{\sigma}n|_{x=0} = 0$$

$$\Leftrightarrow A\left[\hat{u}\hat{\sigma}\right]_0^l = 0 \quad (\because n|_{x=l} = 1,\ n|_{x=0} = -1)$$

$$\Leftrightarrow A\int_0^l \frac{d}{dx}\left(\hat{u}\hat{\sigma}\right)dx = 0$$

$$\Leftrightarrow A\int_0^l \left(\hat{\varepsilon}\hat{\sigma}\right)dx = 0 \quad \left(\because \frac{d\hat{\sigma}}{dx} = 0\right)$$

$$\Leftrightarrow EA\int_0^l \hat{\varepsilon}^2 dx = 0$$

$$\Leftrightarrow \hat{\varepsilon} = 0$$

$$\Leftrightarrow \hat{\sigma} = 0 \quad (\because \hat{\sigma} = E\hat{\varepsilon} = 0)$$

$$\Leftrightarrow \hat{u} = 0 \quad \left(\because \frac{d\hat{u}}{dx} = 0,\ \hat{u}|_{x=0} = 0\right)$$

となり，完全に一致する。

7 曲線座標と有限要素法

　曲線座標を弾性力学に導入することで，複雑な形状を持つ物体の変形をきわめて合理的に扱うことができる。特に，アイソパラメトリック要素と呼ばれる曲線座標要素を用いることで，有限要素法は解析手法としての利用範囲が格段に広がった。ここでは，アイソパラメトリック要素による有限要素法をゴールとして，曲線座標について紹介する[†]。

7.1　曲　線　座　標

　図 **7.1** に示すような直交座標 $O-x_1x_2x_3$ 上の点 P に交わらない曲線を考える。この曲線を表すパラメータを $(\theta^1,\ \theta^2,\ \theta^3)$ で表すとすると，これらは θ^1 曲線，θ^2 曲線，θ^3 曲線と呼ばれる。このとき，点 P の位置ベクトルを $\boldsymbol{R}\left(\theta^1,\ \theta^2,\ \theta^3\right)$ とすると，その接ベクトル $\boldsymbol{g}_i\,(i=1,\ 2,\ 3)$ はつぎのように与えられる。

$$\boldsymbol{g}_1 = \frac{\partial \boldsymbol{R}}{\partial \theta^1}, \quad \boldsymbol{g}_2 = \frac{\partial \boldsymbol{R}}{\partial \theta^2}, \quad \boldsymbol{g}_3 = \frac{\partial \boldsymbol{R}}{\partial \theta^3} \tag{7.1}$$

このとき，位置ベクトル $\boldsymbol{R}$ は，デカルト座標でも表現できるので

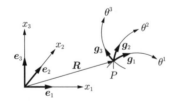

図 **7.1**　曲　線　座　標

$$\boldsymbol{R}\left(\theta^1,\ \theta^2,\ \theta^3\right) = x_1\left(\theta^1,\ \theta^2,\ \theta^3\right)\boldsymbol{e}_1 + x_2\left(\theta^1,\ \theta^2,\ \theta^3\right)\boldsymbol{e}_2$$
$$+ x_3\left(\theta^1,\ \theta^2,\ \theta^3\right)\boldsymbol{e}_3 \tag{7.2}$$

と書くことができる。したがって，接ベクトルは

$$\boldsymbol{g}_1 = \frac{\partial \boldsymbol{R}}{\partial \theta^1} = \frac{\partial x_1\left(\theta^1,\ \theta^2,\ \theta^3\right)}{\partial \theta^1}\boldsymbol{e}_1 + \frac{\partial x_2\left(\theta^1,\ \theta^2,\ \theta^3\right)}{\partial \theta^1}\boldsymbol{e}_2$$
$$+ \frac{\partial x_3\left(\theta^1,\ \theta^2,\ \theta^3\right)}{\partial \theta^1}\boldsymbol{e}_3 \tag{7.3}$$

$$\boldsymbol{g}_2 = \frac{\partial \boldsymbol{R}}{\partial \theta^2} = \frac{\partial x_1\left(\theta^1,\ \theta^2,\ \theta^3\right)}{\partial \theta^2}\boldsymbol{e}_1 + \frac{\partial x_2\left(\theta^1,\ \theta^2,\ \theta^3\right)}{\partial \theta^2}\boldsymbol{e}_2$$
$$+ \frac{\partial x_3\left(\theta^1,\ \theta^2,\ \theta^3\right)}{\partial \theta^2}\boldsymbol{e}_3 \tag{7.4}$$

$$\boldsymbol{g}_3 = \frac{\partial \boldsymbol{R}}{\partial \theta^3} = \frac{\partial x_1\left(\theta^1,\ \theta^2,\ \theta^3\right)}{\partial \theta^3}\boldsymbol{e}_1 + \frac{\partial x_2\left(\theta^1,\ \theta^2,\ \theta^3\right)}{\partial \theta^3}\boldsymbol{e}_2$$
$$+ \frac{\partial x_3\left(\theta^1,\ \theta^2,\ \theta^3\right)}{\partial \theta^3}\boldsymbol{e}_3 \tag{7.5}$$

として与えられる。これを総和規約にて表すと

$$\boldsymbol{g}_i = \frac{\partial \boldsymbol{R}}{\partial \theta^i} = \frac{\partial x_\alpha}{\partial \theta^i}\boldsymbol{e}_\alpha \tag{7.6}$$

とできる。このように接ベクトルをデカルト座標の成分にて表記して考えることが，曲線座標を理解する上で，とても重要である。接ベクトルを共変基底ベクトルという。

曲線座標を考えるときには，もう一組の基底ベクトル $\boldsymbol{g}^i\ (i = 1,\ 2,\ 3)$ を考えておくと都合が良い。これは

$$\boldsymbol{g}^1 = \frac{\boldsymbol{g}_2 \times \boldsymbol{g}_3}{\boldsymbol{g}_1 \cdot (\boldsymbol{g}_2 \times \boldsymbol{g}_3)}, \quad \boldsymbol{g}^2 = \frac{\boldsymbol{g}_3 \times \boldsymbol{g}_1}{\boldsymbol{g}_2 \cdot (\boldsymbol{g}_3 \times \boldsymbol{g}_1)}, \quad \boldsymbol{g}^3 = \frac{\boldsymbol{g}_1 \times \boldsymbol{g}_2}{\boldsymbol{g}_3 \cdot (\boldsymbol{g}_1 \times \boldsymbol{g}_2)} \tag{7.7}$$

として，与えられる。この基底ベクトルのことを反変基底ベクトルという。反変基底ベクトルには著しい性質があり

$$\boldsymbol{g}_i \cdot \boldsymbol{g}^j = \begin{cases} 1 & (i = j) \\ 0 & (i \neq j) \end{cases} \tag{7.8}$$

となる。これをクロネッカーのデルタを用いて

$$\boldsymbol{g}_i \cdot \boldsymbol{g}^j = \delta_i^j \tag{7.9}$$

と書くこともできる。ここで，添字が上下につくのは曲線座標の特徴だと考えて良い。この性質を利用すると

$$\boldsymbol{g}^j = \frac{\partial \theta^j}{\partial x_\alpha} \boldsymbol{e}_\alpha \tag{7.10}$$

として与えられる。このことはつぎのようにして確かめることができる。

$$\boldsymbol{g}_i \cdot \boldsymbol{g}^j = \frac{\partial x_\alpha}{\partial \theta^i} \boldsymbol{e}_\alpha \cdot \frac{\partial \theta^j}{\partial x_\beta} \boldsymbol{e}_\beta = \frac{\partial x_\alpha}{\partial \theta^i} \frac{\partial \theta^j}{\partial x_\alpha} = \frac{\partial \theta^j}{\partial \theta^i} = \delta_i^j \tag{7.11}$$

7.2　ベクトルとテンソル

　任意のベクトル $\boldsymbol{a}$ は共変基底ベクトル $\boldsymbol{g}_i$ を用いて，つぎのように表すことができる。

$$\boldsymbol{a} = a^i \boldsymbol{g}_i \tag{7.12}$$

a^i は上付きの添字を用いているので，反変成分という。ここで，上下の添字 i に総和規約を用いている。今後も用いることとする。このベクトル $\boldsymbol{a}$ はもちろん，デカルト座標でもつぎのように表すことができる。

$$\boldsymbol{a} = a_\alpha \boldsymbol{e}_\alpha \tag{7.13}$$

すると，$\boldsymbol{g}_i = \dfrac{\partial x_\alpha}{\partial \theta^i} \boldsymbol{e}_\alpha$ を代入し比べることで，異なる座標間の成分変換則が与えられる。

$$\boldsymbol{a} = a^i \boldsymbol{g}_i = a^i \frac{\partial x_\alpha}{\partial \theta^i} \boldsymbol{e}_\alpha \Leftrightarrow a_\alpha = a^i \frac{\partial x_\alpha}{\partial \theta^i} \tag{7.14}$$

この式を，反変成分の成分変換則という。同様にして，任意のベクトル $\boldsymbol{a}$ は反変基底ベクトル $\boldsymbol{g}^i$ と，共変成分 a_i にて表すことができ，成分変換則についてもつぎのように表すことができる。

$$\boldsymbol{a} = a_i \boldsymbol{g}^i = a_i \frac{\partial \theta^i}{\partial x_\alpha} \boldsymbol{e}_\alpha \Leftrightarrow a_\alpha = a_i \frac{\partial \theta^i}{\partial x_\alpha} \tag{7.15}$$

これは共変成分の成分変換則と呼ばれる。

つぎにテンソルについて考えよう。共変および反変基底ベクトルを用いることで，任意のテンソル $\boldsymbol{A}$ は，つぎの 4 種類の表現が可能となる。

$$\boldsymbol{A} = A^{ij} \boldsymbol{g}_i \otimes \boldsymbol{g}_j = A^i_j \boldsymbol{g}_i \otimes \boldsymbol{g}^j = A^j_i \boldsymbol{g}^i \otimes \boldsymbol{g}_j = A_{ij} \boldsymbol{g}^i \otimes \boldsymbol{g}^j \tag{7.16}$$

この一つひとつをつぎのようにデカルト座標の成分と比較してみよう。

$$\boldsymbol{A} = A^{ij} \boldsymbol{g}_i \otimes \boldsymbol{g}_j = A^{ij} \frac{\partial x_\alpha}{\partial \theta^i} \frac{\partial x_\beta}{\partial \theta^j} \boldsymbol{e}_\alpha \otimes \boldsymbol{e}_\beta = A_{\alpha\beta} \boldsymbol{e}_\alpha \otimes \boldsymbol{e}_\beta$$
$$\Leftrightarrow A^{ij} \frac{\partial x_\alpha}{\partial \theta^i} \frac{\partial x_\beta}{\partial \theta^j} = A_{\alpha\beta} \tag{7.17}$$

$$\boldsymbol{A} = A^i_j \boldsymbol{g}_i \otimes \boldsymbol{g}^j = A^i_j \frac{\partial x_\alpha}{\partial \theta^i} \frac{\partial \theta^j}{\partial x_\beta} \boldsymbol{e}_\alpha \otimes \boldsymbol{e}_\beta = A_{\alpha\beta} \boldsymbol{e}_\alpha \otimes \boldsymbol{e}_\beta$$
$$\Leftrightarrow A^i_j \frac{\partial x_\alpha}{\partial \theta^i} \frac{\partial \theta^j}{\partial x_\beta} = A_{\alpha\beta} \tag{7.18}$$

$$\boldsymbol{A} = A^j_i \boldsymbol{g}^i \otimes \boldsymbol{g}_j = A^j_i \frac{\partial \theta^i}{\partial x_\alpha} \frac{\partial x_\beta}{\partial \theta^j} \boldsymbol{e}_\alpha \otimes \boldsymbol{e}_\beta = A_{\alpha\beta} \boldsymbol{e}_\alpha \otimes \boldsymbol{e}_\beta$$
$$\Leftrightarrow A^j_i \frac{\partial \theta^i}{\partial x_\alpha} \frac{\partial x_\beta}{\partial \theta^j} = A_{\alpha\beta} \tag{7.19}$$

$$\boldsymbol{A} = A_{ij} \boldsymbol{g}^i \otimes \boldsymbol{g}^j = A_{ij} \frac{\partial \theta^i}{\partial x_\alpha} \frac{\partial \theta^j}{\partial x_\beta} \boldsymbol{e}_\alpha \otimes \boldsymbol{e}_\beta = A_{\alpha\beta} \boldsymbol{e}_\alpha \otimes \boldsymbol{e}_\beta$$
$$\Leftrightarrow A_{ij} \frac{\partial \theta^i}{\partial x_\alpha} \frac{\partial \theta^j}{\partial x_\beta} = A_{\alpha\beta} \tag{7.20}$$

両矢印の後の式が，曲線座標とデカルト座標の間における成分変換則となる。

7.3　線素とひずみテンソル

デカルト座標でも説明したように，ひずみは変形前後の線素の変化により説明される。まずは線素について述べ，つぎに，ひずみについて考えよう。

隣接している 2 点, 点 $P\left(\theta^1,\ \theta^2,\ \theta^3\right)$ と点 $Q\left(\theta^1+d\theta^1,\ \theta^2+d\theta^2,\ \theta^3+d\theta^3\right)$ は, デカルト座標では, それぞれ点 P が $(x_1,\ x_2,\ x_3)$, 点 Q が $(x_1+dx_1,\ x_2+dx_2,\ x_3+dx_3)$ として与えられるとしよう。このとき, 2 点間の距離を ds とすると, この距離にはつぎのような関係がある。

$$ds^2 = (dx_1)^2 + (dx_2)^2 + (dx_3)^2 = \frac{\partial x_p}{\partial \theta^i}\frac{\partial x_p}{\partial \theta^j}d\theta^i d\theta^j \tag{7.21}$$

ここで

$$\frac{\partial x_p}{\partial \theta^i}\frac{\partial x_p}{\partial \theta^j} = \begin{bmatrix} \dfrac{\partial x_1}{\partial \theta^i} & \dfrac{\partial x_2}{\partial \theta^i} & \dfrac{\partial x_3}{\partial \theta^i} \end{bmatrix} \begin{bmatrix} \dfrac{\partial x_1}{\partial \theta^j} \\[2mm] \dfrac{\partial x_2}{\partial \theta^j} \\[2mm] \dfrac{\partial x_3}{\partial \theta^j} \end{bmatrix} = \boldsymbol{g}_i \cdot \boldsymbol{g}_j \tag{7.22}$$

と書ける。そこで, $g_{ij} \equiv \boldsymbol{g}_i \cdot \boldsymbol{g}_j$ を導入すると

$$ds^2 = g_{ij}d\theta^i d\theta^j \tag{7.23}$$

と書ける。この g_{ij} を計量テンソルという。

図 **7.2** のような変形前の座標 $(x_1,\ x_2,\ x_3)$ と変形後の座標 $(y_1,\ y_2,\ y_3)$ を考える。この二つともデカルト座標としよう。それとは別に, 曲線座標 $(\theta^1,\ \theta^2,\ \theta^3)$

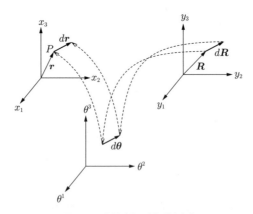

図 **7.2**　曲線座標（物質座標）

を考えてみよう。$(\theta^1,\ \theta^2,\ \theta^3)$ は変形前後の同一の物質点を指定していることになるので，物質座標と呼ばれることもある。

このとき，変形前後の共変基底ベクトルをつぎのように定義する。

$$g_i = \frac{\partial \boldsymbol{r}}{\partial \theta^i} = \boldsymbol{r}_{,i}, \quad \boldsymbol{G}_i = \frac{\partial \boldsymbol{R}}{\partial \theta^i} = \boldsymbol{R}_{,i} \tag{7.24}$$

ここで，$\boldsymbol{r}$ と $\boldsymbol{R}$ は変形前後の位置ベクトルである。すると，変形前後の線素を $ds,\ ds_0$ とすると，その 2 乗の差はつぎのように書ける。

$$ds^2 - ds_0^2 = (G_{ij} - g_{ij})d\theta^i d\theta^j \quad (G_{ij} = \boldsymbol{G}_i \cdot \boldsymbol{G}_j) \tag{7.25}$$

さて，ラグランジュのひずみテンソル γ_{ij} は，つぎのように与えられる。

$$ds^2 - ds_0^2 = 2\gamma_{ij}d\theta^i d\theta^j \tag{7.26}$$

よって，ひずみテンソル γ_{ij} を計量テンソルを用いることで

$$\gamma_{ij} \equiv \frac{1}{2}(G_{ij} - g_{ij}) \tag{7.27}$$

と書ける。一般に，この式が曲線座標におけるひずみテンソルの定義として与えられている。本書では，直接表記（成分に分解しない太字の表記）を用いることで，もう少し掘り下げてみよう。変形前後の変位ベクトルを $\boldsymbol{u}$ とすると

$$\boldsymbol{R} = \boldsymbol{r} + \boldsymbol{u} \tag{7.28}$$

となる。これを利用して $\boldsymbol{G}_i$ と G_{ij} を書き直すと

$$\boldsymbol{G}_i = \frac{\partial(\boldsymbol{r} + \boldsymbol{u})}{\partial \theta^i} = \boldsymbol{r}_{,i} + \boldsymbol{u}_{,i} \tag{7.29}$$

$$G_{ij} = (\boldsymbol{r}_{,i} + \boldsymbol{u}_{,i}) \cdot (\boldsymbol{r}_{,j} + \boldsymbol{u}_{,j}) = (\boldsymbol{g}_i + \boldsymbol{u}_{,i}) \cdot (\boldsymbol{g}_j + \boldsymbol{u}_{,j})$$

$$= g_{ij} + \boldsymbol{u}_{,i} \cdot \boldsymbol{g}_j + \boldsymbol{g}_i \cdot \boldsymbol{u}_{,j} + \boldsymbol{u}_{,i} \cdot \boldsymbol{u}_{,j} \tag{7.30}$$

となり，よって

$$\gamma_{ij} = \frac{1}{2}(G_{ij} - g_{ij}) = \frac{1}{2}(\boldsymbol{u}_{,i} \cdot \boldsymbol{g}_j + \boldsymbol{g}_i \cdot \boldsymbol{u}_{,j} + \boldsymbol{u}_{,i} \cdot \boldsymbol{u}_{,j}) \tag{7.31}$$

として与えられる。最右辺の第3項は非線形項と呼ばれ，本書では高次の微小項として落とすと

$$\gamma_{ij} = \frac{1}{2}(\boldsymbol{u}_{,i} \cdot \boldsymbol{g}_j + \boldsymbol{g}_i \cdot \boldsymbol{u}_{,j}) = \frac{1}{2}\left(\frac{\partial \boldsymbol{u}}{\partial \theta^i} \cdot \boldsymbol{g}_j + \boldsymbol{g}_i \cdot \frac{\partial \boldsymbol{u}}{\partial \theta^j}\right) \tag{7.32}$$

として与えられる。これが曲線座標でのラグランジュのひずみテンソル成分である。

曲線座標 $(\theta^1,\ \theta^2,\ \theta^3)$ を変形前の座標 $(x_1,\ x_2,\ x_3)$ に一致させてみよう。変形前の位置ベクトルが $\boldsymbol{r} = x_\alpha \boldsymbol{e}_\alpha$ であることより，共変基底ベクトルは

$$\boldsymbol{g}_i = \frac{\partial \boldsymbol{r}}{\partial \theta^i} = \frac{\partial \boldsymbol{r}}{\partial x_\alpha} = \boldsymbol{e}_\alpha$$

となる。よって，ひずみテンソル γ_{ij} は

$$\begin{aligned}\gamma_{ij} &= \frac{1}{2}(\boldsymbol{u}_{,i} \cdot \boldsymbol{g}_j + \boldsymbol{g}_i \cdot \boldsymbol{u}_{,j}) \\ &= \frac{1}{2}\left\{\frac{\partial(u_\alpha \boldsymbol{e}_\alpha)}{\partial x_i} \cdot \boldsymbol{e}_j + \boldsymbol{e}_i \cdot \frac{\partial(u_\beta \boldsymbol{e}_\beta)}{\partial x_j}\right\} \\ &= \frac{1}{2}\left(\frac{\partial u_j}{\partial x_i} + \frac{\partial u_i}{\partial x_j}\right) = \varepsilon_{ij}\end{aligned}$$

のように4章で示したひずみテンソル ε_{ij} と一致する。

7.4 直交曲線座標

円柱座標あるいは球座標といった特定の座標においては，ひずみテンソルあるいは平衡方程式といった基礎式を直接書き表すことができ，とても便利である。ここでは，代表的な直交曲線座標である，円柱座標，球座標の基礎式（ひずみと平衡方程式）を導出してみよう。

円柱座標とは $(\theta^1,\ \theta^2,\ \theta^3) = (r,\ \phi,\ z)$ としたものである。このとき，$(x,\ y,\ z) = (r\cos\phi,\ r\sin\phi,\ z)$ であることを考慮すると，共変基底ベクトルは

$$
\boldsymbol{g}_1 \equiv \boldsymbol{g}_r = \frac{\partial \boldsymbol{r}}{\partial r} = \begin{bmatrix} \dfrac{\partial x}{\partial r} \\[2mm] \dfrac{\partial y}{\partial r} \\[2mm] \dfrac{\partial z}{\partial r} \end{bmatrix} = \begin{bmatrix} \cos\phi \\[2mm] \sin\phi \\[2mm] 0 \end{bmatrix} \tag{7.33}
$$

$$
\boldsymbol{g}_2 \equiv \boldsymbol{g}_\phi = \frac{\partial \boldsymbol{r}}{\partial \phi} = \begin{bmatrix} \dfrac{\partial x}{\partial \phi} \\[2mm] \dfrac{\partial y}{\partial \phi} \\[2mm] \dfrac{\partial z}{\partial \phi} \end{bmatrix} = \begin{bmatrix} -r\sin\phi \\[2mm] r\cos\phi \\[2mm] 0 \end{bmatrix} \tag{7.34}
$$

$$
\boldsymbol{g}_3 \equiv \boldsymbol{g}_z = \frac{\partial \boldsymbol{r}}{\partial z} = \begin{bmatrix} \dfrac{\partial x}{\partial z} \\[2mm] \dfrac{\partial y}{\partial z} \\[2mm] \dfrac{\partial z}{\partial z} \end{bmatrix} = \begin{bmatrix} 0 \\[2mm] 0 \\[2mm] 1 \end{bmatrix} \tag{7.35}
$$

として与えられる。円柱座標には共変基底ベクトルどうしが直交しているという著しい性質がある。したがって，$\sqrt{g_{rr}}=1,\ \sqrt{g_{\phi\phi}}=r,\ \sqrt{g_{zz}}=1$ にてその長さを 1 に規格化し

$$
\boldsymbol{e}_r = \frac{\boldsymbol{g}_r}{\sqrt{g_{rr}}} = \begin{bmatrix} \cos\phi \\[2mm] \sin\phi \\[2mm] 0 \end{bmatrix}, \quad \boldsymbol{e}_\phi = \frac{\boldsymbol{g}_\phi}{\sqrt{g_{\phi\phi}}} = \begin{bmatrix} -\sin\phi \\[2mm] \cos\phi \\[2mm] 0 \end{bmatrix},
$$

$$
\boldsymbol{e}_z = \frac{\boldsymbol{g}_z}{\sqrt{g_{zz}}} = \begin{bmatrix} 0 \\[2mm] 0 \\[2mm] 1 \end{bmatrix} \tag{7.36}
$$

とすると，たがいに直交する直交座標を構成する。これが直交曲線座標と呼ばれる理由である。ただし，デカルト座標と異なり，この単位基底ベクトルは $(r,\ \phi,\ z)$ の関数であり，偏微分をしたときに必ずしも 0 とはならない。具体的に 0 とならないものはつぎの二つである。

$$\frac{\partial \boldsymbol{e}_r}{\partial \phi} = \begin{bmatrix} -\sin\phi \\ \cos\phi \\ 0 \end{bmatrix} = \boldsymbol{e}_\phi, \quad \frac{\partial \boldsymbol{e}_\phi}{\partial \phi} = \begin{bmatrix} -\cos\phi \\ -\sin\phi \\ 0 \end{bmatrix} = -\boldsymbol{e}_r \qquad (7.37)$$

これが初学者にとって最もわかりにくいところだと思う。さて，式 (7.8) と式 (7.33)～(7.35) から，反変基底ベクトルはつぎのように与えられる。

$$\boldsymbol{g}^r = \frac{\boldsymbol{e}_r}{\sqrt{g_{rr}}} = \begin{bmatrix} \cos\phi \\ \sin\phi \\ 0 \end{bmatrix}, \quad \boldsymbol{g}^\phi = \frac{\boldsymbol{e}_\phi}{\sqrt{g_{\phi\phi}}} = \begin{bmatrix} \dfrac{-\sin\phi}{r} \\ \dfrac{\cos\phi}{r} \\ 0 \end{bmatrix},$$

$$\boldsymbol{g}^z = \frac{\boldsymbol{e}_z}{\sqrt{g_{zz}}} = \begin{bmatrix} 0 \\ 0 \\ 1 \end{bmatrix}^\dagger \qquad (7.38)$$

つぎに，ひずみについて考えよう。ひずみテンソル $\boldsymbol{\gamma} = \gamma_{ij}\boldsymbol{g}^i \otimes \boldsymbol{g}^j = \varepsilon_{ij}\boldsymbol{e}_i \otimes \boldsymbol{e}_j (i, j = r, \phi, z)$ について，つぎのような書き換えが可能である。

$$\boldsymbol{\gamma} = \gamma_{ij}\boldsymbol{g}^i \otimes \boldsymbol{g}^j = \gamma_{ij}\frac{1}{\sqrt{g_{ii}}}\frac{1}{\sqrt{g_{jj}}}\boldsymbol{e}_i \otimes \boldsymbol{e}_j$$

$$\Leftrightarrow \varepsilon_{ij} = \gamma_{ij}\frac{1}{\sqrt{g_{ii}}}\frac{1}{\sqrt{g_{jj}}} \qquad (7.39)$$

式 (7.32)，式 (7.39) と $\boldsymbol{u} = u_i\boldsymbol{e}_i (i, j = r, \phi, z)$ から ε_{ij} の成分をつぎのように求めることができる。

$$\varepsilon_{ij} = \frac{1}{2}\frac{1}{\sqrt{g_{ii}}}\frac{1}{\sqrt{g_{jj}}}\left\{ \frac{\partial(u_k\boldsymbol{e}_k)}{\partial\theta^i} \cdot \sqrt{g_{jj}}\boldsymbol{e}_j + \sqrt{g_{ii}}\boldsymbol{e}_i \cdot \frac{\partial(u_l\boldsymbol{e}_l)}{\partial\theta^j} \right\} \quad (7.40)$$

式 (7.37) に注意しながら，上記の成分を一つずつ書き出してみよう。

---

† ここではつぎの関係を用いている。

$$\boldsymbol{e}_i = \frac{\boldsymbol{g}^i}{\sqrt{g^{ii}}} = \sqrt{g_{ii}}\boldsymbol{g}^i \Leftrightarrow \boldsymbol{g}^i = \frac{\boldsymbol{e}_i}{\sqrt{g_{ii}}}$$

ただし $g^{ii} = \boldsymbol{g}^i \cdot \boldsymbol{g}^i = \dfrac{1}{g_{ii}}$ となる[13), 14)]。

$$\varepsilon_{rr} = \frac{1}{\sqrt{g_{rr}}}\frac{1}{\sqrt{g_{rr}}}\left\{\frac{\partial(u_k\boldsymbol{e}_k)}{\partial r}\cdot\sqrt{g_{rr}}\boldsymbol{e}_r\right\} = \frac{\partial u_r}{\partial r} \tag{7.41}$$

$$\varepsilon_{\phi\phi} = \frac{1}{\sqrt{g_{\phi\phi}}}\frac{1}{\sqrt{g_{\phi\phi}}}\left\{\frac{\partial(u_k\boldsymbol{e}_k)}{\partial\phi}\cdot\sqrt{g_{\phi\phi}}\boldsymbol{e}_\phi\right\} = \frac{1}{r}\frac{\partial u_\phi}{\partial\phi} + \frac{u_r}{r} \tag{7.42}$$

$$\varepsilon_{zz} = \frac{1}{\sqrt{g_{zz}}}\frac{1}{\sqrt{g_{zz}}}\left\{\frac{\partial(u_k\boldsymbol{e}_k)}{\partial z}\cdot\sqrt{g_{zz}}\boldsymbol{e}_z\right\} = \frac{\partial u_z}{\partial z} \tag{7.43}$$

$$2\varepsilon_{r\phi} = \frac{1}{\sqrt{g_{rr}}}\frac{1}{\sqrt{g_{\phi\phi}}}\left\{\frac{\partial(u_k\boldsymbol{e}_k)}{\partial r}\cdot\sqrt{g_{\phi\phi}}\boldsymbol{e}_\phi + \sqrt{g_{rr}}\boldsymbol{e}_r\cdot\frac{\partial(u_l\boldsymbol{e}_l)}{\partial\phi}\right\}$$
$$= \frac{1}{r}\left(r\frac{\partial u_\phi}{\partial r} + \frac{\partial u_r}{\partial\phi} - u_\phi\right) = \frac{\partial u_\phi}{\partial r} + \frac{1}{r}\frac{\partial u_r}{\partial\phi} - \frac{u_\phi}{r} \tag{7.44}$$

$$2\varepsilon_{\phi z} = \frac{1}{\sqrt{g_{\phi\phi}}}\frac{1}{\sqrt{g_{zz}}}\left\{\frac{\partial(u_k\boldsymbol{e}_k)}{\partial\phi}\cdot\sqrt{g_{zz}}\boldsymbol{e}_z + \sqrt{g_{\phi\phi}}\boldsymbol{e}_\phi\cdot\frac{\partial(u_l\boldsymbol{e}_l)}{\partial z}\right\}$$
$$= \frac{1}{r}\left(\frac{\partial u_z}{\partial\phi} + r\frac{\partial u_\phi}{\partial z}\right) = \frac{1}{r}\frac{\partial u_z}{\partial\phi} + \frac{\partial u_\phi}{\partial z} \tag{7.45}$$

$$2\varepsilon_{rz} = \frac{1}{\sqrt{g_{rr}}}\frac{1}{\sqrt{g_{zz}}}\left\{\frac{\partial(u_k\boldsymbol{e}_k)}{\partial r}\cdot\sqrt{g_{zz}}\boldsymbol{e}_z + \sqrt{g_{rr}}\boldsymbol{e}_r\cdot\frac{\partial(u_l\boldsymbol{e}_l)}{\partial z}\right\}$$
$$= \frac{\partial u_z}{\partial r} + \frac{\partial u_r}{\partial z} \tag{7.46}$$

平衡方程式を導出してみよう。$\vec{\nabla} = \boldsymbol{e}_i\dfrac{\partial}{\partial x_i} = \boldsymbol{g}^i\dfrac{\partial}{\partial\theta^i}$ であることを利用すると，平衡方程式はつぎのように書き直すことができる。

$$\vec{\nabla}\cdot\boldsymbol{\sigma} + \boldsymbol{f} = \boldsymbol{g}^k\cdot\frac{\partial\boldsymbol{\sigma}}{\partial\theta^k} + f_j\boldsymbol{e}_j$$
$$= \frac{\boldsymbol{e}_k}{\sqrt{g_{kk}}}\cdot\frac{\partial(\sigma_{ij}\boldsymbol{e}_i\otimes\boldsymbol{e}_j)}{\partial\theta^k} + f_j\boldsymbol{e}_j = 0 \tag{7.47}$$

この式はベクトル方程式であるから，$H_1\boldsymbol{e}_1 + H_2\boldsymbol{e}_2 + H_2\boldsymbol{e}_3 = \boldsymbol{0}$（$H_i$ はスカラー）のようにまとめることができる。よって，$H_1 = H_2 = H_3 = 0$ であり

$$H_1 = 0 \Leftrightarrow \frac{\partial\sigma_{rr}}{\partial r} + \frac{1}{r}\frac{\partial\sigma_{r\phi}}{\partial\phi} + \frac{\partial\sigma_{rz}}{\partial z} + \frac{1}{r}(\sigma_{rr} - \sigma_{\phi\phi}) + f_r = 0 \tag{7.48}$$

$$H_2 = 0 \Leftrightarrow \frac{\partial\sigma_{r\phi}}{\partial r} + \frac{1}{r}\frac{\partial\sigma_{\phi\phi}}{\partial\phi} + \frac{\partial\sigma_{\phi z}}{\partial z} + \frac{2}{r}\sigma_{r\phi} + f_\phi = 0 \tag{7.49}$$

$$H_3 = 0 \Leftrightarrow \frac{\partial \sigma_{rz}}{\partial r} + \frac{1}{r}\frac{\partial \sigma_{\phi z}}{\partial \phi} + \frac{\partial \sigma_{zz}}{\partial z} + \frac{\sigma_{rz}}{r} + f_z = 0 \tag{7.50}$$

となる。これらに，応力とひずみの間にフックの法則が成立することを利用すると，円柱座標の変形を解くことができる。

問題 7.1　式 (7.48) を示せ。

【解答】　式 (7.47) はつぎのように書き直せる。

$$\frac{\boldsymbol{e}_k}{\sqrt{g_{kk}}} \cdot \left(\frac{\partial \sigma_{ij}}{\partial \theta^k}\boldsymbol{e}_i \otimes \boldsymbol{e}_j + \sigma_{ij}\frac{\partial \boldsymbol{e}_i}{\partial \theta^k} \otimes \boldsymbol{e}_j + \sigma_{ij}\boldsymbol{e}_i \otimes \frac{\partial \boldsymbol{e}_j}{\partial \theta^k} \right) + f_j\boldsymbol{e}_j = \boldsymbol{0}$$

式 (7.48) は $\boldsymbol{e}_1$ を基底に持つ場合について考える。括弧内の第 1 項は $j=1$ と固定して，k と i で総和をとれば良い。第 2 項は $(i,\,j,\,k)=(1,\,1,\,2)$ のとき，第 3 項は $(i,\,j,\,k)=(2,\,2,\,2)$ のとき，$\boldsymbol{e}_1$ を基底に持つ。よって

$$\frac{\partial \sigma_{11}}{\partial \theta^1}\boldsymbol{e}_1 + \frac{1}{r}\frac{\partial \sigma_{21}}{\partial \theta^2}\boldsymbol{e}_1 + \frac{\partial \sigma_{31}}{\partial \theta^3}\boldsymbol{e}_1 + \frac{1}{r}\sigma_{11}\boldsymbol{e}_1 - \frac{1}{r}\sigma_{22}\boldsymbol{e}_1 + f_1\boldsymbol{e}_1 = \boldsymbol{0}$$

となり，式 (7.48) が得られる。$\boldsymbol{e}_2$，$\boldsymbol{e}_3$ も同様にして求められる。　　　　◇

つぎに球座標について考えてみよう。球座標とは $(\theta^1,\,\theta^2,\,\theta^3)=(r,\,\theta,\,\varphi)$ としたものである。このとき，共変基底ベクトルは $(x,\,y,\,z)=(r\sin\theta\cos\varphi,\,r\sin\theta\sin\varphi,\,r\cos\theta)$ であることを考慮すると

$$\boldsymbol{g}_1 \equiv \boldsymbol{g}_r = \frac{\partial \boldsymbol{r}}{\partial r} = \begin{bmatrix} \dfrac{\partial x}{\partial r} \\[2mm] \dfrac{\partial y}{\partial r} \\[2mm] \dfrac{\partial z}{\partial r} \end{bmatrix} = \begin{bmatrix} \sin\theta\cos\varphi \\[1mm] \sin\theta\sin\varphi \\[1mm] \cos\theta \end{bmatrix} \tag{7.51}$$

$$\boldsymbol{g}_2 \equiv \boldsymbol{g}_\theta = \frac{\partial \boldsymbol{r}}{\partial \theta} = \begin{bmatrix} \dfrac{\partial x}{\partial \theta} \\[2mm] \dfrac{\partial y}{\partial \theta} \\[2mm] \dfrac{\partial z}{\partial \theta} \end{bmatrix} = \begin{bmatrix} r\cos\theta\cos\varphi \\[1mm] r\cos\theta\sin\varphi \\[1mm] -r\sin\theta \end{bmatrix} \tag{7.52}$$

$$
\boldsymbol{g}_3 \equiv \boldsymbol{g}_\varphi = \frac{\partial \boldsymbol{r}}{\partial \varphi} = \begin{bmatrix} \dfrac{\partial x}{\partial \varphi} \\[2mm] \dfrac{\partial y}{\partial \varphi} \\[2mm] \dfrac{\partial z}{\partial \varphi} \end{bmatrix} = \begin{bmatrix} -r \sin\theta \sin\varphi \\[1mm] r \sin\theta \cos\varphi \\[1mm] 0 \end{bmatrix} \tag{7.53}
$$

として与えられる。球座標にも，円柱座標と同様に，共変基底ベクトルどうしが直交しているという性質がある。したがって，$\sqrt{g_{rr}} = 1$, $\sqrt{g_{\theta\theta}} = r$, $\sqrt{g_{\varphi\varphi}} = r\sin\theta$ にてその長さを 1 に規格化した

$$
\boldsymbol{e}_r = \frac{\boldsymbol{g}_r}{\sqrt{g_{rr}}} = \begin{bmatrix} \sin\theta \cos\varphi \\ \sin\theta \sin\varphi \\ \cos\theta \end{bmatrix}, \quad \boldsymbol{e}_\theta = \frac{\boldsymbol{g}_\theta}{\sqrt{g_{\theta\theta}}} = \begin{bmatrix} \cos\theta \cos\varphi \\ \cos\theta \sin\varphi \\ -\sin\theta \end{bmatrix},
$$

$$
\boldsymbol{e}_\varphi = \frac{\boldsymbol{g}_\varphi}{\sqrt{g_{\varphi\varphi}}} = \begin{bmatrix} -\sin\varphi \\ \cos\varphi \\ 0 \end{bmatrix} \tag{7.54}
$$

は直交座標を構成する。先ほどと同様に，デカルト座標と異なり，この単位基底ベクトルは $(r,\ \theta,\ \varphi)$ の関数であり，偏微分をしたときに必ずしも 0 とはならない。具体的に 0 とならないものはつぎの五つである。

$$
\frac{\partial \boldsymbol{e}_r}{\partial \theta} = \begin{bmatrix} \cos\theta \cos\varphi \\ \cos\theta \sin\varphi \\ -\sin\theta \end{bmatrix} = \boldsymbol{e}_\theta, \quad \frac{\partial \boldsymbol{e}_r}{\partial \varphi} = \begin{bmatrix} -\sin\theta \sin\varphi \\ \sin\theta \cos\varphi \\ 0 \end{bmatrix} = \sin\theta\, \boldsymbol{e}_\varphi
$$

$$
\tag{7.55}
$$

$$
\frac{\partial \boldsymbol{e}_\theta}{\partial \theta} = \begin{bmatrix} -\sin\theta \cos\varphi \\ -\sin\theta \sin\varphi \\ -\cos\theta \end{bmatrix} = -\boldsymbol{e}_r, \quad \frac{\partial \boldsymbol{e}_\theta}{\partial \varphi} = \begin{bmatrix} -\cos\theta \sin\varphi \\ \cos\theta \cos\varphi \\ 0 \end{bmatrix} = \cos\theta\, \boldsymbol{e}_\varphi
$$

$$
\tag{7.56}
$$

$$\frac{\partial \boldsymbol{e}_\varphi}{\partial \varphi} = \begin{bmatrix} -\cos\varphi \\ -\sin\varphi \\ 0 \end{bmatrix} = -\sin\theta \boldsymbol{e}_r - \cos\theta \boldsymbol{e}_\theta \tag{7.57}$$

さて，先ほどと同様にして，反変基底ベクトルはつぎのように与えられる。

$$\boldsymbol{g}^r = \frac{\boldsymbol{e}_r}{\sqrt{g_{rr}}} = \begin{bmatrix} \sin\theta\cos\varphi \\ \sin\theta\sin\varphi \\ \cos\theta \end{bmatrix}, \quad \boldsymbol{g}^\theta = \frac{\boldsymbol{e}_\theta}{\sqrt{g_{\theta\theta}}} = \begin{bmatrix} \dfrac{\cos\theta\cos\varphi}{r} \\ \dfrac{\cos\theta\sin\varphi}{r} \\ \dfrac{-\sin\theta}{r} \end{bmatrix},$$

$$\boldsymbol{g}^\varphi = \frac{\boldsymbol{e}_\varphi}{\sqrt{g_{\varphi\varphi}}} = \begin{bmatrix} -\dfrac{\sin\varphi}{r\sin\theta} \\ \dfrac{\cos\varphi}{r\sin\theta} \\ 0 \end{bmatrix} \tag{7.58}$$

ひずみテンソル $\boldsymbol{\gamma} = \gamma_{ij}\boldsymbol{g}^i \otimes \boldsymbol{g}^j = \varepsilon_{ij}\boldsymbol{e}_i \otimes \boldsymbol{e}_j (i,\ j = r,\ \theta,\ \varphi)$ は，先ほどと同様に，つぎのような書き換えが可能である。

$$\boldsymbol{\gamma} = \gamma_{ij}\boldsymbol{g}^i \otimes \boldsymbol{g}^j = \gamma_{ij}\frac{1}{\sqrt{g_{ii}}}\frac{1}{\sqrt{g_{jj}}}\boldsymbol{e}_i \otimes \boldsymbol{e}_j$$
$$\Leftrightarrow \varepsilon_{ij} = \gamma_{ij}\frac{1}{\sqrt{g_{ii}}}\frac{1}{\sqrt{g_{jj}}} \tag{7.59}$$

先ほどと同様にして，$\boldsymbol{u} = u_i\boldsymbol{e}_i (i,\ j = r,\ \theta,\ \varphi)$ から ε_{ij} の成分をつぎのように求めることができる。

$$\varepsilon_{ij} = \frac{1}{2}\frac{1}{\sqrt{g_{ii}}}\frac{1}{\sqrt{g_{jj}}}\left\{\frac{\partial(u_k\boldsymbol{e}_k)}{\partial\theta^i}\cdot\sqrt{g_{jj}}\boldsymbol{e}_j + \sqrt{g_{ii}}\boldsymbol{e}_i\cdot\frac{\partial(u_l\boldsymbol{e}_l)}{\partial\theta^j}\right\} \tag{7.60}$$

上記の成分を一つずつ書き出してみよう。

$$\varepsilon_{rr} = \frac{1}{\sqrt{g_{rr}}}\frac{1}{\sqrt{g_{rr}}}\left\{\frac{\partial(u_k\boldsymbol{e}_k)}{\partial r}\cdot\sqrt{g_{rr}}\boldsymbol{e}_r\right\} = \frac{\partial u_r}{\partial r} \tag{7.61}$$

$$\varepsilon_{\theta\theta} = \frac{1}{\sqrt{g_{\theta\theta}}}\frac{1}{\sqrt{g_{\theta\theta}}}\left\{\frac{\partial(u_k\boldsymbol{e}_k)}{\partial\theta}\cdot\sqrt{g_{\theta\theta}}\boldsymbol{e}_\theta\right\} = \frac{1}{r}\frac{\partial u_\theta}{\partial\theta} + \frac{u_r}{r} \tag{7.62}$$

$$\varepsilon_{\varphi\varphi} = \frac{1}{\sqrt{g_{\varphi\varphi}}} \frac{1}{\sqrt{g_{\varphi\varphi}}} \left\{ \frac{\partial(u_k \boldsymbol{e}_k)}{\partial\varphi} \cdot \sqrt{g_{\varphi\varphi}} \boldsymbol{e}_\varphi \right\}$$

$$= \frac{1}{r\sin\theta} \left(u_r \sin\theta + u_\theta \cos\theta + \frac{\partial u_\varphi}{\partial\varphi} \right)$$

$$= \frac{1}{r\sin\theta} \frac{\partial u_\varphi}{\partial\varphi} + \frac{u_r}{r} + \frac{1}{r} u_\theta \cot\theta \tag{7.63}$$

$$2\varepsilon_{r\theta} = \frac{1}{\sqrt{g_{rr}}} \frac{1}{\sqrt{g_{\theta\theta}}} \left\{ \frac{\partial(u_k \boldsymbol{e}_k)}{\partial r} \cdot \sqrt{g_{\theta\theta}} \boldsymbol{e}_\theta + \sqrt{g_{rr}} \boldsymbol{e}_r \cdot \frac{\partial(u_l \boldsymbol{e}_l)}{\partial\theta} \right\}$$

$$= \frac{1}{r} \left(r\frac{\partial u_\theta}{\partial r} + \frac{\partial u_r}{\partial\theta} - u_\theta \right) = \frac{\partial u_\theta}{\partial r} + \frac{1}{r}\frac{\partial u_r}{\partial\theta} - \frac{u_\theta}{r} \tag{7.64}$$

$$2\varepsilon_{\theta\varphi} = \frac{1}{\sqrt{g_{\theta\theta}}} \frac{1}{\sqrt{g_{\varphi\varphi}}} \left\{ \frac{\partial(u_k \boldsymbol{e}_k)}{\partial\theta} \cdot \sqrt{g_{\varphi\varphi}} \boldsymbol{e}_\varphi + \sqrt{g_{\theta\theta}} \boldsymbol{e}_\theta \cdot \frac{\partial(u_l \boldsymbol{e}_l)}{\partial\varphi} \right\}$$

$$= \frac{1}{r^2\sin\theta} \left(r\sin\theta \frac{\partial u_\varphi}{\partial\theta} + r\frac{\partial u_\theta}{\partial\varphi} - r\cos\theta u_\varphi \right)$$

$$= \frac{\sin\theta}{r} \frac{\partial}{\partial\theta} \left(\frac{u_\varphi}{\sin\theta} \right) + \frac{1}{r\sin\theta} \frac{\partial u_\theta}{\partial\varphi} \tag{7.65}$$

$$2\varepsilon_{r\varphi} = \frac{1}{\sqrt{g_{rr}}} \frac{1}{\sqrt{g_{\varphi\varphi}}} \left\{ \frac{\partial(u_k \boldsymbol{e}_k)}{\partial r} \cdot \sqrt{g_{\varphi\varphi}} \boldsymbol{e}_\varphi + \sqrt{g_{rr}} \boldsymbol{e}_r \cdot \frac{\partial(u_l \boldsymbol{e}_l)}{\partial\varphi} \right\}$$

$$= \frac{1}{r\sin\theta} \left(r\sin\theta \frac{\partial u_\varphi}{\partial r} + \frac{\partial u_r}{\partial\varphi} - u_\varphi \sin\theta \right)$$

$$= \frac{\partial u_\varphi}{\partial r} + \frac{1}{r\sin\theta} \frac{\partial u_r}{\partial\varphi} - \frac{u_\varphi}{r} \tag{7.66}$$

この節の最後に球座標での平衡方程式を導出してみよう。$\vec{\nabla} = \boldsymbol{e}_i \dfrac{\partial}{\partial x_i} = \boldsymbol{g}^i \dfrac{\partial}{\partial\theta^i}$ であることを利用すると，平衡方程式はつぎのように書き直すことができる。

$$\vec{\nabla} \cdot \boldsymbol{\sigma} + \boldsymbol{f} = \boldsymbol{g}^k \cdot \frac{\partial \boldsymbol{\sigma}}{\partial\theta^k} + f_j \boldsymbol{e}_j$$

$$= \frac{\boldsymbol{e}_k}{\sqrt{g_{kk}}} \cdot \frac{\partial(\sigma_{ij} \boldsymbol{e}_i \otimes \boldsymbol{e}_j)}{\partial\theta^k} + f_j \boldsymbol{e}_j = 0 \tag{7.67}$$

この式はベクトル方程式であるから，先ほどと同様に $H_1 \boldsymbol{e}_1 + H_2 \boldsymbol{e}_2 + H_3 \boldsymbol{e}_3 = \boldsymbol{0}$ とまとめることができて，$H_1 = H_2 = H_3 = 0$ が求められるので，つぎのように得られる。

$$H_1 = 0$$

$$\Leftrightarrow \frac{\partial \sigma_{rr}}{\partial r} + \frac{1}{r}\frac{\partial \sigma_{r\theta}}{\partial \theta} + \frac{1}{r\sin\theta}\frac{\partial \sigma_{r\varphi}}{\partial \varphi} + \frac{1}{r}(2\sigma_{rr} - \sigma_{\theta\theta} - \sigma_{\varphi\varphi}) + \frac{\sigma_{r\theta}}{r\tan\theta}$$

$$+ f_r = 0 \qquad\qquad (7.68)$$

$$H_2 = 0$$

$$\Leftrightarrow \frac{\partial \sigma_{r\theta}}{\partial r} + \frac{1}{r}\frac{\partial \sigma_{\theta\theta}}{\partial \theta} + \frac{1}{r\sin\theta}\frac{\partial \sigma_{\theta\varphi}}{\partial \varphi} + \frac{3}{r}\sigma_{r\theta} + \frac{1}{r\tan\theta}(\sigma_{\theta\theta} - \sigma_{\varphi\varphi})$$

$$+ f_\theta = 0 \qquad\qquad (7.69)$$

$$H_3 = 0$$

$$\Leftrightarrow \frac{\partial \sigma_{r\varphi}}{\partial r} + \frac{1}{r}\frac{\partial \sigma_{\theta\varphi}}{\partial \theta} + \frac{1}{r\sin\theta}\frac{\partial \sigma_{\varphi\varphi}}{\partial \varphi} + \frac{3}{r}\sigma_{r\varphi} + \frac{2\sigma_{\theta\varphi}}{r\tan\theta}$$

$$+ f_\varphi = 0 \qquad\qquad (7.70)$$

以上のように自動的に基礎式が得られる。

問題 7.2　式 (7.68) を示せ。

【解答】　問題 7.1 と同様につぎのように分解できる。

$$\frac{\boldsymbol{e}_k}{\sqrt{g_{kk}}} \cdot \left(\frac{\partial \sigma_{ij}}{\partial \theta^k}\boldsymbol{e}_i \otimes \boldsymbol{e}_j + \sigma_{ij}\frac{\partial \boldsymbol{e}_i}{\partial \theta^k} \otimes \boldsymbol{e}_j + \sigma_{ij}\boldsymbol{e}_i \otimes \frac{\partial \boldsymbol{e}_j}{\partial \theta^k} \right) + f_j\boldsymbol{e}_j = \boldsymbol{0}$$

式 (7.68) は $\boldsymbol{e}_1$ を基底に持つ場合について考える。問題 7.1 と同様に括弧内の第 1 項は普通に総和をとり，第 2 項は $(i,\, j,\, k) = (1,\, 1,\, 2),\, (1,\, 1,\, 3),\, (2,\, 1,\, 3)$，第 3 項では $(i,\, j,\, k) = (2,\, 2,\, 2),\, (3,\, 3,\, 3)$ のとき $\boldsymbol{e}_1$ を基底に持つ。よって

$$\frac{\partial \sigma_{11}}{\partial \theta^1}\boldsymbol{e}_1 + \frac{1}{r}\frac{\partial \sigma_{21}}{\partial \theta^2}\boldsymbol{e}_1 + \frac{1}{r\sin\theta}\frac{\partial \sigma_{31}}{\partial \theta^3}\boldsymbol{e}_1 + \frac{1}{r}\left(\sigma_{11} - \sigma_{22}\right)\boldsymbol{e}_1$$

$$+ \frac{1}{r\sin\theta}\left(\sigma_{11}\sin\theta + \sigma_{21}\cos\theta - \sigma_{33}\sin\theta\right)\boldsymbol{e}_1 + f_1\boldsymbol{e}_1 = \boldsymbol{0}$$

となり，式 (7.68) が得られる。$\boldsymbol{e}_2$，$\boldsymbol{e}_3$ も同様にして求められる。

7.5　アイソパラメトリック要素による有限要素法

6 章にて示したように，デカルト座標における仮想仕事の原理は次式で与え

られる。

$$\int_V \sigma_{\alpha\beta}\delta\varepsilon_{\alpha\beta}dV = \int_{S_t} \bar{t}_\alpha \delta u_\alpha dS + \int_V \rho k_\alpha \delta u_\alpha dV \tag{7.71}$$

この両辺の積分を一般座標にて行うのが，アイソパラメトリック有限要素法である。よって，必要となる支配方程式は

$$\sum_{e=1}^{N_e} \left(\int_{V^e} \sigma_{\alpha\beta}\delta\varepsilon_{\alpha\beta} J d\theta^1 d\theta^2 d\theta^3 \right)$$

$$= \sum_{e=1}^{N_e} \left(\int_{S_t^e} \bar{t}_\alpha \delta u_\alpha J_{ij} d\theta^i d\theta^j + \int_{V^e} \rho k_\alpha \delta u_\alpha J d\theta^1 d\theta^2 d\theta^3 \right) \tag{7.72}$$

となる。ここで N_e は要素総数，V^e は要素体積，S_t^e は要素の力学的境界条件領域，J, J_{ij} はヤコビアンである。これを計算するためには応力，ひずみを一般座標 $(\theta^1, \theta^2, \theta^3)$ の関数に書き直す必要がある。例えば，一般座標におけるひずみテンソル γ_{ij} は共変成分で与えられ

$$\gamma_{ij} = \frac{1}{2} \left(\frac{\partial \boldsymbol{u}}{\partial \theta^i} \cdot \boldsymbol{g}_j + \frac{\partial \boldsymbol{u}}{\partial \theta^j} \cdot \boldsymbol{g}_i \right)$$

$$= \frac{1}{2} \left(\frac{\partial u_\alpha}{\partial \theta^i} \frac{\partial x_\alpha}{\partial \theta^j} + \frac{\partial u_\beta}{\partial \theta^j} \frac{\partial x_\beta}{\partial \theta^i} \right) \tag{7.73}$$

である。ただし

$$\frac{\partial \boldsymbol{u}}{\partial \theta^i} \cdot \boldsymbol{g}_j = \frac{\partial u_\alpha}{\partial \theta^i} \boldsymbol{e}_\alpha \cdot \frac{\partial x_p}{\partial \theta^j} \boldsymbol{e}_p = \frac{\partial u_\alpha}{\partial \theta^i} \frac{\partial x_\alpha}{\partial \theta^j} \tag{7.74}$$

を利用した。これをデカルト座標のひずみテンソル成分に直すと

$$\varepsilon_{\alpha\beta} = \frac{\partial \theta^i}{\partial x_\alpha} \frac{\partial \theta^j}{\partial x_\beta} \gamma_{ij}$$

$$= \frac{1}{2} \frac{\partial \theta^i}{\partial x_\alpha} \frac{\partial \theta^j}{\partial x_\beta} \left(\frac{\partial u_\alpha}{\partial \theta^i} \frac{\partial x_\alpha}{\partial \theta^j} + \frac{\partial u_\beta}{\partial \theta^j} \frac{\partial x_\beta}{\partial \theta^i} \right)$$

$$= \frac{1}{2} \left(\frac{\partial u_\alpha}{\partial \theta^i} \frac{\partial \theta^i}{\partial x_\beta} + \frac{\partial u_\beta}{\partial \theta^j} \frac{\partial \theta^j}{\partial x_\alpha} \right) \tag{7.75}$$

となり，微分の連鎖則として与えられる。

　有限要素法では，要素内の変位を節点の変位で表し，解析を行う。このとき，変位 u_α は内挿関数 N，節点変位 U を用いてつぎのように表す。

$$u_\alpha = N^n(\theta^1, \ \theta^2, \ \theta^3)U_\alpha^n \qquad (-1 \leq \theta^i \leq 1, \ 1 \leq n \leq N_{\mathrm{node}}) \quad (7.76)$$

ただし，ここで n は節点を表し，2 回出てくるときには総和をとることとする。また，N_{node} は節点総数とする。そこで，デカルト座標のひずみテンソル成分を有限要素表示すると

$$\varepsilon_{\alpha\beta} = \frac{1}{2}\left\{\frac{\partial N^n(\theta^1, \ \theta^2, \ \theta^3)}{\partial \theta^i}\frac{\partial \theta^i}{\partial x_\beta}U_\alpha^n + \frac{\partial N^n(\theta^1, \ \theta^2, \ \theta^3)}{\partial \theta^i}\frac{\partial \theta^i}{\partial x_\alpha}U_\beta^n\right\}$$

$$= \frac{1}{2}\left\{\frac{\partial N^n(\theta^1, \ \theta^2, \ \theta^3)}{\partial x_\beta}U_\alpha^n + \frac{\partial N^n(\theta^1, \ \theta^2, \ \theta^3)}{\partial x_\alpha}U_\beta^n\right\} \qquad (7.77)$$

となる。よって，その変分は

$$\delta\varepsilon_{\alpha\beta} = \frac{1}{2}\left\{\frac{\partial N^n(\theta^1, \ \theta^2, \ \theta^3)}{\partial x_\beta}\delta U_\alpha^n + \frac{\partial N^n(\theta^1, \ \theta^2, \ \theta^3)}{\partial x_\alpha}\delta U_\beta^n\right\} \quad (7.78)$$

によって与えられる。構成関係はフックの法則が成り立つとすると

$$\sigma_{\alpha\beta} = C_{\alpha\beta\phi\varphi}\varepsilon_{\phi\varphi} \qquad (7.79)$$

と書ける。

　一般座標における形状係数 N^n の勾配 $\dfrac{\partial N^n}{\partial x_\alpha}$ は，つぎのようにして求められる。まずは先に述べたように微分の連鎖則を考える。

$$\begin{bmatrix} \dfrac{\partial N^n}{\partial x_1} \\[2mm] \dfrac{\partial N^n}{\partial x_2} \\[2mm] \dfrac{\partial N^n}{\partial x_3} \end{bmatrix} = \begin{bmatrix} \dfrac{\partial \theta^1}{\partial x_1} & \dfrac{\partial \theta^2}{\partial x_1} & \dfrac{\partial \theta^3}{\partial x_1} \\[2mm] \dfrac{\partial \theta^1}{\partial x_2} & \dfrac{\partial \theta^2}{\partial x_2} & \dfrac{\partial \theta^3}{\partial x_2} \\[2mm] \dfrac{\partial \theta^1}{\partial x_3} & \dfrac{\partial \theta^2}{\partial x_3} & \dfrac{\partial \theta^3}{\partial x_3} \end{bmatrix} \begin{bmatrix} \dfrac{\partial N^n}{\partial \theta^1} \\[2mm] \dfrac{\partial N^n}{\partial \theta^2} \\[2mm] \dfrac{\partial N^n}{\partial \theta^3} \end{bmatrix}$$

$$= \begin{bmatrix} \dfrac{\partial x_1}{\partial \theta^1} & \dfrac{\partial x_2}{\partial \theta^1} & \dfrac{\partial x_3}{\partial \theta^1} \\[2mm] \dfrac{\partial x_1}{\partial \theta^2} & \dfrac{\partial x_2}{\partial \theta^2} & \dfrac{\partial x_3}{\partial \theta^2} \\[2mm] \dfrac{\partial x_1}{\partial \theta^3} & \dfrac{\partial x_2}{\partial \theta^3} & \dfrac{\partial x_3}{\partial \theta^3} \end{bmatrix}^{-1} \begin{bmatrix} \dfrac{\partial N^n}{\partial \theta^1} \\[2mm] \dfrac{\partial N^n}{\partial \theta^2} \\[2mm] \dfrac{\partial N^n}{\partial \theta^3} \end{bmatrix} \qquad (7.80)$$

として与えられる。アイソパラメトリック有限要素法では，要素内の座標も変位と同様に内挿関数でつぎのように表すこととする。

$$x_\alpha = N^n(\theta^1,\, \theta^2,\, \theta^3)X_\alpha^n \tag{7.81}$$

これを先ほどの式 (7.80) に代入すると

$$
\begin{bmatrix}
\dfrac{\partial N^n}{\partial x_1} \\[2mm]
\dfrac{\partial N^n}{\partial x_2} \\[2mm]
\dfrac{\partial N^n}{\partial x_3}
\end{bmatrix}
=
\begin{bmatrix}
\dfrac{\partial N^n}{\partial \theta^1}X_1^n & \dfrac{\partial N^n}{\partial \theta^1}X_2^n & \dfrac{\partial N^n}{\partial \theta^1}X_3^n \\[2mm]
\dfrac{\partial N^n}{\partial \theta^2}X_1^n & \dfrac{\partial N^n}{\partial \theta^2}X_2^n & \dfrac{\partial N^n}{\partial \theta^2}X_3^n \\[2mm]
\dfrac{\partial N^n}{\partial \theta^3}X_1^n & \dfrac{\partial N^n}{\partial \theta^3}X_2^n & \dfrac{\partial N^n}{\partial \theta^3}X_3^n
\end{bmatrix}^{-1}
\begin{bmatrix}
\dfrac{\partial N^n}{\partial \theta^1} \\[2mm]
\dfrac{\partial N^n}{\partial \theta^2} \\[2mm]
\dfrac{\partial N^n}{\partial \theta^3}
\end{bmatrix}
\tag{7.82}
$$

であるから，一般座標における形状係数 N^n の勾配 $\dfrac{\partial N^n}{\partial x_\alpha}$ を計算することができる。また，式 (7.72) の体積積分においてはつぎの行列式

$$
J =
\begin{vmatrix}
\dfrac{\partial N^n}{\partial \theta^1}X_1^n & \dfrac{\partial N^n}{\partial \theta^1}X_2^n & \dfrac{\partial N^n}{\partial \theta^1}X_3^n \\[2mm]
\dfrac{\partial N^n}{\partial \theta^2}X_1^n & \dfrac{\partial N^n}{\partial \theta^2}X_2^n & \dfrac{\partial N^n}{\partial \theta^2}X_3^n \\[2mm]
\dfrac{\partial N^n}{\partial \theta^3}X_1^n & \dfrac{\partial N^n}{\partial \theta^3}X_2^n & \dfrac{\partial N^n}{\partial \theta^3}X_3^n
\end{vmatrix}
\tag{7.83}
$$

を用い，右辺の面積積分においては

$$
J_{ij} =
\begin{Vmatrix}
\boldsymbol{e}_1 & \boldsymbol{e}_2 & \boldsymbol{e}_3 \\[2mm]
\dfrac{\partial N^n}{\partial \theta^i}X_1^n & \dfrac{\partial N^n}{\partial \theta^i}X_2^n & \dfrac{\partial N^n}{\partial \theta^i}X_3^n \\[2mm]
\dfrac{\partial N^n}{\partial \theta^j}X_1^n & \dfrac{\partial N^n}{\partial \theta^j}X_2^n & \dfrac{\partial N^n}{\partial \theta^j}X_3^n
\end{Vmatrix}
\tag{7.84}
$$

を用いる[†]。

　有限要素法では行列やベクトルを用いて解析を行う。そこで，つぎのようなベクトルを準備する。

[†] ここでの 2 重線は，行列式の計算から得られたベクトルの長さを計算することを意味することとした。

$$
\boldsymbol{\sigma} = [\sigma_{\alpha\beta}] = \begin{bmatrix} \sigma_{11} \\ \sigma_{22} \\ \sigma_{33} \\ \sigma_{23} \\ \sigma_{31} \\ \sigma_{12} \end{bmatrix}, \ \ \boldsymbol{\varepsilon} = [\varepsilon_{\alpha\beta}] = \begin{bmatrix} \varepsilon_{11} \\ \varepsilon_{22} \\ \varepsilon_{33} \\ 2\varepsilon_{23} \\ 2\varepsilon_{31} \\ 2\varepsilon_{12} \end{bmatrix}, \ \ \boldsymbol{U}^n = \begin{bmatrix} U_1^n \\ U_2^n \\ U_3^n \end{bmatrix} \quad (7.85)
$$

すると，式 (7.77) からつぎのように行列表記することができる。

$$
\boldsymbol{\varepsilon} = \boldsymbol{B}^n \boldsymbol{U}^n \quad (7.86)
$$

ただし

$$
\boldsymbol{B}^n = \begin{bmatrix} \dfrac{\partial N^n}{\partial x_1} & 0 & 0 \\[2mm] 0 & \dfrac{\partial N^n}{\partial x_2} & 0 \\[2mm] 0 & 0 & \dfrac{\partial N^n}{\partial x_3} \\[2mm] 0 & \dfrac{\partial N^n}{\partial x_3} & \dfrac{\partial N^n}{\partial x_2} \\[2mm] \dfrac{\partial N^n}{\partial x_3} & 0 & \dfrac{\partial N^n}{\partial x_1} \\[2mm] \dfrac{\partial N^n}{\partial x_1} & \dfrac{\partial N^n}{\partial x_2} & 0 \end{bmatrix} \quad (7.87)
$$

によって与えられる。同様に，仮想ひずみもつぎのように行列表記できる。

$$
\delta\boldsymbol{\varepsilon} = \boldsymbol{B}^n \delta\boldsymbol{U}^n \quad (7.88)
$$

さて，構成関係がつぎのように書けることとする。

$$
\boldsymbol{\sigma} = \boldsymbol{D}\boldsymbol{\varepsilon} \quad (7.89)
$$

すると，各要素の仮想仕事の原理 (7.71) の左辺（L.H.S.）はつぎのように書ける。

$$L.H.S. = \delta \boldsymbol{U}^{eT}(\boldsymbol{K}^e \boldsymbol{U}^e) \tag{7.90}$$

$$\boldsymbol{K}^e = \int_{-1}^{1} \int_{-1}^{1} \int_{-1}^{1} \boldsymbol{B}^T \boldsymbol{D} \boldsymbol{B} J d\theta^1 d\theta^2 d\theta^3 \tag{7.91}$$

$$\boldsymbol{B} = \begin{bmatrix} \boldsymbol{B}^1 & \boldsymbol{B}^2 & \cdots & \boldsymbol{B}^{N_{\mathrm{node}}} \end{bmatrix} \tag{7.92}$$

$$\boldsymbol{U}^e = \begin{bmatrix} (\boldsymbol{U}^1)^T & (\boldsymbol{U}^2)^T & \cdots & (\boldsymbol{U}^{N_{\mathrm{node}}})^T \end{bmatrix}^T$$

$$\delta \boldsymbol{U}^e = \begin{bmatrix} (\delta \boldsymbol{U}^1)^T & (\delta \boldsymbol{U}^2)^T & \cdots & (\delta \boldsymbol{U}^{N_{\mathrm{node}}})^T \end{bmatrix}^T$$

アイソパラメトリック要素による有限要素法では，$\boldsymbol{K}^e$ についてはつぎの数値積分にて評価される。

$$\boldsymbol{K}^e = \int_{-1}^{1} \int_{-1}^{1} \int_{-1}^{1} \boldsymbol{B}^T \boldsymbol{D} \boldsymbol{B} J d\theta^1 d\theta^2 d\theta^3$$

$$= \sum_{i=1}^{N_P} w_i(\theta^1,\ \theta^2,\ \theta^3) \boldsymbol{B}^T(\theta^1,\ \theta^2,\ \theta^3) \boldsymbol{D} \boldsymbol{B}(\theta^1,\ \theta^2,\ \theta^3) J(\theta^1,\ \theta^2,\ \theta^3)$$

$$\tag{7.93}$$

ここで $w_i(\theta^1,\ \theta^2,\ \theta^3)$ は積分点（例えばガウス点）における重みであり，N_p は積分点数を表す。

例えば図 **7.3** に示す 8 節点アイソパラメトリック要素の場合，内挿関数は

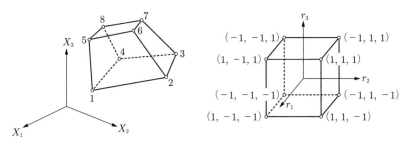

図 **7.3** 8 節点アイソパラメトリック要素[5]

$$
\left.\begin{aligned}
N^1 &= \frac{1}{8}(1-\theta^1)(1-\theta^2)(1-\theta^3) \\
N^2 &= \frac{1}{8}(1+\theta^1)(1-\theta^2)(1-\theta^3) \\
N^3 &= \frac{1}{8}(1+\theta^1)(1+\theta^2)(1-\theta^3) \\
N^4 &= \frac{1}{8}(1-\theta^1)(1+\theta^2)(1-\theta^3) \\
N^5 &= \frac{1}{8}(1-\theta^1)(1-\theta^2)(1+\theta^3) \\
N^6 &= \frac{1}{8}(1+\theta^1)(1-\theta^2)(1+\theta^3) \\
N^7 &= \frac{1}{8}(1+\theta^1)(1+\theta^2)(1+\theta^3) \\
N^8 &= \frac{1}{8}(1-\theta^1)(1+\theta^2)(1+\theta^3)
\end{aligned}\right\}
\tag{7.94}
$$

であり，積分点はガウス積分の場合，つぎの 8 点を用いることが多い。

$$
\left.\begin{aligned}
(\theta^1,\ \theta^2,\ \theta^3) &= \left(-\frac{1}{\sqrt{3}},\ -\frac{1}{\sqrt{3}},\ -\frac{1}{\sqrt{3}}\right) \\
(\theta^1,\ \theta^2,\ \theta^3) &= \left(-\frac{1}{\sqrt{3}},\ \frac{1}{\sqrt{3}},\ -\frac{1}{\sqrt{3}}\right) \\
(\theta^1,\ \theta^2,\ \theta^3) &= \left(-\frac{1}{\sqrt{3}},\ -\frac{1}{\sqrt{3}},\ \frac{1}{\sqrt{3}}\right) \\
(\theta^1,\ \theta^2,\ \theta^3) &= \left(-\frac{1}{\sqrt{3}},\ \frac{1}{\sqrt{3}},\ \frac{1}{\sqrt{3}}\right) \\
(\theta^1,\ \theta^2,\ \theta^3) &= \left(\frac{1}{\sqrt{3}},\ -\frac{1}{\sqrt{3}},\ -\frac{1}{\sqrt{3}}\right) \\
(\theta^1,\ \theta^2,\ \theta^3) &= \left(\frac{1}{\sqrt{3}},\ \frac{1}{\sqrt{3}},\ -\frac{1}{\sqrt{3}}\right) \\
(\theta^1,\ \theta^2,\ \theta^3) &= \left(\frac{1}{\sqrt{3}},\ -\frac{1}{\sqrt{3}},\ \frac{1}{\sqrt{3}}\right) \\
(\theta^1,\ \theta^2,\ \theta^3) &= \left(\frac{1}{\sqrt{3}},\ \frac{1}{\sqrt{3}},\ \frac{1}{\sqrt{3}}\right)
\end{aligned}\right\}
\tag{7.95}
$$

このとき，重み w_i はすべて 1 とすれば良い[5]。

つぎに，仮想仕事の原理の右辺について考えてみよう。まず，力学的境界条件の右辺第1項は θ^i 曲線と θ^j 曲線に接する平面の力学的境界条件における外部仮想仕事を表している[†1]。いま，つぎのような有限要素法特有のマトリックス表記を用いる。

$$u_\alpha = N^n(\theta^i,\,\theta^j)U^n_\alpha \Leftrightarrow \boldsymbol{u} = \boldsymbol{N}\boldsymbol{U}^e \tag{7.96}$$

$$\delta u_\alpha = N^n(\theta^i,\,\theta^j)\delta U^n_\alpha \Leftrightarrow \delta\boldsymbol{u} = \boldsymbol{N}\delta\boldsymbol{U}^e \tag{7.97}$$

$$\boldsymbol{N} = \begin{bmatrix} \boldsymbol{N}^1 & \boldsymbol{N}^2 & \cdots & \boldsymbol{N}^{N_{\mathrm{node}}} \end{bmatrix} \tag{7.98}$$

$$\boldsymbol{N}^n = \begin{bmatrix} N^n & 0 & 0 \\ 0 & N^n & 0 \\ 0 & 0 & N^n \end{bmatrix} \tag{7.99}$$

$$\boldsymbol{X}^e = \begin{bmatrix} (\boldsymbol{X}^1)^T & (\boldsymbol{X}^2)^T & \cdots & (\boldsymbol{X}^{N_{\mathrm{node}}})^T \end{bmatrix}^T \tag{7.100}$$

$$\boldsymbol{X}^n = \begin{bmatrix} X^n_1 \\ X^n_2 \\ X^n_3 \end{bmatrix} \tag{7.101}$$

すると，右辺第1項はつぎのように書き換えることができる。

$$\int_{S^e_t} \bar{t}_\alpha \delta u_\alpha J_{ij}d\theta^i d\theta^j = \delta\boldsymbol{U}^{eT}\int_{S^e_t} \boldsymbol{N}^T\bar{\boldsymbol{t}}\left|\frac{\partial \boldsymbol{N}}{\partial \theta^i}\boldsymbol{X}^e \times \frac{\partial \boldsymbol{N}}{\partial \theta^j}\boldsymbol{X}^e\right| d\theta^i d\theta^j$$
$$= \delta\boldsymbol{U}^{eT}\boldsymbol{F}^e_{S_t}{}^{[†2]} \tag{7.102}$$

つぎに，力学的境界条件の右辺第2項は体積力による仮想仕事であり

$$\int_{V^e} \rho k_\alpha \delta u_\alpha J d\theta^1 d\theta^2 d\theta^3 = \delta\boldsymbol{U}^{eT}\int_{V^e} \rho\boldsymbol{N}^T\boldsymbol{k}J d\theta^1 d\theta^2 d\theta^3$$
$$= \delta\boldsymbol{U}^{eT}\boldsymbol{F}^e_f \tag{7.103}$$

と書ける。したがって，式 (7.71) の右辺（R.H.S.）は

[†1] このとき θ^k は ± 1 の値をとる。

[†2] 実際の計算では，この式を用いずに直接成分を代入することが多い[13]。

$$R.H.S. = \delta \boldsymbol{U}^{eT}(\boldsymbol{F}_{S_t}^e + \boldsymbol{F}_f^e) \tag{7.104}$$

にて与えられ，各要素に関するつぎの関係を得る。

$$\delta \boldsymbol{U}^{eT}(\boldsymbol{K}^e \boldsymbol{U}^e) = \delta \boldsymbol{U}^{eT}(\boldsymbol{F}_{S_t}^e + \boldsymbol{F}_f^e) \Leftrightarrow \boldsymbol{K}^e \boldsymbol{U}^e = \boldsymbol{F}_{S_t}^e + \boldsymbol{F}_f^e \tag{7.105}$$

これをまとめることで，つぎの連立1次方程式が得られる。

$$\sum_{e=1}^{N_e} \boldsymbol{K}^e \boldsymbol{U}^e = \sum_{e=1}^{N_e} (\boldsymbol{F}_{S_t}^e + \boldsymbol{F}_f^e) \tag{7.106}$$

これら定式化による具体的な解析手順などについては，紙面の関係上省略する。文献5) を参考にされたい。

8 | 棒 の 曲 げ

棒の曲げは非常にシンプルな問題であるため，弾性力学の使い方を理解する上でたいへん有用である。特に，物理的直観を巧みに利用した材料力学におけるはり理論[15] と対比して考えると，弾性力学の立ち位置を理解しやすい。ここでは材料力学において単純化されたはり理論を弾性力学[4] として見てみたい。

8.1　は　り　理　論

図 **8.1** のような壁に埋め込まれている棒を考える。棒の寸法は，幅が W，高さが h，長さが L であるとする。座標軸の設定としては，図のように断面の重心を通って z 軸をとることとし，右手系になるように設定する。

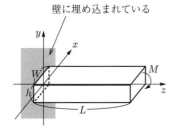

壁に埋め込まれている

図 8.1　壁に埋め込まれている棒

このとき，変位 (u, v, w) はつぎのような関数として与えられると仮定してみよう。

$$u(x,\ y,\ z) = 0, \quad v(x,\ y,\ z) = v(z), \quad w(x,\ y,\ z) = y\phi_x(z) \quad (8.1)$$

ここで，$\phi_x(z)$ は x 軸における時計回りを正とする回転角である。すると，ひずみと変位の間の関係式はつぎのように与えられる。

$$\varepsilon_z = \frac{\partial w}{\partial z} = y\frac{d\phi_x}{dz}, \quad \varepsilon_x = \frac{\partial u}{\partial x} = 0, \quad \varepsilon_y = \frac{\partial v}{\partial y} = 0,$$

$$\gamma_{yz} = \frac{\partial v}{\partial z} + \frac{\partial w}{\partial y} = \frac{dv}{dz} + \phi_x(z), \quad \gamma_{zx} = \frac{\partial w}{\partial x} + \frac{\partial u}{\partial z} = 0,$$

$$\gamma_{xy} = \frac{\partial u}{\partial y} + \frac{\partial v}{\partial x} = 0 \tag{8.2}$$

ここで，次式で与えられる，ベルヌーイ・オイラーの仮説[4] を導入しよう。

$$\gamma_{yz} = 0 \tag{8.3}$$

この式 (8.3) を式 (8.2) の 4 式目に適用すると，つぎの関係式が得られる。

$$\phi_x(z) = -\frac{dv}{dz} \tag{8.4}$$

式 (8.2) の 1 式目と式 (8.4) より

$$\varepsilon_z = -y\frac{d^2v}{dz^2} = \frac{y}{\rho} \quad \left(\frac{1}{\rho} = -\frac{d^2v}{dz^2}\right) \tag{8.5}$$

が得られる。括弧の中の式は微分幾何から与えられる関係で，ρ は z 軸方向の棒の曲率半径を示している。すると，応力分布は 1 次元の構成関係[†]を用いることで，つぎのように与えられる。

$$\left.\begin{array}{l} \sigma_z = \dfrac{Ey}{\rho} \\[2mm] \sigma_x = \sigma_y = \tau_{yz} = \tau_{zx} = \tau_{xy} = 0 \end{array}\right\} \tag{8.6}$$

また，曲げモーメント M も材料力学と同様につぎのように与えられる。

$$M = W\int_{-h/2}^{h/2} \sigma_z y\,dy = \frac{EI_x}{\rho} \quad \left(I_x = W\int_{-h/2}^{h/2} y^2\,dy\right) \tag{8.7}$$

よって，この式と式 (8.5) の括弧の式を利用することで，次式が得られる。

$$\frac{d^2v}{dz^2} = -\frac{M}{EI_x} \tag{8.8}$$

[†] $\sigma_z = E\varepsilon_z$ のこと。

この式 (8.8) をたわみ v に関する基礎方程式という。ここで，純粋曲げ（$M =$ 一定）で，$z = 0$ にて $v = \dfrac{dv}{dz} = 0$ という片持ちはりの境界条件を考えてみる。この常微分方程式を解くと，つぎのように書き表される。

$$\frac{d^2 v}{dz^2} = -\frac{1}{\rho} \tag{8.9}$$

$$\Leftrightarrow \frac{dv}{dz} = -\frac{z}{\rho} \tag{8.10}$$

$$\Leftrightarrow v = -\frac{z^2}{2\rho} \tag{8.11}$$

式 (8.10) と式 (8.11) を式 (8.4) を利用しながら，式 (8.1) に代入すると

$$u(x,\ y,\ z) = 0, \quad v(x,\ y,\ z) = -\frac{z^2}{2\rho}, \quad w(x,\ y,\ z) = \frac{yz}{\rho} \tag{8.12}$$

となり，棒内部の変形を決定することができる。たわみ v は $x,\ y$ を関数に含まず，つまり断面位置に依存しない。

8.2 3 次 元 理 論

より 3 次元的な変形をとらえるべく，棒の曲げ変形を解いてみよう。まず，座標軸の設定としては，図 8.1 と同様に断面の重心を通って z 軸をとり，つぎの関係を満たすように，x 軸，y 軸をとる[4]。

$$\iint x\, dxdy = 0, \quad \iint y\, dxdy = 0, \quad \iint xy\, dxdy = 0 \tag{8.13}$$

ここで，前節のはり理論から得られる応力分布を積極的に利用しよう。

$$\left. \begin{aligned} \sigma_z &= \frac{Ey}{\rho} \\ \sigma_x &= \sigma_y = \tau_{xy} = \tau_{yz} = \tau_{zx} = 0 \end{aligned} \right\} \tag{8.14}$$

すると，棒の末端にかかる曲げモーメント M はつぎのように与えられる。

$$M = \iint \sigma_z y\, dxdy = \frac{EW}{\rho} \int_{-h/2}^{h/2} y^2\, dy = \frac{EI_x}{\rho} \tag{8.15}$$

ここで，ひずみ–変位関係と構成関係を，つぎのようにまとめて記述しよう。

$$\varepsilon_z = \frac{\partial w}{\partial z} = \frac{y}{\rho}\left(=\frac{\sigma_z}{E}\right), \quad \varepsilon_x = \frac{\partial u}{\partial x} = -\frac{\nu y}{\rho}\left(=-\frac{\nu}{E}\sigma_z\right),$$

$$\varepsilon_y = \frac{\partial v}{\partial y} = -\frac{\nu y}{\rho}\left(=-\frac{\nu}{E}\sigma_z\right), \quad \gamma_{yz} = \frac{\partial v}{\partial z} + \frac{\partial w}{\partial y} = 0,$$

$$\gamma_{zx} = \frac{\partial w}{\partial x} + \frac{\partial u}{\partial z} = 0, \quad \gamma_{xy} = \frac{\partial u}{\partial y} + \frac{\partial v}{\partial x} = 0 \tag{8.16}$$

ここで，式 (8.16) の 1 式目を積分すると，つぎのような変位 w についての一般解が得られる。

$$w = \frac{yz}{\rho} + w_0(x,\,y) \tag{8.17}$$

式 (8.17) を式 (8.16) の 5 式目，4 式目に代入して積分してみよう。

(i)　式 (8.16) の 5 式目に代入

$$\frac{\partial u}{\partial z} = -\frac{\partial w_0}{\partial x}$$

$$\Leftrightarrow \quad u = -\frac{\partial w_0}{\partial x}z + u_0(x,\,y) \tag{8.18}$$

(ii)　式 (8.16) の 4 式目に代入

$$\frac{\partial v}{\partial z} = -\frac{z}{\rho} - \frac{\partial w_0}{\partial y}$$

$$\Leftrightarrow \quad v = -\frac{z^2}{2\rho} - \frac{\partial w_0}{\partial y}z + v_0(x,\,y) \tag{8.19}$$

以上の $u,\,v$ に関する解を式 (8.16) の 2 式目，3 式目に代入する。

(i)　式 (8.16) の 2 式目に代入

$$\frac{\partial u}{\partial x} = -\frac{\partial^2 w_0}{\partial x^2}z + \frac{\partial u_0}{\partial x} = -\frac{\nu y}{\rho}$$

$$\Leftrightarrow \quad -\frac{\partial^2 w_0}{\partial x^2}z + \left(\frac{\partial u_0}{\partial x} + \frac{\nu y}{\rho}\right) = 0$$

$$\Leftrightarrow \quad \frac{\partial^2 w_0}{\partial x^2} = 0, \quad u_0 = -\frac{\nu xy}{\rho} + f_1(y) \tag{8.20}$$

(ii)　式 (8.16) の 3 式目に代入

$$\frac{\partial v}{\partial y} = -\frac{\partial^2 w_0}{\partial y^2}z + \frac{\partial v_0}{\partial y} = -\frac{\nu y}{\rho}$$

$$\Leftrightarrow \quad -\frac{\partial^2 w_0}{\partial y^2}z + \left(\frac{\partial v_0}{\partial y} + \frac{\nu y}{\rho}\right) = 0$$

$$\Leftrightarrow \quad \frac{\partial^2 w_0}{\partial y^2} = 0, \quad v_0 = -\frac{\nu y^2}{2\rho} + f_2(x) \tag{8.21}$$

さらに, 式 (8.20) の 3 式目の u_0, 式 (8.21) の 3 式目の v_0 を式 (8.18), 式 (8.19) に代入すると

$$u = -\frac{\partial w_0}{\partial x}z - \frac{\nu xy}{\rho} + f_1(y) \tag{8.22}$$

$$v = -\frac{z^2}{2\rho} - \frac{\partial w_0}{\partial y}z - \frac{\nu y^2}{2\rho} + f_2(x) \tag{8.23}$$

が得られる。最後に, 式 (8.22), 式 (8.23) を式 (8.16) の 6 式目に代入する。

$$\frac{\partial u}{\partial y} + \frac{\partial v}{\partial x} = -\frac{\partial^2 w_0}{\partial x \partial y}z - \frac{\nu x}{\rho} + \frac{df_1}{dy} - \frac{\partial^2 w_0}{\partial x \partial y}z + \frac{df_2}{dx}$$

$$= -2\frac{\partial^2 w_0}{\partial x \partial y}z + \left(\frac{df_1}{dy} + \frac{df_2}{dx} - \frac{\nu x}{\rho}\right) = 0$$

$$\Leftrightarrow \quad \frac{\partial^2 w_0}{\partial x \partial y} = 0, \quad \frac{df_1}{dy} = \frac{\nu x}{\rho} - \frac{df_2}{dx} = C_4$$

$$\Leftrightarrow \quad w_0 = C_1 x + C_2 y + C_3, \quad f_1(y) = C_4 y + C_5,$$

$$f_2(x) = \frac{\nu x^2}{2\rho} - C_4 x + C_6 \tag{8.24}$$

となる。上での未定定数 $(C_1 \sim C_6)$ を決定すべく, $x = y = z = 0$ でつぎの六つの境界条件を考える。

$$u = v = w = 0, \quad \frac{\partial v}{\partial z} = \frac{\partial u}{\partial z} = \frac{\partial v}{\partial x} = 0 \tag{8.25}$$

すると, 式 (8.24) と式 (8.25) より $C_1 \sim C_6 = 0$。したがって

$$u = -\frac{\nu xy}{\rho}, \quad v = -\frac{z^2 + \nu y^2 - \nu x^2}{2\rho}, \quad w = \frac{yz}{\rho} \tag{8.26}$$

となる。これが 3 次元理論の変位解である。はり理論と比べると, u が 0 では

なく，かつ棒全体に分布を持っている。たわみ v も x, y の関数であり，断面内で分布している。ここで中立軸 ($x = y = 0$) を考えると

$$v = -\frac{z^2}{2\rho} \equiv v_0, \quad u = w = 0 \tag{8.27}$$

が得られる。これは式 (8.12) にて $y = 0$ としたものと一致する。つまり，はり理論は，棒の中立軸において正確な解を与えている。

9

ね　じ　り

　まずは材料力学と弾性力学の両方から丸棒のねじりによる変形がどのように表されるかについて述べることにする。そこで材料力学によるアプローチでは円形以外の一般断面には適用できないことを述べた後に，各種断面の部材におけるねじり変形についての解析を紹介する[4]。

9.1　丸棒のねじり

　図 **9.1** のような円形断面の一様な棒の両端にねじりモーメントを作用させた場合について考える。

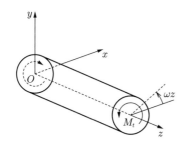

図 **9.1**　棒の両端にねじりモーメントが
与えられた円形断面の一様な丸棒[4]

材料力学による解法[15]

　図 **9.2** のように AB に切り込みを入れて，長さ L，半径 R の丸棒表面を展開する。そこにせん断応力 τ をかける。その τ をかけたまま，まるめて，AB_1 に沿うように A'，B_1' を貼りつける。幾何学的な関係より，ねじり角 θ，せん断ひずみ α とすると

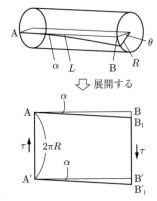

$$\Downarrow 展開する$$

図 9.2 ねじりによって生じる
せん断応力

$$R\theta = L\alpha = L\frac{\tau}{G} \tag{9.1}$$

$$\Leftrightarrow \quad \tau = GR\frac{\theta}{L} = GR\omega \tag{9.2}$$

ここで, ω はねじり率と呼ばれる。これは任意の半径 r にて成立するから

$$\Leftrightarrow \quad \tau = Gr\omega \tag{9.3}$$

と書ける。外部から加わるねじりモーメント M_t は, せん断力を作るモーメントとつり合うべきであり

$$M_t = \int_A \tau r dA$$

$$= G\omega \int_A r^2 dA \tag{9.4}$$

$$\rightarrow \quad \omega = \frac{M_t}{I_P G} \quad \left(I_P = \int_A r^2 dA\right) \tag{9.5}$$

ここで, I_P は断面 2 次極ねじりモーメントと呼ばれる。特に棒が円形断面のとき

$$I_P = \frac{\pi D^4}{32} \quad (D = 2R) \tag{9.6}$$

となる。

弾性力学による解法

任意の位置 z における断面内の変位は，**図 9.3** を参考にしてつぎのように仮定する。

$$u = -r\omega z \sin\theta, \quad v = r\omega z \cos\theta, \quad w = 0 \tag{9.7}$$

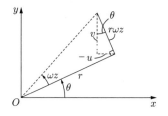

図 9.3　任意の位置 z における断面の変位[4]

このとき，ひずみと変位の関係はつぎのように与えられる。

$$\varepsilon_x = \varepsilon_y = \varepsilon_z = \gamma_{xy} = 0,$$
$$\gamma_{yz} = \frac{\partial v}{\partial z} + \frac{\partial w}{\partial y} = r\omega\cos\theta = \omega x,$$
$$\gamma_{zx} = \frac{\partial w}{\partial x} + \frac{\partial u}{\partial z} = -r\omega\sin\theta = -\omega y \tag{9.8}$$

式 (9.8) で示されたひずみ成分をフックの法則に代入する。

$$\sigma_x = \sigma_y = \sigma_z = \tau_{xy} = 0,$$
$$\tau_{yz} = G\gamma_{yz} = G\omega x,$$
$$\tau_{zx} = G\gamma_{zx} = -G\omega y \tag{9.9}$$

これらは，体積力を無視した平衡方程式を満たす。コーシーの公式より，表面力 (X_ν, Y_ν, Z_ν) と応力との関係は，式 (9.9) を代入することで

$$\begin{bmatrix} X_\nu \\ Y_\nu \\ Z_\nu \end{bmatrix} = \begin{bmatrix} \sigma_x & \tau_{xy} & \tau_{xz} \\ \tau_{xy} & \sigma_y & \tau_{yz} \\ \tau_{xz} & \tau_{yz} & \sigma_z \end{bmatrix} \begin{bmatrix} l \\ m \\ n \end{bmatrix} = \begin{bmatrix} -G\omega yn \\ G\omega xn \\ G\omega(-yl + xm) \end{bmatrix} \tag{9.10}$$

と書ける。いま，対象となる物体は丸棒だとすると，その表面における法線ベクトル $\boldsymbol{\nu} = (l, m, n) = (\cos\theta, \sin\theta, 0)$ を式 (9.10) に代入すると

$$
\begin{bmatrix} X_\nu \\ Y_\nu \\ Z_\nu \end{bmatrix} = \begin{bmatrix} 0 \\ 0 \\ G\omega(-r\sin\theta\cos\theta + r\cos\theta\sin\theta) \end{bmatrix} = \begin{bmatrix} 0 \\ 0 \\ 0 \end{bmatrix} \tag{9.11}
$$

となる。一方で，丸棒以外のとき，図 **9.4** に示すように，$\boldsymbol{\nu} = (\cos\beta, \sin\beta, 0)$ $(\beta \neq \theta)$ の場合においては

$$
\begin{aligned}
Z_\nu &= G\omega(-r\sin\theta\cos\beta + r\cos\theta\sin\beta) \\
&= G\omega r\sin(\beta - \theta)
\end{aligned} \tag{9.12}
$$

となり，$Z_\nu \neq 0$ を打ち消す力が働かないと，材料力学的なねじりが再現されない。一方，ねじりモーメントは，図 **9.5** に示すように

$$
M_t = \iint (\tau_{zy}x - \tau_{zx}y)dxdy \tag{9.13}
$$

となり，式 (9.9) を式 (9.13) に代入すると

$$
\begin{aligned}
M_t &= \iint G\omega(x^2 + y^2)dxdy \\
&= G\omega \int_0^{2\pi} \left(\int_0^R r^3 dr \right) d\theta \\
&= GJ\omega \qquad \left(J = \frac{\pi}{2}R^4 \right)
\end{aligned} \tag{9.14}
$$

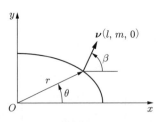

図 **9.4**　円形以外の断面形状に
おける表面の法線ベクトル[4)]

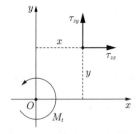

図 **9.5**　ねじりモーメントと
せん断応力の関係[4)]

である。式 (9.14) と式 (9.5) を見比べると，$J = I_P$ であるので，同一のものである。

9.2　一般形断面棒のねじり理論

円形断面以外では側面力を働かせないと仮定した変位場は再現されない。つまり，一般断面（円形以外）でかつ $Z_\nu = 0$ の条件では，式 (9.7) の仮定が妥当ではない。そこで，つぎの変位場を仮定してみよう。

$$u = -\omega zy, \quad v = \omega zx, \quad w = \omega\varphi(x,\,y) \tag{9.15}$$

この w をワーピングという。この式 (9.15) の変位からひずみを算出する。

$$
\begin{aligned}
&\varepsilon_x = \varepsilon_y = \varepsilon_z = \gamma_{xy} = 0, \\
&\gamma_{yz} = \frac{\partial v}{\partial z} + \frac{\partial w}{\partial y} = \omega\left(x + \frac{\partial\varphi}{\partial y}\right), \\
&\gamma_{zx} = \frac{\partial u}{\partial z} + \frac{\partial w}{\partial x} = \omega\left(-y + \frac{\partial\varphi}{\partial x}\right)
\end{aligned}
\tag{9.16}
$$

ここでつぎのフックの法則（構成関係）を考える。

$$
\begin{aligned}
&\sigma_x = 2G\left(\varepsilon_x + \frac{\nu}{1-2\nu}e\right), \quad \sigma_y = 2G\left(\varepsilon_y + \frac{\nu}{1-2\nu}e\right), \\
&\sigma_z = 2G\left(\varepsilon_z + \frac{\nu}{1-2\nu}e\right), \\
&\tau_{yz} = G\gamma_{yz}, \quad \tau_{zx} = G\gamma_{zx}, \quad \tau_{xy} = G\gamma_{xy}
\end{aligned}
\tag{9.17}
$$

よって，応力成分はつぎのように与えられる。

$$
\begin{aligned}
&\sigma_x = \sigma_y = \sigma_z = \tau_{xy} = 0, \\
&\tau_{yz} = G\omega\left(x + \frac{\partial\varphi}{\partial y}\right), \\
&\tau_{zx} = G\omega\left(-y + \frac{\partial\varphi}{\partial x}\right)
\end{aligned}
\tag{9.18}
$$

この応力成分を，つぎの体積力を0とした平衡方程式に代入する。

$$\left.\begin{array}{l} \dfrac{\partial \sigma_x}{\partial x} + \dfrac{\partial \tau_{xy}}{\partial y} + \dfrac{\partial \tau_{zx}}{\partial z} = 0 \\[2mm] \dfrac{\partial \tau_{xy}}{\partial x} + \dfrac{\partial \sigma_y}{\partial y} + \dfrac{\partial \tau_{yz}}{\partial z} = 0 \\[2mm] \dfrac{\partial \tau_{zx}}{\partial x} + \dfrac{\partial \tau_{yz}}{\partial y} + \dfrac{\partial \sigma_z}{\partial z} = 0 \end{array}\right\} \tag{9.19}$$

式 (9.19) の1式目と2式目は自動的に満たされる。一方，式 (9.19) の3式目は，つぎのような偏微分方程式となる。

$$\frac{\partial^2 \varphi}{\partial x^2} + \frac{\partial^2 \varphi}{\partial y^2} = 0 \tag{9.20}$$

式 (9.20) より φ が満たすべき基礎式はラプラス方程式である。この φ をねじり関数という。ここで，φ の境界条件を求めるべく，側面の表面力 $Z_\nu(=0)$ に式 (9.18) の2式目，3式目を代入する。

$$\begin{aligned} Z_\nu &= \tau_{zx} l + \tau_{yz} m \\ &= G\omega \left\{ \left(-y + \frac{\partial \varphi}{\partial x}\right) l + \left(x + \frac{\partial \varphi}{\partial y}\right) m \right\} \\ &= G\omega \left(-y \cos\beta + x \sin\beta + \frac{\partial \varphi}{\partial x}\frac{\partial x}{\partial \nu} + \frac{\partial \varphi}{\partial y}\frac{\partial y}{\partial \nu} \right) \\ &= G\omega \left\{ r \sin(\beta - \theta) + \frac{\partial \varphi}{\partial \nu} \right\} \quad (\because x = r\cos\theta,\ y = r\sin\theta) \\ &= 0 \end{aligned} \tag{9.21}$$

となり，式 (9.21) より

$$\frac{\partial \varphi}{\partial \nu} = -r \sin(\beta - \theta) = -r \sin(r,\ \nu)^\dagger \tag{9.22}$$

が得られる。

---

†　(r, ν) は r 軸と ν 軸のなす角である。

9.3 ねじりの応力関数

ねじり関数 $\varphi(x, y)$ と共役な関数 $\psi(x, y)$ を考える。この ψ は，コーシー・リーマンの微分方程式

$$\frac{\partial \varphi}{\partial x} = \frac{\partial \psi}{\partial y}, \quad \frac{\partial \varphi}{\partial y} = -\frac{\partial \psi}{\partial x} \tag{9.23}$$

を満たす必要がある。このとき，ψ の満たすべき基礎式もつぎのようになる。

$$\frac{\partial^2 \psi}{\partial y^2} + \frac{\partial^2 \psi}{\partial x^2} = 0 \tag{9.24}$$

ψ の境界条件を考えよう。**図 9.6** を参照すると，β で示された部分の二つの角が等しいことより

$$\left. \begin{array}{l} l = \dfrac{\partial x}{\partial \nu} = \cos(\nu, \, x) = \cos(s, \, y) = \dfrac{\partial y}{\partial s} \\[2mm] m = \dfrac{\partial y}{\partial \nu} = \cos(\nu, \, y) = -\cos(s, \, x) = -\dfrac{\partial x}{\partial s} \end{array} \right\} \tag{9.25}$$

と書ける。式 (9.21) を書き直すと

$$\begin{aligned} Z_\nu &= G\omega \left\{ \left(-y + \frac{\partial \psi}{\partial y} \right) \frac{\partial y}{\partial s} + \left(x - \frac{\partial \psi}{\partial x} \right) \left(-\frac{\partial x}{\partial s} \right) \right\} \\ &= G\omega \left\{ -\frac{\partial}{\partial s} \left(\frac{x^2 + y^2}{2} \right) + \frac{\partial \psi}{\partial s} \right\} = 0 \end{aligned} \tag{9.26}$$

となる。式 (9.26) を積分すると，つぎのように書ける。

$$\psi = \frac{x^2 + y^2}{2} + 定数 \tag{9.27}$$

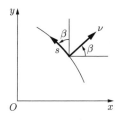

図 9.6 ねじり関数 ψ の境界条件[4]

そこで，新たな関数 ϕ を導入して

$$\phi = G\omega \left(\psi - \frac{x^2 + y^2}{2} \right) \tag{9.28}$$

とすると，境界では

$$\phi = 定数 \tag{9.29}$$

となる。また，ψ がラプラス方程式を満たすことより，ϕ の基礎式がつぎのように得られる。

$$\triangle\phi = G\omega \left[\triangle\psi - \triangle\left(\frac{x^2 + y^2}{2} \right) \right] = -2G\omega \tag{9.30}^\dagger$$

この ϕ をねじりの応力関数という。このとき，応力成分は

$$\tau_{yz} = G\omega \left(x + \frac{\partial\varphi}{\partial y} \right) = G\omega \left(x - \frac{\partial\psi}{\partial x} \right) = -\frac{\partial\phi}{\partial x} \tag{9.31}$$

$$\tau_{zx} = G\omega \left(-y + \frac{\partial\varphi}{\partial x} \right) = G\omega \left(-y + \frac{\partial\psi}{\partial y} \right) = \frac{\partial\phi}{\partial y} \tag{9.32}$$

として与えられる。

ワーピングとねじりの応力関数の関係

$w = \omega\varphi$ と式 (9.31)，式 (9.32) より

$$G\omega x + G\frac{\partial w}{\partial y} = -\frac{\partial\phi}{\partial x} \quad \Leftrightarrow \quad \frac{\partial w}{\partial y} = -\frac{1}{G}\frac{\partial\phi}{\partial x} - \omega x \tag{9.33}$$

$$-G\omega y + G\frac{\partial w}{\partial x} = \frac{\partial\phi}{\partial y} \quad \Leftrightarrow \quad \frac{\partial w}{\partial x} = \frac{1}{G}\frac{\partial\phi}{\partial y} + \omega y \tag{9.34}$$

となる。式 (9.33) と式 (9.34) を積分することでワーピング w が得られる。

ねじりモーメントとねじりの応力関数の関係

式 (9.31) と式 (9.32) を，式 (9.13) に代入することにより次式となる。

$\dagger$　$\triangle$ はラプラス演算子あるいはラプラス作用素と呼ばれ，つぎのように定義される。

$$\triangle \equiv \frac{\partial^2}{\partial x^2} + \frac{\partial^2}{\partial y^2}$$

$$M_t = \iint (\tau_{zy}x - \tau_{zx}y)dxdy$$

$$= -\iint \left(\frac{\partial \phi}{\partial x}x + \frac{\partial \phi}{\partial y}y \right) dxdy$$

$$= -\int \left\{ [\phi x]_{x_1}^{x_2} - \int \phi dx \right\} dy - \int \left\{ [\phi y]_{y_1}^{y_2} - \int \phi dy \right\} dx \qquad (9.35)$$

合せん断応力とねじりの応力関数の関係

図 9.7 のような τ_s を合せん断応力という。まずは τ_s と x 軸のなす角を θ とすると，$\tan \theta$ はつぎのように与えられる。

$$\tan \theta = \frac{\tau_{yz}}{\tau_{zx}} = \frac{-\partial \phi/\partial x}{\partial \phi/\partial y} \qquad (9.36)$$

ここで，$\phi(x,\,y) =$ 定数の曲線で

$$\frac{\partial \phi}{\partial x} + \frac{\partial \phi}{\partial y}\frac{\partial y}{\partial x} = 0 \quad \Leftrightarrow \quad \frac{\partial y}{\partial x} = \frac{-\partial \phi/\partial x}{\partial \phi/\partial y} = \tan \theta \qquad (9.37)$$

となる。式 (9.37) は，$\phi(x,\,y) =$ 定数の曲線の接線の方向が，合せん断力の方向と一致することを示している。このとき，$y = -\nu \cos\theta$, $x = \nu \cos\beta$ を考慮すると

$$\tau_s = \tau_{zx}\cos\theta + \tau_{yz}\cos\beta = -\frac{\partial \phi}{\partial y}\frac{\partial y}{\partial \nu} - \frac{\partial \phi}{\partial x}\frac{\partial x}{\partial \nu} = -\frac{\partial \phi}{\partial \nu} \qquad (9.38)$$

となり，こちらは式 (9.38) が**図 9.8** のように "合せん断応力は ν 方向の ϕ の減少率に等しい" ことを示している。

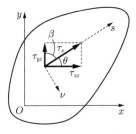

図 **9.7**　合せん断応力[4]

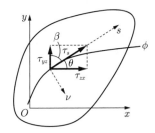

図 **9.8**　合せん断応力の変化と
ϕ の等高線との関係

9.4　楕円形断面棒のねじり

図 **9.9** のような楕円形断面の棒を座標原点 $(x = y = 0)$ まわりにねじる問題を考える。境界条件 (9.29) で定数を 0 とすると（中実断面では多くの場合そうする）

$$\phi = 0 \qquad (9.39)$$

とできる。ここで

$$\phi = -A\left(\frac{x^2}{a^2} + \frac{y^2}{b^2} - 1\right) \qquad (9.40)$$

なる関数を考えてみよう。式 (9.40) は式 (9.39) の境界条件を満たしている。式 (9.40) を式 (9.30) に代入することで A を決定することができる。

$$\triangle\phi = -2A\left(\frac{1}{a^2} + \frac{1}{b^2}\right) = -2G\omega \quad \Leftrightarrow \quad A = G\omega\frac{a^2b^2}{a^2 + b^2} \qquad (9.41)$$

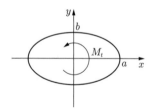

図 **9.9**　楕円形断面棒のねじり

さて，M_t を求めよう。式 (9.35) と式 (9.39) より，M_t はつぎのようになる。

$$M_t = 2\iint \phi dx dy \qquad (9.42)$$

そこで，式 (9.40)，式 (9.41) を式 (9.42) に代入することにより

$$M_t = G\omega\pi\frac{a^3b^3}{a^2 + b^2} \qquad (9.43)$$

ただし，$x = ar\cos\theta,\ y = br\sin\theta\ (0 < r < 1,\ 0 < \theta < 2\pi)$ として

$$\int_0^{2\pi} \int_0^1 (r^2 - 1) \begin{vmatrix} \dfrac{\partial x}{\partial r} & \dfrac{\partial x}{\partial \theta} \\[2mm] \dfrac{\partial y}{\partial r} & \dfrac{\partial y}{\partial \theta} \end{vmatrix} dr d\theta = 2\pi ab \int_0^1 (r^3 - r) dr = -\frac{\pi ab}{2}$$

となることを利用した。式 (9.43) と $M_t = GJ\omega$ から，ねじり剛性 GJ は

$$GJ = \frac{G\pi a^3 b^3}{a^2 + b^2} \tag{9.44}$$

にて与えられる。つぎにせん断応力は

$$\tau_{yz} = -\frac{\partial \phi}{\partial x} = \frac{2Ax}{a^2} = 2G\omega \frac{a^2 b^2}{a^2 + b^2} \cdot \frac{x}{a^2} = \frac{2G\omega b^2 x}{a^2 + b^2} \tag{9.45}$$

$$\tau_{zx} = \frac{\partial \phi}{\partial y} = -\frac{2Ay}{b^2} = -2G\omega \frac{a^2 b^2}{a^2 + b^2} \cdot \frac{y}{b^2} = -\frac{2G\omega a^2 y}{a^2 + b^2} \tag{9.46}$$

となる。合せん断応力は

$$\tau_s = \sqrt{\tau_{yz}^2 + \tau_{zx}^2} \tag{9.47}$$

に式 (9.45)，式 (9.46) を代入することにより得られる。

ワーピング w は，式 (9.33) と式 (9.34) より

$$\begin{aligned} \frac{\partial w}{\partial y} &= -\frac{1}{G}\frac{\partial \phi}{\partial x} - \omega x = -\frac{1}{G}\left(-2A\frac{x}{a^2}\right) - \omega x \\ &= 2\omega \frac{a^2 b^2}{a^2 + b^2} \cdot \frac{x}{a^2} - \omega x = \frac{-a^2 + b^2}{a^2 + b^2}\omega x \end{aligned} \tag{9.48}$$

$$\begin{aligned} \frac{\partial w}{\partial x} &= \frac{1}{G}\frac{\partial \phi}{\partial y} + \omega y = \frac{1}{G}\left(-2A\frac{y}{b^2}\right) + \omega y \\ &= -2\omega \frac{a^2 b^2}{a^2 + b^2} \cdot \frac{y}{b^2} + \omega y = \frac{-a^2 + b^2}{a^2 + b^2}\omega y \end{aligned} \tag{9.49}$$

式 (9.48) を積分すると

$$w = \frac{-a^2 + b^2}{a^2 + b^2}\omega xy + C(x) \tag{9.50}$$

これを式 (9.49) に代入すると

$$\frac{\partial w}{\partial x} = \frac{-a^2 + b^2}{a^2 + b^2}\omega y + \frac{dC(x)}{dx} \tag{9.51}$$

$$\Leftrightarrow \quad \frac{dC(x)}{dx} = 0 \tag{9.52}$$

$$\Leftrightarrow \quad C(x) = C \tag{9.53}$$

$x = y = 0$ で $w = 0$ とすると，式 (9.50)，式 (9.53) より $C = 0$。よって

$$w = -\frac{a^2 - b^2}{a^2 + b^2}\omega xy \tag{9.54}$$

となる。

9.5   中空断面棒のねじり

図 **9.10** のような中空断面棒のねじりについて考える。式 (9.29) で示したように，境界では ϕ は定数となる。そこで，外側の Γ_0 を 0，内側の Γ_1 を未知の定数とした

$$\Gamma_0 : \phi = 0, \quad \Gamma_1 : \phi = C \tag{9.55}$$

を仮定してみよう。そこで式 (9.35) を利用して，ねじりモーメントについて検討する。

$$
\begin{aligned}
M_t &= -\iint \left(x\frac{\partial \phi}{\partial x} + y\frac{\partial \phi}{\partial y} \right) dxdy \\
&= -\iint \left\{ \frac{\partial}{\partial x}(x\phi) - \phi + \frac{\partial}{\partial y}(y\phi) - \phi \right\} dxdy \\
&= 2\left(\iint \phi dxdy + CA_1 \right)
\end{aligned}
\tag{9.56}
$$

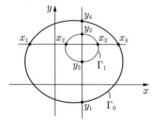

図 **9.10**　中空断面棒のねじり[4]

ここで，A_1 は中空部分の面積である。ただし，式 (9.56) の導出には，$x_1 \sim x_4$ を図のようにとると

$$\iint \frac{\partial}{\partial x}(x\phi)dxdy = \int \left([x\phi]_{x_1}^{x_2} + [x\phi]_{x_3}^{x_4}\right) dy$$
$$= \int C(x_2 - x_3)dy = -CA_1 \qquad (9.57)$$

となり，また，$y_1 \sim y_4$ を図のようにとると

$$\iint \frac{\partial}{\partial y}(y\phi)dxdy = \int \left([y\phi]_{y_1}^{y_2} + [y\phi]_{y_3}^{y_4}\right) dx$$
$$= \int C(y_2 - y_3)dx = -CA_1 \qquad (9.58)$$

となることを用いている。次節後半の閉じ断面部材のところで定数 C の決定方法を紹介する。

9.6　薄肉部材のねじり

<u>開き断面部材</u>（**図 9.11** のように簡単のために直線部材とする）
断面の中央に沿って s–ξ 座標を考える。ここで境界条件を

$$\phi = 0 \qquad \left(\xi = \pm\frac{t}{2}\right) \qquad (9.59)$$

とおこう。つまり，表面における ϕ には s 方向に勾配がない。そこで至るところで，s について勾配はないとして，式 (9.30) で s についての勾配項を落とした

$$\frac{d^2\phi}{d\xi^2} = -2G\omega \qquad (9.60)$$

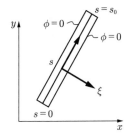

図 9.11　薄肉部材のねじり[4]

について考えよう。式 (9.60) について解くと，次式の一般解が得られる。

$$\phi = -G\omega\xi^2 + C_1\xi + C_2 \tag{9.61}$$

境界条件より

$$\left.\begin{array}{l} -G\omega\left(\dfrac{t}{2}\right)^2 + C_1\left(\dfrac{t}{2}\right) + C_2 = 0 \\[3mm] -G\omega\left(\dfrac{t}{2}\right)^2 - C_1\left(\dfrac{t}{2}\right) + C_2 = 0 \end{array}\right\} \tag{9.62}$$

$$\rightarrow \quad C_1 = 0, \quad C_2 = G\omega\left(\dfrac{t}{2}\right)^2 \tag{9.63}$$

式 (9.63) を式 (9.61) に代入すると，次式が得られる。

$$\phi = G\omega\left\{\left(\dfrac{t}{2}\right)^2 - \xi^2\right\} \tag{9.64}$$

これと，式 (9.42) より

$$\begin{aligned} M_t &= 2\int_0^{s_0}\left(\int_{-t/2}^{t/2}\phi\, d\xi\right) ds \\ &= 2G\omega\int_0^{s_0}\left[\left(\dfrac{t}{2}\right)^2\xi - \dfrac{1}{3}\xi^3\right]_{-t/2}^{t/2} ds \\ &= 2G\omega\int_0^{s_0}\left(\dfrac{t^3}{4} - \dfrac{1}{3}\dfrac{t^3}{4}\right) ds \\ &= \dfrac{1}{3}G\omega\int_0^{s_0} t^3 ds \end{aligned} \tag{9.65}$$

つまり，ねじり剛性 GJ はつぎのように与えられる。

$$GJ = \dfrac{M_t}{\omega} = \dfrac{1}{3}G\int_0^{s_0} t^3 ds \tag{9.66}$$

また，せん断応力は式 (9.38) と図 9.7 より

$$\tau_s = -\dfrac{\partial\phi}{\partial\xi} = 2G\omega\xi \tag{9.67}$$

$$\tau_\xi = \tau_{zx}\cos\beta - \tau_{yz}\cos\theta$$

$$= \frac{\partial \phi}{\partial y}\frac{\partial y}{\partial s} + \frac{\partial \phi}{\partial x}\frac{\partial x}{\partial s} = \frac{\partial \phi}{\partial s} = 0 \qquad (ds\cos\theta = dx,\ ds\cos\beta = dy) \tag{9.68}$$

となる。

<u>閉じ断面部材</u>（図 **9.12**）

内外表面における ϕ につぎのような境界条件を与える。

$$\phi = 0 \quad \left(\xi = \frac{t}{2}\right) \tag{9.69}$$

$$\phi = C \quad \left(\xi = -\frac{t}{2}\right) \tag{9.70}$$

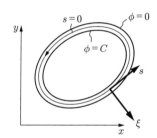

図 **9.12** 薄肉閉じ断面部材の
ねじり

表面における ϕ には s 方向に関して勾配がないので，式 (9.60) と同様につぎの微分方程式が成り立つ。

$$\frac{d^2\phi}{d\xi^2} = -2G\omega \tag{9.71}$$

式 (9.71) について解こう。一般解はつぎのようにして与えられる。

$$\phi = -G\omega\xi^2 + C_1\xi + C_2 \tag{9.72}$$

式 (9.72) を式 (9.69)，式 (9.70) に代入する。

$$-G\omega\left(\frac{t}{2}\right)^2 + C_1\left(\frac{t}{2}\right) + C_2 = 0 \tag{9.73}$$

$$-G\omega\left(\frac{t}{2}\right)^2 - C_1\left(\frac{t}{2}\right) + C_2 = C \tag{9.74}$$

$$\rightarrow \quad C_1 = -\frac{C}{t}, \quad C_2 = \frac{C}{2} + G\omega\left(\frac{t}{2}\right)^2 \tag{9.75}$$

式 (9.75) を式 (9.72) に代入すると

$$\phi = C\left(\frac{1}{2} - \frac{\xi}{t}\right) + G\omega\left\{\left(\frac{t}{2}\right)^2 - \xi^2\right\} \approx C\left(\frac{1}{2} - \frac{\xi}{t}\right) \tag{9.76}$$

となる。$-\xi/t$ は奇関数であり，積分すると消えるので，ねじりモーメントは式 (9.56) より

$$M_t = 2\left(\iint \phi\,dxdy + CA_1\right) = 2CA \tag{9.77}$$

となる。ただし，A_1 は中空部分の面積，A は s 曲線の面積である。このとき，せん断応力は式 (9.67)，式 (9.68) より

$$\tau_s = -\frac{\partial\phi}{\partial\xi} = \frac{C}{t} \tag{9.78}$$

$$\tau_\xi = \frac{\partial\phi}{\partial s} = 0 \tag{9.79}$$

として与えられ

$$q = \tau_s t = C \tag{9.80}$$

として q が定義できる。q は厚みによらず一定であり，せん断流と呼ばれる。したがって，ねじりモーメント M_t と τ_s の関係は

$$\tau_s = \frac{M_t}{2At} \tag{9.81}$$

として与えられる。

つぎにワーピングの連続条件を考えよう。式 (9.33) と式 (9.34) を用いると，部材を一周したときにワーピングギャップ Δw は次式で与えられる。

$$\Delta w = \oint dw = \oint \left(\frac{\partial w}{\partial x}\frac{\partial x}{\partial s} + \frac{\partial w}{\partial y}\frac{\partial y}{\partial s}\right) ds$$

$$= \oint \left\{\left(\frac{1}{G}\frac{\partial\phi}{\partial y} + \omega y\right)\frac{\partial x}{\partial s} + \left(-\frac{1}{G}\frac{\partial\phi}{\partial x} - \omega x\right)\frac{\partial y}{\partial s}\right\} ds$$

$$= \oint \left(-\frac{1}{G}\frac{\partial \phi}{\partial y}\frac{\partial y}{\partial \xi} + \omega y \frac{\partial x}{\partial s} - \frac{1}{G}\frac{\partial \phi}{\partial x}\frac{\partial x}{\partial \xi} - \omega x \frac{\partial y}{\partial s} \right) ds$$

$$\left(\because \frac{\partial y}{\partial s} = \frac{\partial x}{\partial \xi}, \quad \frac{\partial x}{\partial s} = -\frac{\partial y}{\partial \xi} \right)$$

$$= -\oint \frac{1}{G}\frac{\partial \phi}{\partial \xi} ds - \omega \oint (-ydx + xdy) \quad \left(\oint xdy = -\oint ydx = A \right)$$

$$= \frac{1}{G}\oint \tau_s ds - 2\omega A \tag{9.82}$$

$\Delta w = 0$ より

$$\oint \tau_s ds = 2G\omega A \tag{9.83}$$

を得る。式 (9.83) に式 (9.78) を代入すると，C がつぎのように決定できる。

$$C = \frac{2G\omega A}{\oint \dfrac{ds}{t}} \tag{9.84}$$

よって，ねじり剛性 GJ はつぎのように与えられる。

$$GJ = \frac{M_t}{\omega} = \frac{2CA}{\omega} = \frac{4GA^2}{\oint \dfrac{ds}{t}} \tag{9.85}$$

以上の考え方にて，図 **9.13** のようなマルチセルにもこれまでの議論が適用できる。このとき，つぎのように設定しよう。

厚み：t（一定），ACB のせん断流：q_1，

BEA のせん断流：q_2，BDA のせん断流：q_3

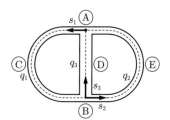

図 **9.13** マルチセルのねじり

せん断流の連続性より

$$q_3 = q_1 - q_2 \tag{9.86}$$

となる。このとき，ねじりモーメントは

$$M_t = 2 (q_1 A_1 + q_2 A_2) \tag{9.87}$$

となる。A_1 と A_2 はそれぞれ ACBD と BEAD の囲む面積である。式 (9.83) と $\tau_i = q_i/t \ (i = 1, \ 2, \ 3)$ より

$$\left. \begin{aligned} q_1 \int_{ACB} \frac{ds_1}{t} + q_3 \int_{BDA} \frac{ds_3}{t} &= 2G\omega A_1 \\[2mm] q_2 \int_{BEA} \frac{ds_2}{t} - q_3 \int_{BDA} \frac{ds_3}{t} &= 2G\omega A_2 \end{aligned} \right\} \tag{9.88}$$

となる。式 (9.86) と式 (9.88) より $q_1 \sim q_3$ が決定できる[4]。

問題 9.1　図 9.14 のような長方形箱型断面部材をねじりモーメント M_t でねじったとき，AB 部分に生じるせん断応力 τ_s，およびねじり剛性を求めよ。

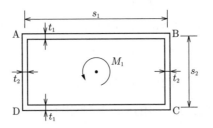

図 9.14　長方形箱型断面部材のねじり

【解答】　AB 部に生じるせん断応力 τ_s は，式 (9.81) より

$$\tau_s = \frac{M_t}{2At} = \frac{M_t}{2s_1 s_2 t_1} \tag{9.89}$$

また，ねじり剛性は式 (9.85) より

$$GJ = \frac{M_t}{\omega} = \frac{4GA^2}{\displaystyle\oint \frac{ds}{t}} = \frac{4Gs_1^2 s_2^2}{\left(\dfrac{s_1}{t_1} + \dfrac{s_2}{t_2}\right)\cdot 2} = \frac{2Gs_1^2 s_2^2}{\left(\dfrac{s_1}{t_1} + \dfrac{s_2}{t_2}\right)} \qquad (9.90)$$

となる。

問題 9.2 図 9.15 のようなチャネル材のねじり剛性 GJ を求めよ。

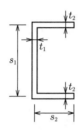

図 9.15 チャネル材の
ねじり

【解答】 式 (9.66) に示された，開き断面部材のねじり剛性の式を用いれば

$$\begin{aligned}
GJ &= \frac{1}{3}G \int_s t^3 ds \\
&= \frac{G}{3}\left(t_2^3 s_2 + t_1^3 s_1 + t_2^3 s_2\right) \\
&= \frac{G}{3}\left(s_1 t_1^3 + 2s_2 t_2^3\right)
\end{aligned}$$

を得る。

$\boldsymbol{10}$ | 棒のせん断曲げ

棒の端部の適当な位置にせん断荷重をかけると，ねじりを伴わない，曲げだけの変形が生じる。このことをせん断曲げと呼ぶ。ここではせん断曲げの解法[4]を紹介する。

10.1 問 題 設 定

図 10.1 のような片持ちはりを考え，右端の $(x_0,\ y_0)$ の位置に $P_x,\ P_y$ のせん断荷重が負荷されている状況を考える。

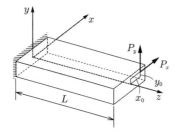

図 10.1 せん断荷重が負荷された片持ちはり

このとき，材料力学から得られるつぎのような応力場を考える[4]。

$$\sigma_z = -(L-z)\left(\frac{P_y}{I_x}y + \frac{P_x}{I_y}x\right) \tag{10.1}$$

$$\sigma_x = \sigma_y = \tau_{xy} = 0 \tag{10.2}$$

$$I_x = \iint y^2 dxdy \tag{10.3}$$

$$I_y = \iint x^2 dx dy \tag{10.4}$$

$$\tau_{yz} \neq 0, \quad \tau_{xz} \neq 0 \tag{10.5}$$

このとき平衡方程式は

$$\frac{\partial \tau_{zx}}{\partial z} = 0 \tag{10.6}$$

$$\frac{\partial \tau_{yz}}{\partial z} = 0 \tag{10.7}$$

$$\frac{\partial \tau_{zx}}{\partial x} + \frac{\partial \tau_{yz}}{\partial y} = -\left(\frac{P_y y}{I_x} + \frac{P_x x}{I_y} \right) \tag{10.8}$$

となる。一方で，問題 10.1 に示す応力の適合条件の 4，5 式目と式 (10.1) および式 (10.2) より

$$\frac{\partial}{\partial x} \left(\frac{\partial \tau_{yz}}{\partial x} - \frac{\partial \tau_{zx}}{\partial y} \right) = \frac{\nu}{1+\nu} \frac{P_y}{I_x} \tag{10.9}$$

$$\frac{\partial}{\partial y} \left(\frac{\partial \tau_{yz}}{\partial x} - \frac{\partial \tau_{zx}}{\partial y} \right) = -\frac{\nu}{1+\nu} \frac{P_x}{I_y} \tag{10.10}$$

$$\rightarrow \quad \frac{\partial \tau_{yz}}{\partial x} - \frac{\partial \tau_{zx}}{\partial y} = \frac{\nu}{1+\nu} \left(\frac{P_y}{I_x} x - \frac{P_x}{I_y} y \right) + B \tag{10.11}$$

を満たす必要がある。ただし，B は定数である（その他の式は式 (10.1) と式 (10.2) の応力を自動的に満たす）。

問題 10.1　つぎの応力の適合条件を示せ。

$$\frac{\partial^2 \sigma_x}{\partial y^2} + \frac{\partial^2 \sigma_y}{\partial x^2} - \frac{\nu}{1+\nu} \left(\frac{\partial^2 \Theta}{\partial x^2} + \frac{\partial^2 \Theta}{\partial y^2} \right) = 2 \frac{\partial^2 \tau_{xy}}{\partial x \partial y}$$

$$\frac{\partial^2 \sigma_y}{\partial z^2} + \frac{\partial^2 \sigma_z}{\partial y^2} - \frac{\nu}{1+\nu} \left(\frac{\partial^2 \Theta}{\partial y^2} + \frac{\partial^2 \Theta}{\partial z^2} \right) = 2 \frac{\partial^2 \tau_{yz}}{\partial y \partial z}$$

$$\frac{\partial^2 \sigma_z}{\partial x^2} + \frac{\partial^2 \sigma_x}{\partial z^2} - \frac{\nu}{1+\nu} \left(\frac{\partial^2 \Theta}{\partial z^2} + \frac{\partial^2 \Theta}{\partial x^2} \right) = 2 \frac{\partial^2 \tau_{zx}}{\partial z \partial x}$$

$$\frac{\partial^2 \sigma_x}{\partial y \partial z} - \frac{\nu}{1+\nu} \frac{\partial^2 \Theta}{\partial y \partial z} = \frac{\partial}{\partial x} \left(-\frac{\partial \tau_{yz}}{\partial x} + \frac{\partial \tau_{zx}}{\partial y} + \frac{\partial \tau_{xy}}{\partial z} \right)$$

$$\frac{\partial^2 \sigma_y}{\partial z \partial x} - \frac{\nu}{1+\nu}\frac{\partial^2 \Theta}{\partial z \partial x} = \frac{\partial}{\partial y}\left(\frac{\partial \tau_{yz}}{\partial x} - \frac{\partial \tau_{zx}}{\partial y} + \frac{\partial \tau_{xy}}{\partial z}\right)$$

$$\frac{\partial^2 \sigma_z}{\partial x \partial y} - \frac{\nu}{1+\nu}\frac{\partial^2 \Theta}{\partial x \partial y} = \frac{\partial}{\partial z}\left(\frac{\partial \tau_{yz}}{\partial x} + \frac{\partial \tau_{zx}}{\partial y} - \frac{\partial \tau_{xy}}{\partial z}\right)$$

ただし，$\Theta = \sigma_x + \sigma_y + \sigma_z$ である。

【解答】　ひずみ–応力関係は次式で与えられる。

$$\varepsilon_x = \frac{1}{E}\{\sigma_x - \nu(\sigma_y + \sigma_z)\}, \quad \varepsilon_y = \frac{1}{E}\{\sigma_y - \nu(\sigma_z + \sigma_x)\},$$

$$\varepsilon_z = \frac{1}{E}\{\sigma_z - \nu(\sigma_x + \sigma_y)\},$$

$$\gamma_{yz} = \frac{\tau_{yz}}{G}, \quad \gamma_{zx} = \frac{\tau_{zx}}{G}, \quad \gamma_{xy} = \frac{\tau_{xy}}{G}$$

これを問題 4.2 の適合条件に代入すると得られる。

$$\diamond$$

また，はりにおける側面の境界条件と式 (9.25) より，τ_{zx}，τ_{yz} はつぎの条件を満たす必要がある。

$$Z_\nu = \tau_{zx}l + \tau_{yz}m = \tau_{zx}\frac{\partial y}{\partial s} - \tau_{yz}\frac{\partial x}{\partial s} = 0 \tag{10.12}$$

さらに，端面の境界条件として，つぎの式を満たされないといけない。

$$\iint \tau_{zx}dxdy = P_x \tag{10.13}$$

$$\iint \tau_{yz}dxdy = P_y \tag{10.14}$$

10.2　曲げの応力関数とせん断中心（半逆解法）

前節にもとづき，任意断面における棒のせん断曲げについて解いていこう。まず，平衡方程式 (10.8) をつぎのように書き直す。

$$\frac{\partial}{\partial x}\left\{\tau_{zx} + \frac{P_x}{2I_y}x^2 + g(y)\right\} + \frac{\partial}{\partial y}\left\{\tau_{yz} + \frac{P_y}{2I_x}y^2 + f(x)\right\} = 0 \tag{10.15}$$

ここで，応力関数 ϕ を導入する。

$$\tau_{zx} = \frac{\partial \phi}{\partial y} - \frac{P_x}{2I_y}x^2 - g(y) \tag{10.16}$$

$$\tau_{yz} = -\frac{\partial \phi}{\partial x} - \frac{P_y}{2I_x}y^2 - f(x) \tag{10.17}$$

このとき，式 (10.16)，式 (10.17) は式 (10.15) を満たす。つぎに式 (10.16)，式 (10.17) を式 (10.11) に代入する。

$$-\frac{\partial^2 \phi}{\partial x^2} - \frac{\partial^2 \phi}{\partial y^2} - \frac{df(x)}{dx} + \frac{dg(y)}{dy} = \frac{\nu}{1+\nu}\left(\frac{P_y}{I_x}x - \frac{P_x}{I_y}y\right) + B$$

$$\Leftrightarrow \quad \frac{\partial^2 \phi}{\partial x^2} + \frac{\partial^2 \phi}{\partial y^2} = -\frac{\nu}{1+\nu}\left(\frac{P_y}{I_x}x - \frac{P_x}{I_y}y\right) - \frac{df(x)}{dx} + \frac{dg(y)}{dy} - B \tag{10.18}$$

これが ϕ が満たすべき基礎式となる。一方で，式 (10.16)，式 (10.17) を式 (10.12) に代入すると，つぎの境界条件が得られる。

$$\frac{\partial \phi}{\partial s} = \left\{\frac{P_x}{2I_y}x^2 + g(y)\right\}\frac{\partial y}{\partial s} - \left\{\frac{P_y}{2I_x}y^2 + f(x)\right\}\frac{\partial x}{\partial s} \tag{10.19}$$

つぎに曲げとねじりを分離しよう。ϕ_t と ϕ_b をねじりと曲げの応力関数とすると

$$\phi = \phi_t + \phi_b \tag{10.20}$$

となる。ねじりの応力関数については，9.3 節よりつぎの関係が成り立つ。

（基礎式） $\quad \dfrac{\partial^2 \phi_t}{\partial x^2} + \dfrac{\partial^2 \phi_t}{\partial y^2} = -2G\omega \tag{10.21}$

（境界条件） $\quad \phi_t = $ 定数 $\quad \Leftrightarrow \quad \dfrac{\partial \phi_t}{\partial s} = 0 \tag{10.22}$

（応力） $\quad \tau_{yz} = -\dfrac{\partial \phi_t}{\partial x}, \quad \tau_{zx} = \dfrac{\partial \phi_t}{\partial y} \tag{10.23}$

そこで，式 (10.18) に式 (10.21) を代入し，$B = 2G\omega$ とすると

（基礎式）

$$\frac{\partial^2 \phi_b}{\partial x^2} + \frac{\partial^2 \phi_b}{\partial y^2} = -\frac{\nu}{1+\nu}\left(\frac{P_y}{I_x}x - \frac{P_x}{I_y}y\right) - \frac{df(x)}{dx} + \frac{dg(y)}{dy} \tag{10.24}$$

（境界条件）

$$\frac{\partial \phi_b}{\partial s} = \left\{ \frac{P_x}{2I_y} x^2 + g(y) \right\} \frac{\partial y}{\partial s} - \left\{ \frac{P_y}{2I_x} y^2 + f(x) \right\} \frac{\partial x}{\partial s} \tag{10.25}$$

という曲げの応力関数 ϕ_b についての基礎式と境界条件が得られる。もしも（というよりは，そのように持っていくのだが $\cdots$），断面の境界が

$$\frac{P_x}{2I_y} x^2 + g(y) = 0, \quad \frac{P_y}{2I_x} y^2 + f(x) = 0 \tag{10.26}$$

として表されるときには

$$\frac{\partial \phi_b}{\partial s} = 0 \;\; \Leftrightarrow \;\; \phi_b = 0$$

として良い。このとき，式 (10.16) と式 (10.17) より曲げによる応力は次式で与えられる。

$$\tau_{zx}^b = \frac{\partial \phi_b}{\partial y} - \frac{P_x}{2I_y} x^2 - g(y),$$

$$\tau_{yz}^b = -\frac{\partial \phi_b}{\partial x} - \frac{P_y}{2I_x} y^2 - f(x) \tag{10.27}$$

さて，この曲げせん断応力の作るモーメントと端末荷重モーメントとがつぎのように等しいときの荷重作用点を (x_0, y_0) とする。

$$\iint \left(\tau_{yz}^b x - \tau_{zx}^b y \right) dx dy = P_y x_0 - P_x y_0 \tag{10.28}$$

このとき，P_x, P_y の係数比較から x_0, y_0 が決定できる。この点をせん断中心と呼び，このとき，ねじり変形を除去することができる。このような変形をせん断曲げ変形と呼ぶ。

せん断中心に P_x, P_y を作用させたせん断曲げにより生じる変位は，つぎのように与えられる[4]†。

---

† 　導出は紙面の関係上省略するが，0 でない応力 σ_z, τ_{yz}, τ_{zx} をフックの法則に代入し，積分することで得られる。

$$
\begin{bmatrix} u \\ v \\ w \end{bmatrix} = \begin{bmatrix} \dfrac{P_x}{EI_y}\dfrac{z^2(3l-z)}{6} + \dfrac{\nu(l-z)}{E}\left\{ \dfrac{P_y}{I_x}xy + \dfrac{P_x}{I_y}\dfrac{(x^2-y^2)}{2} \right\} \\[3mm] \dfrac{P_y}{EI_x}\dfrac{z^2(3l-z)}{6} + \dfrac{\nu(l-z)}{E}\left\{ \dfrac{P_x}{I_y}xy + \dfrac{P_y}{I_x}\dfrac{(y^2-x^2)}{2} \right\} \\[3mm] -\dfrac{z(2l-z)}{2E}\left(\dfrac{P_y}{I_x}y + \dfrac{P_x}{I_y}x \right) + h(x,\,y) \end{bmatrix}
$$

$$
+ \begin{bmatrix} 0 & -C_6 & C_4 \\ C_6 & 0 & C_5 \\ -C_4 & -C_5 & 0 \end{bmatrix} \begin{bmatrix} x \\ y \\ z \end{bmatrix} + \begin{bmatrix} C_1 \\ C_2 \\ C_3 \end{bmatrix} \tag{10.29}
$$

ここで h は

$$
\frac{\partial h(x,\,y)}{\partial x} = \frac{1}{G}\left\{ \frac{\partial \phi_b}{\partial y} - g(y) \right\} + \frac{1}{E}\left[\frac{\nu P_y}{I_x}xy - \frac{P_x}{2I_y}\{(2+\nu)x^2 + \nu y^2\} \right] \tag{10.30}
$$

$$
\frac{\partial h(x,\,y)}{\partial y} = -\frac{1}{G}\left\{ \frac{\partial \phi_b}{\partial x} + f(x) \right\} + \frac{1}{E}\left[\frac{\nu P_x}{I_y}xy - \frac{P_y}{2I_x}\{(2+\nu)y^2 + \nu x^2\} \right] \tag{10.31}
$$

から与えられる。$C_1 \sim C_6$ は境界条件により決定される定数である。

10.3　円形断面棒のせん断曲げ

円形断面棒の中心 $x_0 = 0$ に P_y を作用する問題の解を求めよう。円形断面境界は $x^2 + y^2 - a^2 = 0$ であり，$P_x = 0$ を加味すると

$$
f(x) = \frac{P_y}{2I_x}(x^2 - a^2) \tag{10.32}
$$

$$
g(y) = 0 \tag{10.33}
$$

は式 (10.26) を満たす。式 (10.32)，式 (10.33) を式 (10.24) に代入すると

$$
\frac{\partial^2 \phi_b}{\partial x^2} + \frac{\partial^2 \phi_b}{\partial y^2} = -\frac{1+2\nu}{1+\nu}\frac{P_y}{I_x}x \tag{10.34}
$$

であり，$\phi_b = 0$ の境界条件を満たす式 (10.34) の解は

$$\phi_b = -\frac{(1+2\nu)P_y}{8(1+\nu)I_x}(x^2 + y^2 - a^2)x \tag{10.35}$$

として与えられる。式 (10.35) を式 (10.27) に代入すると

$$\tau_{yz}^b = -\frac{\partial \phi_b}{\partial x} - \frac{P_y}{2I_x}y^2 - \frac{P_y}{2I_x}(x^2 - a^2)$$

$$= \frac{(3+2\nu)P_y}{8(1+\nu)I_x}\left\{-\frac{1-2\nu}{3+2\nu}x^2 + (a^2 - y^2)\right\} \tag{10.36}$$

$$\tau_{zx}^b = \frac{\partial \phi_b}{\partial y} = -\frac{(1+2\nu)P_y xy}{4(1+\nu)I_x} \tag{10.37}$$

が得られる。

問題 10.2　形状 $x^2/a^2 + y^2/b^2 = 1$ なる楕円形断面棒の $x_0 = 0$ に P_y なるせん断力が作用する場合のせん断曲げ問題を解き，せん断応力 τ_{yz}, τ_{zx} を求めよ[4]。

【解答】　断面の境界が次式を満たす場合，$\phi_b = 0$ となる。

$$\frac{P_x}{2I_y}x^2 + g(y) = 0, \quad \frac{P_y}{2I_x}y^2 + f(x) = 0 \tag{10.38}$$

先ほどと同様に $P_x = 0$ と楕円形状を考慮すると

$$g(y) = 0 \tag{10.39}$$

$$f(x) = -\frac{P_y b^2}{2I_x}\left(1 - \frac{x^2}{a^2}\right) \tag{10.40}$$

となる。これを式 (10.24) に代入すると

$$\Delta\phi_b = -\frac{\nu}{1+\nu}\cdot\frac{P_y}{I_x}x - \frac{P_y b^2}{2I_x}\cdot\frac{2x}{a^2}$$

$$= \left(-\frac{\nu}{1+\nu} - \frac{b^2}{a^2}\right)\cdot\frac{P_y}{I_x}x \tag{10.41}$$

となる。断面の境界における境界条件を満たす ϕ_b を求めるために，定数 C を用いてつぎのようにおく。

$$\phi_b = Cx\left(\frac{x^2}{a^2} + \frac{y^2}{b^2} - 1\right) \tag{10.42}$$

式 (10.41) に代入すると

$$2C\left(\frac{3}{a^2}+\frac{1}{b^2}\right)x = \left(-\frac{\nu}{1+\nu}-\frac{b^2}{a^2}\right)\cdot\frac{P_y}{I_x}x$$

$$\Leftrightarrow C = \frac{-\nu a^2 b^2 - b^4(1+\nu)}{2(1+\nu)(3b^2+a^2)}\frac{P_y}{I_x} \tag{10.43}$$

よって

$$\phi_b = -\frac{P_y}{I_x}\cdot\frac{b^2\{b^2(1+\nu)+\nu a^2\}}{2(1+\nu)(3b^2+a^2)}\left(\frac{x^3}{a^2}+\frac{xy^2}{b^2}-x\right) \tag{10.44}$$

ここで I_x について求めておく。

$$I_x = \iint y^2 dxdy = \int_0^{2\pi}\int_0^1 b^2r^2\sin^2\theta\cdot abrdrd\theta \tag{10.45}$$

$$(\because\quad x = ar\cos\theta,\ y = br\sin\theta\ と座標変換)$$

$$I_x = ab^3\int_0^{2\pi}\int_0^1 r^3\sin^2\theta drd\theta = \frac{\pi ab^3}{4} \tag{10.46}$$

式 (10.27) の 2 式目に式 (10.40)，式 (10.44)，式 (10.46) を代入すると，断面積 $A = \pi ab$ を用いて

$$\tau_{yz} = -\frac{\partial\phi_b}{\partial x}-\frac{P_y}{2I_x}y^2 - f(x)$$

$$= \frac{P_y}{A}\cdot\frac{2\{2(1+\nu)b^2+a^2\}}{(1+\nu)(3b^2+a^2)}\left[1-\frac{y^2}{b^2}-\frac{(1-2\nu)x^2}{2(1+\nu)b^2+a^2}\right] \tag{10.47}$$

となる。式 (10.27) の 1 式目に式 (10.39)，式 (10.44)，$P_x = 0$ を代入すると

$$\tau_{zx} = \frac{\partial\phi_b}{\partial y}$$

$$= -\frac{4\{b^2(1+\nu)+\nu a^2\}}{(1+\nu)(3b^2+a^2)}\cdot\frac{P_y}{A}\cdot\frac{xy}{b^2} \tag{10.48}$$

が得られる。

11 ‖ 平 板 の 曲 げ

　平板の曲げは3次元的な問題を2次元的に解析する代表的な問題である。このため，合力や合モーメントといった特有の考え方が導入される。ここでは基礎式とその解法[4] を説明する。

11.1　基　　礎　　式

　平板は3次元物体であるが，板厚方向に積分をとって，2次元へと次元を落とすことができる。まずは平板の解析に特有な定義から説明しよう。単位長さ当りの応力を板厚方向に加え合わせたものを合力という。$\sigma_z = 0$という仮定から，板厚をhとすると，つぎのように定義される[6]。

$$T_x \equiv \int_{-h/2}^{h/2} \sigma_x dz, \quad T_y \equiv \int_{-h/2}^{h/2} \sigma_y dz, \quad S_{xy} = S_{yx} = \int_{-h/2}^{h/2} \tau_{xy} dz,$$

$$Q_x = \int_{-h/2}^{h/2} \tau_{xz} dz, \quad Q_y = \int_{-h/2}^{h/2} \tau_{yz} dz \tag{11.1}$$

また，板厚方向にモーメントを考えたものを合モーメントという[6]。

$$M_x = \int_{-h/2}^{h/2} \sigma_x z dz, \quad M_y = \int_{-h/2}^{h/2} \sigma_y z dz,$$

$$M_{xy} = M_{yx} = \int_{-h/2}^{h/2} \tau_{xy} z dz \tag{11.2}$$

　図 11.1 から微小要素のつり合いを考える。右図の2重矢印では右ねじの向きを正方向とする。ここで，中央面（平板表面の間の中央を通る面のこと）の

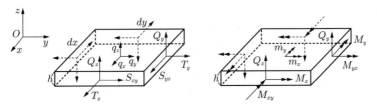

図 11.1 平板の曲げ

単位面積当りに作用している力 (q_x, q_y, q_z), モーメント (m_x, m_y) を用いると, つぎのようになる。

$(x\,方向)$　$\dfrac{\partial}{\partial x}(T_x dy)dx + \dfrac{\partial}{\partial y}(S_{yx}dx)dy + q_x dxdy = 0$

$\quad \rightarrow \quad \dfrac{\partial T_x}{\partial x} + \dfrac{\partial S_{yx}}{\partial y} + q_x = 0$ \hfill (11.3)

$(y\,方向)$　$\dfrac{\partial}{\partial x}(S_{xy} dy)dx + \dfrac{\partial}{\partial y}(T_y dx)dy + q_y dxdy = 0$

$\quad \rightarrow \quad \dfrac{\partial S_{xy}}{\partial x} + \dfrac{\partial T_y}{\partial y} + q_y = 0$ \hfill (11.4)

$(z\,方向)$　$\dfrac{\partial}{\partial x}(Q_x dy)dx + \dfrac{\partial}{\partial y}(Q_y dx)dy + q_z dxdy = 0$

$\quad \rightarrow \quad \dfrac{\partial Q_x}{\partial x} + \dfrac{\partial Q_y}{\partial y} + q_z = 0$ \hfill (11.5)

<u>y 軸まわりのモーメント</u>

$\dfrac{\partial}{\partial x}(M_x dy)dx + \dfrac{\partial}{\partial y}(M_{yx}dx)dy - (Q_x dy)dx + m_x dxdy = 0$

$\quad \rightarrow \quad \dfrac{\partial M_x}{\partial x} + \dfrac{\partial M_{yx}}{\partial y} - Q_x + m_x = 0$ \hfill (11.6)

<u>x 軸まわりのモーメント</u>

$\dfrac{\partial}{\partial x}(M_{xy} dy)dx + \dfrac{\partial}{\partial y}(M_y dx)dy - (Q_y dx)dy + m_y dxdy = 0$

$\quad \rightarrow \quad \dfrac{\partial M_{xy}}{\partial x} + \dfrac{\partial M_y}{\partial y} - Q_y + m_y = 0$ \hfill (11.7)

変形については，つぎのキルヒホッフの仮定を導入してみよう。

$$u(x,\ y,\ z) = u_0(x,\ y) - z\frac{\partial w(x,\ y)}{\partial x} \tag{11.8}$$

$$v(x,\ y,\ z) = v_0(x,\ y) - z\frac{\partial w(x,\ y)}{\partial y} \tag{11.9}$$

すると，ひずみは問題 4.1 よりつぎのように書くことができる。

$$\varepsilon_x = \frac{\partial u_0}{\partial x} - z\frac{\partial^2 w}{\partial x^2} \tag{11.10}$$

$$\varepsilon_y = \frac{\partial v_0}{\partial y} - z\frac{\partial^2 w}{\partial y^2} \tag{11.11}$$

$$\gamma_{xy} = \left(\frac{\partial u_0}{\partial y} + \frac{\partial v_0}{\partial x}\right) - 2z\frac{\partial^2 w}{\partial x\partial y} \tag{11.12}$$

応力は平面応力におけるフックの法則に上式を代入し，つぎのように書ける。

$$\begin{aligned}\sigma_x &= \frac{E}{1-\nu^2}(\varepsilon_x + \nu\varepsilon_y) \\ &= \frac{E}{1-\nu^2}\left(\frac{\partial u_0}{\partial x} + \nu\frac{\partial v_0}{\partial y}\right) - \frac{Ez}{1-\nu^2}\left(\frac{\partial^2 w}{\partial x^2} + \nu\frac{\partial^2 w}{\partial y^2}\right)\end{aligned} \tag{11.13}$$

$$\begin{aligned}\sigma_y &= \frac{E}{1-\nu^2}(\varepsilon_y + \nu\varepsilon_x) \\ &= \frac{E}{1-\nu^2}\left(\frac{\partial v_0}{\partial y} + \nu\frac{\partial u_0}{\partial x}\right) - \frac{Ez}{1-\nu^2}\left(\frac{\partial^2 w}{\partial y^2} + \nu\frac{\partial^2 w}{\partial x^2}\right)\end{aligned} \tag{11.14}$$

$$\begin{aligned}\tau_{xy} &= G\gamma_{xy} \\ &= G\left(\frac{\partial u_0}{\partial y} + \frac{\partial v_0}{\partial x}\right) - 2Gz\frac{\partial^2 w}{\partial x\partial y}\end{aligned} \tag{11.15}$$

また，このとき合力と合モーメントは

$$T_x = \frac{Eh}{1-\nu^2}\left(\frac{\partial u_0}{\partial x} + \nu\frac{\partial v_0}{\partial y}\right) \tag{11.16}$$

$$T_y = \frac{Eh}{1-\nu^2}\left(\frac{\partial v_0}{\partial y} + \nu\frac{\partial u_0}{\partial x}\right) \tag{11.17}$$

$$S_{xy} = Gh\left(\frac{\partial u_0}{\partial y} + \frac{\partial v_0}{\partial x}\right) \tag{11.18}$$

$$M_x = -D\left(\frac{\partial^2 w}{\partial x^2} + \nu\frac{\partial^2 w}{\partial y^2}\right) \tag{11.19}$$

$$M_y = -D\left(\frac{\partial^2 w}{\partial y^2} + \nu\frac{\partial^2 w}{\partial x^2}\right) \tag{11.20}$$

$$M_{xy} = -D(1-\nu)\frac{\partial^2 w}{\partial x\partial y} \tag{11.21}$$

ここで，$D = \dfrac{Eh^3}{12(1-\nu^2)}$ とした。この D を曲げ剛性という。すると，面内と面外（曲げ）の二つの問題に大別できる[4]。

面内（荷重）問題

$$\frac{\partial T_x}{\partial x} + \frac{\partial S_{yx}}{\partial y} + q_x = 0 \tag{11.3}$$

$$\frac{\partial S_{xy}}{\partial x} + \frac{\partial T_y}{\partial y} + q_y = 0 \tag{11.4}$$

$$T_x = \frac{Eh}{1-\nu^2}\left(\frac{\partial u_0}{\partial x} + \nu\frac{\partial v_0}{\partial y}\right) \tag{11.16}$$

$$T_y = \frac{Eh}{1-\nu^2}\left(\frac{\partial v_0}{\partial y} + \nu\frac{\partial u_0}{\partial x}\right) \tag{11.17}$$

$$S_{xy} = Gh\left(\frac{\partial u_0}{\partial y} + \frac{\partial v_0}{\partial x}\right) \tag{11.18}$$

方程式は五つ，未知量は五つ（T_x, T_y, S_{xy}, u_0, v_0）である。

板の曲げの問題

$$\frac{\partial Q_x}{\partial x} + \frac{\partial Q_y}{\partial y} + q_z = 0 \tag{11.5}$$

$$\frac{\partial M_x}{\partial x} + \frac{\partial M_{yx}}{\partial y} - Q_x + m_x = 0 \tag{11.6}$$

$$\frac{\partial M_{xy}}{\partial y} + \frac{\partial M_y}{\partial y} - Q_y + m_y = 0 \tag{11.7}$$

$$M_x = -D\left(\frac{\partial^2 w}{\partial x^2} + \nu\frac{\partial^2 w}{\partial y^2}\right) \tag{11.19}$$

$$M_y = -D \left(\frac{\partial^2 w}{\partial y^2} + \nu \frac{\partial^2 w}{\partial x^2} \right) \tag{11.20}$$

$$M_{xy} = -D(1 - \nu) \frac{\partial^2 w}{\partial x \partial y} \tag{11.21}$$

方程式は六つ，未知量は六つ（M_x, M_y, M_{xy}, Q_x, Q_y, w）である。

さて，$m_x = m_y = 0$ のとき，式 (11.19)，式 (11.21) を式 (11.6) に，式 (11.20)，式 (11.21) を式 (11.7) に代入すると

$$Q_x = -D \left(\frac{\partial^3 w}{\partial x^3} + \frac{\partial^3 w}{\partial x \partial y^2} \right) \tag{11.22}$$

$$Q_y = -D \left(\frac{\partial^3 w}{\partial y^3} + \frac{\partial^3 w}{\partial x^2 \partial y} \right) \tag{11.23}$$

が得られる。これを式 (11.5) に代入すると

$$D \left(\frac{\partial^4 w}{\partial x^4} + 2 \frac{\partial^4 w}{\partial x^2 \partial y^2} + \frac{\partial^4 w}{\partial y^4} \right) = q_z \tag{11.24}$$

が得られる。これを板の曲げの微分方程式，たわみの方程式という[4]。つまり平板の曲げの基礎式となる。境界条件については

面内問題

変位境界条件：$u_0 = \bar{u}_0$, $\quad v_0 = \bar{v}_0$ $\tag{11.25}$

力学的境界条件：$T_x = \bar{T}_x$, $\quad T_y = \bar{T}_y$, $\quad S_{xy} = \bar{S}_{xy}$ $\tag{11.26}$

曲げ問題

変位境界条件：$w_0 = \bar{w}_0$, $\quad \dfrac{\partial w}{\partial x} = \left(\overline{\dfrac{\partial w}{\partial x}} \right)$, $\quad \dfrac{\partial w}{\partial y} = \left(\overline{\dfrac{\partial w}{\partial y}} \right)$ $\tag{11.27}$

力学的境界条件：$M_x = \bar{M}_x$, $\quad M_y = \bar{M}_y$ $\tag{11.28}$

$$F_x = Q_x + \frac{\partial M_{xy}}{\partial y} = \bar{F}_x, \quad F_y = Q_y + \frac{\partial M_{xy}}{\partial x} = \bar{F}_y \tag{11.29}$$

として与えられる[†]。特に式 (11.29) をキルヒホッフの境界条件[4]という。下記

---

† 文字の上の棒は既知量であることを示す。

には良く現れる境界条件を挙げておく。

$$\text{固定端}: w = 0, \quad \frac{\partial w}{\partial x} = 0, \quad \frac{\partial w}{\partial y} = 0 \tag{11.30}$$

$$\text{単純支持}: w = 0, \quad \frac{\partial^2 w}{\partial x^2} + \nu \frac{\partial^2 w}{\partial y^2} = 0, \quad \frac{\partial^2 w}{\partial y^2} + \nu \frac{\partial^2 w}{\partial x^2} = 0 \tag{11.31}$$

$$\text{自由端}: M_x = M_y = 0, \quad \frac{\partial^3 w}{\partial x^3} + (2 - \nu)\frac{\partial^3 w}{\partial x \partial y^2} = 0,$$

$$\frac{\partial^3 w}{\partial y^3} + (2 - \nu)\frac{\partial^3 w}{\partial x^2 \partial y} = 0 \tag{11.32}$$

式 (11.31) の 2 式目と 3 式目は $M_x = M_y = 0$ から，式 (11.32) の 2 式目と 3 式目は $F_x = F_y = 0$ から得られる。

11.2　面外負荷 $q_z = P \sin(\pi x/a) \sin(\pi y/b)$ を受ける四辺単純支持長方形板

式 (11.24) に $q_z = P \sin(\pi x/a) \sin(\pi y/b)$ を代入する。

$$D\left(\frac{\partial^4 w}{\partial x^4} + 2\frac{\partial^4 w}{\partial x^2 \partial y^2} + \frac{\partial^4 w}{\partial y^4}\right) = P \sin\left(\frac{\pi x}{a}\right) \sin\left(\frac{\pi y}{b}\right) \tag{11.33}$$

単純支持のため式 (11.31) より

$$\begin{cases} x = 0, \, a\,;\, w(y) = 0, \; M_x \equiv -D\left(\frac{\partial^2 w}{\partial x^2} + \nu \frac{\partial^2 w}{\partial y^2}\right) = 0 \;\rightarrow\; \frac{\partial^2 w}{\partial x^2} = 0 \\[3mm] y = 0, \, b\,;\, w(x) = 0, \; M_y \equiv -D\left(\frac{\partial^2 w}{\partial y^2} + \nu \frac{\partial^2 w}{\partial x^2}\right) = 0 \;\rightarrow\; \frac{\partial^2 w}{\partial y^2} = 0 \end{cases}$$
$$\tag{11.34}^\dagger$$

ここで，C を定数として

$$w = C \sin\left(\frac{\pi x}{a}\right) \sin\left(\frac{\pi y}{b}\right) \tag{11.35}$$

とすると，式 (11.34) の境界条件を満たしている。式 (11.35) を式 (11.33) に代

---

† $x = 0, \, a$ で $w(y) = 0$ とすると，$\dfrac{\partial^2 w(y)}{\partial y^2} = 0$。よって $\dfrac{\partial^2 w}{\partial x^2} = 0$ となる。$\dfrac{\partial^2 w}{\partial y^2} = 0$ も同様。

入すると

$$C = \frac{P}{\pi^4 D \left(\dfrac{1}{a^2} + \dfrac{1}{b^2} \right)^2} \tag{11.36}$$

となる。最大たわみは板の中心 $(x = a/2,\ y = b/2)$ で次式となる。

$$w_{\max} = \frac{P}{\pi^4 D \left(\dfrac{1}{a^2} + \dfrac{1}{b^2} \right)^2} \tag{11.37}$$

11.3　四辺単純支持長方形板のたわみ（フーリエ級数表示）

$x = 0,\ a$ と $y = 0,\ b$ で単純支持されており，荷重分布が

$$q_z = P_{mn} \sin\left(\frac{m\pi x}{a}\right) \sin\left(\frac{n\pi y}{b}\right) \tag{11.38}$$

で与えられるとき，たわみは

$$w = \frac{P_{mn}}{\pi^4 D \left\{ \left(\dfrac{m}{a}\right)^2 + \left(\dfrac{n}{b}\right)^2 \right\}^2} \sin\left(\frac{m\pi x}{a}\right) \sin\left(\frac{n\pi y}{b}\right) \tag{11.39}$$

と書ける。そこで，荷重分布を 2 重フーリエ級数に展開する。

$$q_z(x,\ y) = \sum_{m=1}^{\infty} \sum_{n=1}^{\infty} P_{mn} \sin\left(\frac{m\pi x}{a}\right) \sin\left(\frac{n\pi y}{b}\right) \tag{11.40}$$

このとき，たわみ解は重ね合わせにより，つぎのように得られる。

$$w = \frac{1}{\pi^4 D} \sum_{m=1}^{\infty} \sum_{n=1}^{\infty} \frac{P_{mn}}{\left\{ \left(\dfrac{m}{a}\right)^2 + \left(\dfrac{n}{b}\right)^2 \right\}^2} \sin\left(\frac{m\pi x}{a}\right) \sin\left(\frac{n\pi y}{b}\right) \tag{11.41}$$

展開級数 (1.45) より

$$P_{mn} = \frac{4}{ab} \int_0^a \int_0^b q_z(x,\ y) \sin\left(\frac{m\pi x}{a}\right) \sin\left(\frac{n\pi y}{b}\right) dy dx \tag{11.42}$$

として与えられる。

一様分布荷重 $q_z = P_0$

$$P_{mn} = \frac{4P_0}{ab} \int_0^a \int_0^b \sin\left(\frac{m\pi x}{a}\right) \sin\left(\frac{n\pi y}{b}\right) dy dx$$

$$= \begin{cases} \dfrac{16P_0}{\pi^2 mn} & (m,\ n : \text{ともに奇数}) \\ 0 & (m,\ n : \text{どちらか奇数でない}) \end{cases} \tag{11.43}$$

集中荷重 $(x = \xi,\ y = \eta)$

$$q_z = \frac{P}{4\varepsilon_1 \varepsilon_2} \quad (-\varepsilon_1 < x < \varepsilon_1,\ -\varepsilon_2 < y < \varepsilon_2)$$

なる一様分布荷重として，式 (11.43) を用いると

$$P_{mn} = \lim_{\substack{\varepsilon_1 \to 0 \\ \varepsilon_2 \to 0}} \frac{P}{ab\varepsilon_1 \varepsilon_2} \int_{\xi - \varepsilon_1}^{\xi + \varepsilon_1} \int_{\eta - \varepsilon_2}^{\eta + \varepsilon_2} \sin\left(\frac{m\pi x}{a}\right) \sin\left(\frac{n\pi y}{b}\right) dy dx$$

$$\cong \frac{4P}{ab} \sin\left(\frac{m\pi \xi}{a}\right) \sin\left(\frac{n\pi \eta}{b}\right) \tag{11.44}$$

が得られる。

12 異方性体の弾性論

多くの材料においては，方向に応じて異なる物性を有しており，等方的であることのほうがむしろ少ない。また，複合材料などに見られるように，積極的に異方性を作り出し，所望の物性を得ようとするケースもある。ここではそのようなときの解析法[4),6)] について述べる。

12.1 直交異方性体

直交異方性体は図 **12.1** に示すような 1，2，3 軸のそれぞれに異なる物性を持つ。このとき，三つの基礎式（変位–ひずみ，つり合い，ひずみ–応力）のうち，ひずみ–応力関係だけ異なる。E や G は軸の方向に応じてそれぞれに異なるものを用いる必要がある。そこでつぎのように仮定しよう。

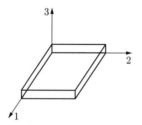

図 **12.1**　直交異方性体

ひずみ–応力関係式

$$\varepsilon_{11} = \frac{\sigma_{11}}{E_{11}} - \nu_{21}\frac{\sigma_{22}}{E_{22}} - \nu_{31}\frac{\sigma_{33}}{E_{33}}, \quad \varepsilon_{22} = -\nu_{12}\frac{\sigma_{11}}{E_{11}} + \frac{\sigma_{22}}{E_{22}} - \nu_{32}\frac{\sigma_{33}}{E_{33}},$$

$$\varepsilon_{33} = -\nu_{13}\frac{\sigma_{11}}{E_{11}} - \nu_{23}\frac{\sigma_{22}}{E_{22}} + \frac{\sigma_{33}}{E_{33}},$$

$$\gamma_{23} = \frac{\tau_{23}}{G_{23}}, \quad \gamma_{31} = \frac{\tau_{31}}{G_{31}}, \quad \gamma_{12} = \frac{\tau_{12}}{G_{12}} \tag{12.1}$$

ただし，ν_{ij} は i 方向に引張を加えた際の i 方向の垂直ひずみに対する j 方向の垂直ひずみの比であり，ポアソン比と考えれば良い[6]。

式 (12.1) を行列に表すと（この 6 行 6 列の行列をコンプライアンス行列という）

$$\begin{bmatrix} \varepsilon_{11} \\ \varepsilon_{22} \\ \varepsilon_{33} \\ \gamma_{23} \\ \gamma_{31} \\ \gamma_{12} \end{bmatrix} = \begin{bmatrix} 1/E_{11} & -\nu_{12}/E_{11} & -\nu_{13}/E_{11} & 0 & 0 & 0 \\ -\nu_{12}/E_{11} & 1/E_{22} & -\nu_{23}/E_{22} & 0 & 0 & 0 \\ -\nu_{13}/E_{11} & -\nu_{23}/E_{22} & 1/E_{33} & 0 & 0 & 0 \\ 0 & 0 & 0 & 1/G_{23} & 0 & 0 \\ 0 & 0 & 0 & 0 & 1/G_{31} & 0 \\ 0 & 0 & 0 & 0 & 0 & 1/G_{12} \end{bmatrix} \begin{bmatrix} \sigma_{11} \\ \sigma_{22} \\ \sigma_{33} \\ \tau_{23} \\ \tau_{31} \\ \tau_{12} \end{bmatrix} \tag{12.2}$$

ここで，式 (12.2) の対称性を満たすべく

$$\frac{\nu_{21}}{E_{22}} = \frac{\nu_{12}}{E_{11}}, \quad \frac{\nu_{23}}{E_{22}} = \frac{\nu_{32}}{E_{33}}, \quad \frac{\nu_{31}}{E_{33}} = \frac{\nu_{13}}{E_{11}} \tag{12.3}$$

ということを用いている。式 (12.2) の逆関係はつぎのようにして求められる[6]。

$$\begin{bmatrix} \sigma_{11} \\ \sigma_{22} \\ \sigma_{33} \\ \tau_{23} \\ \tau_{31} \\ \tau_{12} \end{bmatrix} = \begin{bmatrix} \bar{D}_{11} & \bar{D}_{12} & \bar{D}_{13} & 0 & 0 & 0 \\ \bar{D}_{12} & \bar{D}_{22} & \bar{D}_{23} & 0 & 0 & 0 \\ \bar{D}_{13} & \bar{D}_{23} & \bar{D}_{33} & 0 & 0 & 0 \\ 0 & 0 & 0 & \bar{D}_{44} & 0 & 0 \\ 0 & 0 & 0 & 0 & \bar{D}_{55} & 0 \\ 0 & 0 & 0 & 0 & 0 & \bar{D}_{66} \end{bmatrix} \begin{bmatrix} \varepsilon_{11} \\ \varepsilon_{22} \\ \varepsilon_{33} \\ \gamma_{23} \\ \gamma_{31} \\ \gamma_{12} \end{bmatrix} \tag{12.4}$$

ここで，行列の各成分はつぎのように与えられる。

$$\bar{D}_{11} = \frac{1}{E_{22}E_{33}\Delta}(1 - \nu_{23}\nu_{32}), \quad \bar{D}_{12} = \frac{1}{E_{11}E_{33}\Delta}(\nu_{12} + \nu_{13}\nu_{32}),$$

$$\bar{D}_{13} = \frac{1}{E_{22}E_{33}\Delta}(\nu_{31} + \nu_{21}\nu_{32}), \quad \bar{D}_{22} = \frac{1}{E_{11}E_{33}\Delta}(1 - \nu_{31}\nu_{13}),$$

$$\bar{D}_{23} = \frac{1}{E_{11}E_{22}\Delta}(\nu_{23} + \nu_{21}\nu_{13}), \quad \bar{D}_{33} = \frac{1}{E_{11}E_{22}\Delta}(1 - \nu_{21}\nu_{12}),$$

$$\bar{D}_{44} = G_{23}, \quad \bar{D}_{55} = G_{31}, \quad \bar{D}_{66} = G_{12},$$

$$\Delta = \frac{1}{E_{11}E_{22}E_{33}}(1 - \nu_{21}\nu_{12} - \nu_{23}\nu_{32} - \nu_{31}\nu_{13} - 2\nu_{12}\nu_{23}\nu_{31})$$

$$\tag{12.5}$$

12.2　横 等 方 性 体

$E_{22} = E_{33}$, $G_{12} = G_{13}$, $\nu_{23} = \nu_{32}$, $\nu_{13} = \nu_{12}$, $\nu_{31} = \nu_{21}$ のような状況を考える。これは図 **12.2** のような一方向繊維強化複合材のケースに対応する。2-3 面においては面内等方となるため横等方性体と呼ばれ，この面内のせん断剛性は

$$G_{23} = \frac{E_{22}}{2(1 + \nu_{23})} \tag{12.6}$$

と書ける。これらを考慮に入れると，式 (12.2) はつぎのようになる。

$$
\begin{bmatrix}
\varepsilon_{11} \\
\varepsilon_{22} \\
\varepsilon_{33} \\
\gamma_{23} \\
\gamma_{31} \\
\gamma_{12}
\end{bmatrix}
=
\begin{bmatrix}
1/E_{11} & -\nu_{12}/E_{11} & -\nu_{12}/E_{11} & 0 & 0 & 0 \\
-\nu_{12}/E_{11} & 1/E_{22} & -\nu_{23}/E_{22} & 0 & 0 & 0 \\
-\nu_{12}/E_{11} & -\nu_{23}/E_{22} & 1/E_{22} & 0 & 0 & 0 \\
0 & 0 & 0 & 2(1+\nu_{23})/E_{22} & 0 & 0 \\
0 & 0 & 0 & 0 & 1/G_{12} & 0 \\
0 & 0 & 0 & 0 & 0 & 1/G_{12}
\end{bmatrix}
\begin{bmatrix}
\sigma_{11} \\
\sigma_{22} \\
\sigma_{33} \\
\tau_{23} \\
\tau_{31} \\
\tau_{12}
\end{bmatrix}
$$

$$\tag{12.7}$$

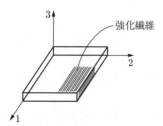

図 **12.2**　横等方性体

式 (12.7) の逆関係は，つぎのように書ける[6]。

$$
\begin{bmatrix} \sigma_{11} \\ \sigma_{22} \\ \sigma_{33} \\ \tau_{23} \\ \tau_{31} \\ \tau_{12} \end{bmatrix} = \begin{bmatrix} \bar{D}_{11} & \bar{D}_{12} & \bar{D}_{13} & 0 & 0 & 0 \\ \bar{D}_{12} & \bar{D}_{22} & \bar{D}_{23} & 0 & 0 & 0 \\ \bar{D}_{13} & \bar{D}_{23} & \bar{D}_{33} & 0 & 0 & 0 \\ 0 & 0 & 0 & \bar{D}_{44} & 0 & 0 \\ 0 & 0 & 0 & 0 & \bar{D}_{55} & 0 \\ 0 & 0 & 0 & 0 & 0 & \bar{D}_{66} \end{bmatrix} \begin{bmatrix} \varepsilon_{11} \\ \varepsilon_{22} \\ \varepsilon_{33} \\ \gamma_{23} \\ \gamma_{31} \\ \gamma_{12} \end{bmatrix}
\tag{12.8}
$$

ここで，行列の各成分は

$$
\bar{D}_{11} = \frac{1}{(E_{22})^2 \Delta}(1 - \nu_{23}^2), \quad \bar{D}_{22} = \bar{D}_{33} = \frac{1}{E_{11}E_{22}\Delta}(1 - \nu_{12}\nu_{21}),
$$
$$
\bar{D}_{12} = \bar{D}_{13} = \frac{1}{E_{11}E_{22}\Delta}(\nu_{12} + \nu_{12}\nu_{23}),
$$
$$
\bar{D}_{23} = \frac{1}{E_{11}E_{22}\Delta}(\nu_{23} + \nu_{12}\nu_{21}), \quad \bar{D}_{44} = \frac{E_{22}}{2(1 + \nu_{23})},
$$
$$
\bar{D}_{55} = \bar{D}_{66} = G_{12}, \quad \Delta = \frac{1}{E_{11}E_{22}^2}(1 - 2\nu_{12}\nu_{21} - \nu_{23}^2 - 2\nu_{12}\nu_{23}\nu_{21})
$$
$$
\tag{12.9}
$$

これらの問題は，2 次元にして扱われることも多い。その場合，具体的にはつぎのようにして考えれば良い。

<u>平面応力</u>

$\sigma_{33} = \tau_{23} = \tau_{31} = 0$, $\gamma_{23} = \gamma_{31} = 0$ を式 (12.7) に代入すると

$$
\begin{bmatrix} \varepsilon_{11} \\ \varepsilon_{22} \\ \gamma_{12} \end{bmatrix} = \begin{bmatrix} \bar{C}_{11} & \bar{C}_{12} & 0 \\ \bar{C}_{12} & \bar{C}_{22} & 0 \\ 0 & 0 & \bar{C}_{66} \end{bmatrix} \begin{bmatrix} \sigma_{11} \\ \sigma_{22} \\ \tau_{12} \end{bmatrix}
\tag{12.10}
$$

$$
\bar{C}_{11} = \frac{1}{E_{11}}, \quad \bar{C}_{12} = -\frac{\nu_{12}}{E_{11}}, \quad \bar{C}_{22} = \frac{1}{E_{22}}, \quad \bar{C}_{66} = \frac{1}{G_{12}}
\tag{12.11}
$$

このとき，ε_{33} はつぎのように与えられる。

$$
\varepsilon_{33} = -\frac{\nu_{12}}{E_{11}}\sigma_{11} - \frac{\nu_{23}}{E_{22}}\sigma_{22}
\tag{12.12}
$$

式 (12.10) の逆はつぎのようにして与えられる。

$$
\begin{bmatrix} \sigma_{11} \\ \sigma_{22} \\ \tau_{12} \end{bmatrix} = \begin{bmatrix} \bar{D}_{11} & \bar{D}_{12} & 0 \\ \bar{D}_{12} & \bar{D}_{22} & 0 \\ 0 & 0 & \bar{D}_{66} \end{bmatrix} \begin{bmatrix} \varepsilon_{11} \\ \varepsilon_{22} \\ \gamma_{12} \end{bmatrix} \tag{12.13}
$$

$$
\bar{D}_{11} = \frac{E_{11}}{1 - \nu_{12}\nu_{21}}, \quad \bar{D}_{12} = \frac{\nu_{12}E_{22}}{1 - \nu_{12}\nu_{21}}, \quad \bar{D}_{22} = \frac{E_{22}}{1 - \nu_{12}\nu_{21}},
$$
$$
\bar{D}_{66} = G_{12} \tag{12.14}
$$

平面ひずみ

$\varepsilon_{33} = \gamma_{23} = \gamma_{31} = 0$ であり，$\gamma_{23} = \gamma_{31} = 0$ と式 (12.1) より $\tau_{23} = \tau_{31} = 0$ となる。また，$\varepsilon_{33} = 0$ より

$$
\varepsilon_{33} = -\frac{1}{E_{22}}\sigma_{33} - \frac{\nu_{12}}{E_{11}}\sigma_{11} - \frac{\nu_{23}}{E_{22}}\sigma_{22} = 0 \tag{12.15}
$$

$$
\Leftrightarrow \ \sigma_{33} = \nu_{21}\sigma_{11} + \nu_{23}\sigma_{22} \tag{12.16}
$$

これを利用し，式 (12.7) に代入すると

$$
\begin{aligned}
\varepsilon_{11} &= \frac{1}{E_{11}}\sigma_{11} - \frac{\nu_{12}}{E_{11}}\sigma_{22} - \frac{\nu_{12}}{E_{11}}(\nu_{21}\sigma_{11} + \nu_{23}\sigma_{22}) \\
&= \frac{1 - \nu_{12}\nu_{21}}{E_{11}}\sigma_{11} - \frac{\nu_{12} + \nu_{12}\nu_{23}}{E_{11}}\sigma_{22}
\end{aligned} \tag{12.17}
$$

$$
\begin{aligned}
\varepsilon_{22} &= -\frac{\nu_{12}}{E_{11}}\sigma_{11} + \frac{1}{E_{22}}\sigma_{22} - \frac{\nu_{23}}{E_{22}}(\nu_{21}\sigma_{11} + \nu_{23}\sigma_{22}) \\
&= -\frac{\nu_{12} + \nu_{12}\nu_{23}}{E_{11}}\sigma_{11} + \frac{1 - \nu_{23}\nu_{23}}{E_{22}}\sigma_{22}
\end{aligned} \tag{12.18}
$$

を得る。よって

$$
\begin{bmatrix} \varepsilon_{11} \\ \varepsilon_{22} \\ \gamma_{12} \end{bmatrix} = \begin{bmatrix} \bar{C}_{11} & \bar{C}_{12} & 0 \\ \bar{C}_{12} & \bar{C}_{22} & 0 \\ 0 & 0 & \bar{C}_{66} \end{bmatrix} \begin{bmatrix} \sigma_{11} \\ \sigma_{22} \\ \tau_{12} \end{bmatrix} \tag{12.19}
$$

$$\bar{C}_{11} = \frac{1 - \nu_{12}\nu_{21}}{E_{11}}, \quad \bar{C}_{22} = \frac{1 - \nu_{23}^2}{E_{22}}, \quad \bar{C}_{12} = -\frac{\nu_{12} + \nu_{12}\nu_{23}}{E_{11}},$$

$$\bar{C}_{66} = \frac{1}{G_{12}} \tag{12.20}$$

と書ける。また，式 (12.19) の逆はつぎのように与えられる。

$$\begin{bmatrix} \sigma_{11} \\ \sigma_{22} \\ \tau_{12} \end{bmatrix} = \begin{bmatrix} \bar{D}_{11} & \bar{D}_{12} & 0 \\ \bar{D}_{12} & \bar{D}_{22} & 0 \\ 0 & 0 & \bar{D}_{66} \end{bmatrix} \begin{bmatrix} \varepsilon_{11} \\ \varepsilon_{22} \\ \gamma_{12} \end{bmatrix} \tag{12.21}$$

$$\bar{D}_{11} = \frac{E_{11}(1 - \nu_{23}^2)}{1 - \nu_{23}^2 - 2\nu_{12}\nu_{21} - 2\nu_{12}\nu_{21}\nu_{23}} \tag{12.22}$$

$$\bar{D}_{22} = \frac{E_{22}(1 - \nu_{12}\nu_{21})}{1 - \nu_{23}^2 - 2\nu_{12}\nu_{21} - 2\nu_{12}\nu_{21}\nu_{23}} \tag{12.23}$$

$$\bar{D}_{12} = \frac{E_{22}(\nu_{12} + \nu_{12}\nu_{23})}{1 - \nu_{23}^2 - 2\nu_{12}\nu_{21} - 2\nu_{12}\nu_{21}\nu_{23}} \tag{12.24}$$

$$\bar{D}_{66} = G_{12} \tag{12.25}$$

つぎに図 **12.3** において平面問題における 1, 2 を軸に持つ O–12 座標と xy を軸に持つ O–xy 座標間における座標変換を考える。

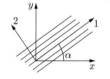

図 **12.3**　座 標 変 換[6)]

• O–12 座標

$$\bar{\boldsymbol{\sigma}} = \begin{bmatrix} \sigma_{11} \\ \sigma_{22} \\ \tau_{12} \end{bmatrix}, \quad \bar{\boldsymbol{\varepsilon}} = \begin{bmatrix} \varepsilon_{11} \\ \varepsilon_{22} \\ \gamma_{12} \end{bmatrix} \tag{12.26}$$

● O–xy 座標

$$\sigma = \begin{bmatrix} \sigma_x \\ \sigma_y \\ \tau_{xy} \end{bmatrix}, \quad \varepsilon = \begin{bmatrix} \varepsilon_x \\ \varepsilon_y \\ \gamma_{xy} \end{bmatrix} \tag{12.27}$$

このとき，座標変換はつぎのようにして与えられる[6]。

$$\left. \begin{array}{l} \sigma = T\bar{\sigma} \\[2mm] T = \begin{bmatrix} \cos^2\alpha & \sin^2\alpha & -2\sin\alpha\cos\alpha \\ \sin^2\alpha & \cos^2\alpha & 2\sin\alpha\cos\alpha \\ \sin\alpha\cos\alpha & -\sin\alpha\cos\alpha & \cos^2\alpha-\sin^2\alpha \end{bmatrix} \end{array} \right\} \tag{12.28}$$

$$\left. \begin{array}{l} \varepsilon = R\bar{\varepsilon} \\[2mm] R = \begin{bmatrix} \cos^2\alpha & \sin^2\alpha & -\sin\alpha\cos\alpha \\ \sin^2\alpha & \cos^2\alpha & \sin\alpha\cos\alpha \\ 2\sin\alpha\cos\alpha & -2\sin\alpha\cos\alpha & \cos^2\alpha-\sin^2\alpha \end{bmatrix} \end{array} \right\} \tag{12.29}$$

つまり，O–xy におけるひずみ–応力関係 $\varepsilon = C\sigma$ は，O–12 における $\bar{\varepsilon} = \bar{C}\bar{\sigma}$ から変換することにより得られる。

$$\varepsilon = R\bar{C}T^{-1}\sigma = C\sigma \iff C = R\bar{C}T^{-1} \tag{12.30}$$

$$\iff \begin{bmatrix} \varepsilon_x \\ \varepsilon_y \\ \gamma_{xy} \end{bmatrix} = \begin{bmatrix} C_{11} & C_{12} & C_{16} \\ C_{12} & C_{22} & C_{26} \\ C_{16} & C_{26} & C_{66} \end{bmatrix} \begin{bmatrix} \sigma_x \\ \sigma_y \\ \tau_{xy} \end{bmatrix} \tag{12.31}$$

$$\left.\begin{aligned}
C_{11} &= \bar{C}_{11}\cos^4\alpha + (2\bar{C}_{12} + \bar{C}_{66})\sin^2\alpha\cos^2\alpha + \bar{C}_{22}\sin^4\alpha \\
C_{12} &= (\bar{C}_{11} + \bar{C}_{22} - \bar{C}_{66})\sin^2\alpha\cos^2\alpha + \bar{C}_{12}(\sin^4\alpha + \cos^4\alpha) \\
C_{16} &= (2\bar{C}_{11} - 2\bar{C}_{12} - \bar{C}_{66})\sin\alpha\cos^3\alpha \\
&\quad - (2\bar{C}_{22} - 2\bar{C}_{12} - \bar{C}_{66})\sin^3\alpha\cos\alpha \\
C_{22} &= \bar{C}_{11}\sin^4\alpha + (2\bar{C}_{12} + \bar{C}_{66})\sin^2\alpha\cos^2\alpha + \bar{C}_{22}\cos^4\alpha \\
C_{26} &= (2\bar{C}_{11} - 2\bar{C}_{12} - \bar{C}_{66})\sin^3\alpha\cos\alpha \\
&\quad - (2\bar{C}_{22} - 2\bar{C}_{12} - \bar{C}_{66})\sin\alpha\cos^3\alpha \\
C_{66} &= 2(2\bar{C}_{11} + 2\bar{C}_{22} - 4\bar{C}_{12} - \bar{C}_{66})\sin^2\alpha\cos^2\alpha \\
&\quad + \bar{C}_{66}(\sin^4\alpha + \cos^4\alpha)
\end{aligned}\right\} \quad (12.32)$$

一方，O–xy における応力–ひずみ関係は，O–12 における $\bar{\boldsymbol{\sigma}} = \bar{\boldsymbol{D}}\bar{\boldsymbol{\varepsilon}}$ から変換することにより得られる。

$$\boldsymbol{\sigma} = \boldsymbol{T}\bar{\boldsymbol{D}}\boldsymbol{R}^{-1}\boldsymbol{\varepsilon} = \boldsymbol{D}\boldsymbol{\varepsilon} \;\Leftrightarrow\; \boldsymbol{D} = \boldsymbol{T}\bar{\boldsymbol{D}}\boldsymbol{R}^{-1} \tag{12.33}$$

$$\Leftrightarrow \begin{bmatrix} \sigma_x \\ \sigma_y \\ \tau_{xy} \end{bmatrix} = \begin{bmatrix} D_{11} & D_{12} & D_{16} \\ D_{12} & D_{22} & D_{26} \\ D_{16} & D_{26} & D_{66} \end{bmatrix} \begin{bmatrix} \varepsilon_x \\ \varepsilon_y \\ \gamma_{xy} \end{bmatrix} \tag{12.34}$$

$$\left.\begin{aligned}
D_{11} &= \bar{D}_{11}\cos^4\alpha + 2(\bar{D}_{12} + 2\bar{D}_{66})\sin^2\alpha\cos^2\alpha \\
&\quad + \bar{D}_{22}\sin^4\alpha \\
D_{12} &= (\bar{D}_{11} + \bar{D}_{22} - 4\bar{D}_{66})\sin^2\alpha\cos^2\alpha \\
&\quad + \bar{D}_{12}(\sin^4\alpha + \cos^4\alpha) \\
D_{16} &= (\bar{D}_{11} - \bar{D}_{12} - 2\bar{D}_{66})\sin\alpha\cos^3\alpha \\
&\quad + (\bar{D}_{12} - \bar{D}_{22} + 2\bar{D}_{66})\sin^3\alpha\cos\alpha \\
D_{22} &= \bar{D}_{11}\sin^4\alpha + 2(\bar{D}_{12} + 2\bar{D}_{66})\sin^2\alpha\cos^2\alpha \\
&\quad + \bar{D}_{22}\cos^4\alpha \\
D_{26} &= (\bar{D}_{11} - \bar{D}_{12} - 2\bar{D}_{66})\sin^3\alpha\cos\alpha \\
&\quad + (\bar{D}_{12} - \bar{D}_{22} + 2\bar{D}_{66})\sin\alpha\cos^3\alpha \\
D_{66} &= (\bar{D}_{11} + \bar{D}_{22} - 2\bar{D}_{12} - 2\bar{D}_{66})\sin^2\alpha\cos^2\alpha \\
&\quad + \bar{D}_{66}(\sin^4\alpha + \cos^4\alpha)
\end{aligned}\right\} \quad (12.35)$$

となる。これは複合材研究で幅広く用いられる積層板理論に適用される[6]。

12.3　横等方性平板の曲げ（単純支持）

先に述べた平板の曲げ理論を図 **12.4** に示すような横等方性平板に適用する。変位，ひずみ，構成関係，合モーメント，平衡方程式を説明し，これらから曲げの方程式を導出しよう。

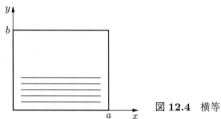

図 **12.4**　横等方性平板の曲げ

キルヒホッフの仮定

$$u(x,\ y,\ z) = -z\frac{\partial w(x,\ y)}{\partial x} \tag{12.36}$$

$$v(x,\ y,\ z) = -z\frac{\partial w(x,\ y)}{\partial y} \tag{12.37}$$

ひずみ

$$\varepsilon_x = -z\frac{\partial^2 w}{\partial x^2} \tag{12.38}$$

$$\varepsilon_y = -z\frac{\partial^2 w}{\partial y^2} \tag{12.39}$$

$$\gamma_{xy} = -2z\frac{\partial^2 w}{\partial x \partial y} \tag{12.40}$$

構成関係（平面応力）：式 (12.34) で $\alpha = 0$　$\rightarrow$　$D_{ij} = \bar{D}_{ij}$

$$\begin{bmatrix} \sigma_x \\ \sigma_y \\ \tau_{xy} \end{bmatrix} = \begin{bmatrix} \bar{D}_{11} & \bar{D}_{12} & 0 \\ \bar{D}_{12} & \bar{D}_{22} & 0 \\ 0 & 0 & \bar{D}_{66} \end{bmatrix} \begin{bmatrix} \varepsilon_x \\ \varepsilon_y \\ \gamma_{xy} \end{bmatrix} \tag{12.41}$$

$$\sigma_x = \frac{E_{11}}{1 - \nu_{12}\nu_{21}}(\varepsilon_x + \nu_{21}\varepsilon_y) \quad \left(\frac{\nu_{12}}{E_{11}} = \frac{\nu_{21}}{E_{22}} \Leftrightarrow \nu_{12}E_{22} = \nu_{21}E_{11}\right)$$

$$= -\frac{E_{11}z}{1 - \nu_{12}\nu_{21}}\left(\frac{\partial^2 w}{\partial x^2} + \nu_{21}\frac{\partial^2 w}{\partial y^2}\right) \tag{12.42}$$

$$\sigma_y = \frac{E_{22}}{1 - \nu_{12}\nu_{21}}(\nu_{12}\varepsilon_x + \varepsilon_y)$$

$$= -\frac{E_{22}z}{1 - \nu_{12}\nu_{21}}\left(\nu_{12}\frac{\partial^2 w}{\partial x^2} + \frac{\partial^2 w}{\partial y^2}\right) \tag{12.43}$$

$$\tau_{xy} = G_{12}\gamma_{xy} = -2G_{12}z\frac{\partial^2 w}{\partial x \partial y} \tag{12.44}$$

合モーメント[†]

$$M_x = \int_{-h/2}^{h/2} \sigma_x z dz = -\frac{E_{11}h^3}{12(1 - \nu_{12}\nu_{21})}\left(\frac{\partial^2 w}{\partial x^2} + \nu_{21}\frac{\partial^2 w}{\partial y^2}\right)$$

$$= D_{xx}\left(-\frac{\partial^2 w}{\partial x^2}\right) + D_{xy}\left(-\frac{\partial^2 w}{\partial y^2}\right) \tag{12.45}$$

$$M_y = \int_{-h/2}^{h/2} \sigma_y z dz = -\frac{E_{22}h^3}{12(1 - \nu_{12}\nu_{21})}\left(\nu_{12}\frac{\partial^2 w}{\partial x^2} + \frac{\partial^2 w}{\partial y^2}\right)$$

$$= D_{xy}\left(-\frac{\partial^2 w}{\partial x^2}\right) + D_{yy}\left(-\frac{\partial^2 w}{\partial y^2}\right) \tag{12.46}$$

$$M_{xy} = \int_{-h/2}^{h/2} \tau_{xy} z dz = -\frac{G_{12}h^3}{6}\frac{\partial^2 w}{\partial x \partial y} = D_{ss}\left(-\frac{\partial^2 w}{\partial x \partial y}\right) \tag{12.47}$$

（曲げ）平衡方程式 $(m_x = m_y = 0)$

[†] したがって次式となる[4]。

$$D_{xx} = \frac{E_{11}h^3}{12(1 - \nu_{12}\nu_{21})}, \quad D_{yy} = \frac{E_{22}h^3}{12(1 - \nu_{21}\nu_{12})},$$

$$D_{xy} = \nu_{21}D_{xx} = \nu_{12}D_{yy}, \quad D_{ss} = \frac{G_{12}h^3}{6}$$

$$\frac{\partial M_x}{\partial x} + \frac{\partial M_{xy}}{\partial y} - Q_x = 0, \quad \frac{\partial M_{xy}}{\partial x} + \frac{\partial M_y}{\partial y} - Q_y = 0,$$

$$\frac{\partial Q_x}{\partial x} + \frac{\partial Q_y}{\partial y} + q_z = 0 \tag{12.48}$$

式 (12.45)，式 (12.47) を式 (12.48) の 1 式目に代入すると

$$Q_x = -D_{xx}\frac{\partial^3 w}{\partial x^3} - (D_{xy} + D_{ss})\frac{\partial^3 w}{\partial x \partial y^2} \tag{12.49}$$

式 (12.46)，式 (12.47) を式 (12.48) の 2 式目に代入すると

$$Q_y = -(D_{xy} + D_{ss})\frac{\partial^3 w}{\partial x^2 \partial y} - D_{yy}\frac{\partial^3 w}{\partial y^3} \tag{12.50}$$

式 (12.49)，式 (12.50) を式 (12.48) の 3 式目に代入すると

$$D_{xx}\frac{\partial^4 w}{\partial x^4} + 2(D_{xy} + D_{ss})\frac{\partial^4 w}{\partial x^2 \partial y^2} + D_{yy}\frac{\partial^4 w}{\partial y^4} = q_z \tag{12.51}$$

これを横等方性平板の曲げの方程式という。つぎに，固定端を例に解いてみる。

境界条件（固定端）

$$\left.\begin{array}{l} x = 0, \quad a \, ; w = 0, \quad \dfrac{\partial^2 w}{\partial x^2} = 0 \\[2mm] y = 0, \quad b \, ; w = 0, \quad \dfrac{\partial^2 w}{\partial y^2} = 0 \end{array}\right\} \tag{12.52}$$

たわみを

$$w = C \sin\left(\frac{\pi x}{a}\right) \sin\left(\frac{\pi y}{b}\right) \tag{12.53}$$

と仮定すると，式 (12.52) の境界条件を満たす。面外負荷が次式

$$q_z = P \sin\left(\frac{\pi x}{a}\right) \sin\left(\frac{\pi y}{b}\right) \tag{12.54}$$

として与えられるとき，式 (12.53) とともに式 (12.51) に代入すると

$$C = \frac{Pa^4 b^4}{\pi^4 \{b^4 D_{xx} + 2a^2 b^2 (D_{xy} + D_{ss}) + a^4 D_{yy}\}} \tag{12.55}$$

となる。

13

2 次 元 弾 性 論

力学に関する問題では，3次元から2次元に次元を落とすことで取扱いを容易にすることが多い。特に弾性力学では，エアリの応力関数や複素解析を導入することで，き裂のような一見すると手が出ないような難しい問題を扱うことができる[4),7),9)]。

13.1　2次元弾性論とは

2次元弾性論にて扱う境界値問題のことを2次元弾性問題という。これまでにも述べてきたように2次元弾性問題では，平面ひずみと平面応力の二つに分類することができる。

平面ひずみでは，$\varepsilon_z = \gamma_{yz} = \gamma_{xz} = 0$ を仮定する。ただし，ここで σ_z は必ずしも 0 ではない。一方で，平面応力では，$\sigma_z = \tau_{yz} = \tau_{xz} = 0$ を仮定する。このときには ε_z は必ずしも 0 ではない。

13.2　平 面 ひ ず み

平面ひずみでは，つぎの変位場を仮定する[4)]。

$$u = u(x,\ y), \quad v = v(x,\ y), \quad w = 0 \tag{13.1}$$

このとき，ひずみ–変位関係はつぎのように与えられる。

$$\varepsilon_x = \frac{\partial u}{\partial x}, \quad \varepsilon_y = \frac{\partial v}{\partial y}, \quad \varepsilon_z = \gamma_{yz} = \gamma_{xz} = 0, \quad \gamma_{xy} = \frac{\partial u}{\partial y} + \frac{\partial v}{\partial x} \tag{13.2}$$

また，ひずみ–応力関係としてつぎの関係が成り立つ。

$$
\left.
\begin{aligned}
\varepsilon_x &= \frac{1}{E}(\sigma_x - \nu\sigma_y - \nu\sigma_z) \\
\varepsilon_y &= \frac{1}{E}(\sigma_y - \nu\sigma_z - \nu\sigma_x) \\
\gamma_{xy} &= \frac{\tau_{xy}}{G}
\end{aligned}
\right\} \tag{13.3}
$$

このとき，$\tau_{yz} = \tau_{xz} = 0$ である。一方，$\varepsilon_z = 0$ より，$\sigma_z = \nu(\sigma_x + \sigma_y)$ となる。これを式 (13.3) の 1 式目および 2 式目の σ_z に代入すると

$$
\left.
\begin{aligned}
\varepsilon_x &= \frac{1}{E}\{(1-\nu^2)\sigma_x - \nu(1+\nu)\sigma_y\} \\
&= \frac{1-\nu^2}{E}\left(\sigma_x - \frac{\nu}{1-\nu}\sigma_y\right) = \frac{1}{E'}(\sigma_x - \nu'\sigma_y) \\
\text{同様にして}& \\
\varepsilon_y &= \frac{1}{E'}(\sigma_y - \nu'\sigma_x) \\
\gamma_{xy} &= \frac{\tau_{xy}}{G}
\end{aligned}
\right\} \tag{13.4}
$$

ただし

$$
E' = \frac{E}{1-\nu^2}, \quad \nu' = \frac{\nu}{1-\nu} \tag{13.5}
$$

である。これを応力について解くと，つぎのような応力–ひずみ関係が得られる。

$$
\sigma_x = \frac{E'}{1-(\nu')^2}(\varepsilon_x + \nu'\varepsilon_y), \quad \sigma_y = \frac{E'}{1-(\nu')^2}(\varepsilon_y + \nu'\varepsilon_x),
$$
$$
\tau_{xy} = G\gamma_{xy} \tag{13.6}
$$

平衡方程式は体積力を $f_x = f_x(x, y)$, $f_y = f_y(x, y)$ とすると，つぎのように簡単になる。

$$
\left.
\begin{aligned}
\frac{\partial \sigma_x}{\partial x} + \frac{\partial \tau_{yx}}{\partial y} + f_x = 0 \\
\frac{\partial \tau_{xy}}{\partial x} + \frac{\partial \sigma_y}{\partial y} + f_y = 0
\end{aligned}
\right\} \tag{13.7}
$$

このとき，ひずみの適合条件は次式で与えられる。

$$\frac{\partial^2 \varepsilon_x}{\partial y^2} + \frac{\partial^2 \varepsilon_y}{\partial x^2} = \frac{\partial^2 \gamma_{xy}}{\partial x \partial y} \tag{13.8}$$

このことは式 (13.2) を式 (13.8) に代入することで確認できる。

13.3　平面応力問題

平面応力においては，つぎの応力状態を仮定する。

$$\sigma_z = \sigma_{yz} = \sigma_{zx} = 0 \tag{13.9}$$

である。このことを念頭において変位，構成関係，ひずみ，平衡方程式を導出
していこう。

変位

$$u = u(x,\ y,\ z), \quad v = v(x,\ y,\ z), \quad w = w(x\ ,y,\ z) \tag{13.10}$$

ひずみ–応力関係

$$\left. \begin{aligned} \varepsilon_x &= \frac{1}{E}(\sigma_x - \nu\sigma_y) \\ \varepsilon_y &= \frac{1}{E}(\sigma_y - \nu\sigma_x) \\ \varepsilon_z &= -\frac{\nu}{E}(\sigma_x + \sigma_y) \\ \gamma_{xy} &= \frac{\tau_{xy}}{G} \end{aligned} \right\} \tag{13.11}$$

応力–ひずみ関係

$$\left. \begin{aligned} \sigma_x &= \frac{E}{1-\nu^2}(\varepsilon_x + \nu\varepsilon_y) \\ \sigma_y &= \frac{E}{1-\nu^2}(\varepsilon_y + \nu\varepsilon_x) \\ \tau_{xy} &= G\gamma_{xy} \end{aligned} \right\} \tag{13.12}$$

本来 σ_x, σ_y, τ_{xy} は, x, y, z の関数であるが, x, y の関数として仮定しても大きな問題とはならない。

ひずみ–変位関係式

$$\left.\begin{aligned}
\varepsilon_x &= \frac{\partial u}{\partial x} \\
\varepsilon_y &= \frac{\partial v}{\partial y} \\
\gamma_{xy} &= \frac{\partial u}{\partial y} + \frac{\partial v}{\partial x}
\end{aligned}\right\} \tag{13.13}$$

この場合も x, y の関数として差し支えない。

適合条件

$$\frac{\partial^2 \varepsilon_x}{\partial y^2} + \frac{\partial^2 \varepsilon_y}{\partial x^2} = \frac{\partial^2 \gamma_{xy}}{\partial x \partial y} \tag{13.14}$$

こうしてみると, 式 (13.5) の変換によって, 平面ひずみと平面応力の問題は容易に置き換えられる。

13.4 エアリの応力関数

平面ひずみで, かつ $f_x = f_y = 0$ の場合を考えよう。このとき, 平衡方程式はつぎのように書ける。

$$\frac{\partial \sigma_x}{\partial x} + \frac{\partial \tau_{xy}}{\partial y} = 0, \quad \frac{\partial \tau_{xy}}{\partial x} + \frac{\partial \sigma_y}{\partial y} = 0 \tag{13.15}$$

つぎに式 (13.8) の適合条件に式 (13.4) を代入してみよう。

$$\frac{1}{E'}\left(\frac{\partial^2 \sigma_x}{\partial y^2} - \nu'\frac{\partial^2 \sigma_y}{\partial y^2}\right) + \frac{1}{E'}\left(\frac{\partial^2 \sigma_y}{\partial x^2} - \nu'\frac{\partial^2 \sigma_x}{\partial x^2}\right)$$
$$= \frac{1}{G}\frac{\partial^2 \tau_{xy}}{\partial x \partial y} \qquad \left(G = \frac{E'}{2(1+\nu')}\right) \tag{13.16}$$

$$\Leftrightarrow \ \frac{\partial^2 \sigma_x}{\partial y^2} + \frac{\partial^2 \sigma_y}{\partial x^2} - \nu'\left(\frac{\partial^2 \sigma_x}{\partial x^2} + \frac{\partial^2 \sigma_y}{\partial y^2}\right) = 2(1+\nu')\frac{\partial^2 \tau_{xy}}{\partial x \partial y} \tag{13.17}$$

式 (13.17) の右辺に式 (13.15) より得られる $\dfrac{\partial^2 \tau_{xy}}{\partial x \partial y} = -\dfrac{\partial^2 \sigma_x}{\partial x^2}$, $\dfrac{\partial^2 \tau_{xy}}{\partial x \partial y} = -\dfrac{\partial^2 \sigma_y}{\partial y^2}$ を代入すると

$$\left(\frac{\partial^2}{\partial x^2} + \frac{\partial^2}{\partial y^2} \right)(\sigma_x + \sigma_y) = 0 \tag{13.18}$$

のように書ける。一方，式 (13.15) の平衡方程式は

$$\sigma_x = \frac{\partial^2 F}{\partial y^2}, \quad \sigma_y = \frac{\partial^2 F}{\partial x^2}, \quad \tau_{xy} = -\frac{\partial^2 F}{\partial x \partial y} \tag{13.19}$$

とおくと，自動的に満たされる。この F をエアリの応力関数という。そこで，式 (13.19) を式 (13.18) に代入すると

$$\left(\frac{\partial^2}{\partial x^2} + \frac{\partial^2}{\partial y^2} \right)\left(\frac{\partial^2 F}{\partial x^2} + \frac{\partial^2 F}{\partial y^2} \right) = 0$$

$$\Leftrightarrow \quad \Delta\Delta F = 0 \qquad \left(\Delta = \frac{\partial^2}{\partial x^2} + \frac{\partial^2}{\partial y^2} \right)$$

$$\Leftrightarrow \quad \frac{\partial^4 F}{\partial x^4} + 2\frac{\partial^4 F}{\partial x^2 \partial y^2} + \frac{\partial^4 F}{\partial y^4} = 0 \tag{13.20}$$

となる。つまり，F は重調和関数である。F を適当に設定することで各種問題を解くことができる。以下には，すぐに理解できる二つの代表例を紹介しよう。

<u>無限板の一軸引張</u> $\left(-\infty < x < +\infty, \; -\dfrac{h}{2} < y < \dfrac{h}{2} \right)$

$$F = \frac{1}{2}\sigma_0 y^2 \tag{13.21}$$

式 (13.21) を式 (13.19) に代入すると

$$\sigma_x = \sigma_0, \quad \sigma_y = 0, \quad \tau_{xy} = 0 \tag{13.22}$$

という一軸引張が再現できる。

<u>はりの純曲げ</u> $\left(-\infty < x < +\infty, \; -\dfrac{h}{2} < y < \dfrac{h}{2} \right)$

$$F = \frac{\sigma_0}{6}y^3 \tag{13.23}$$

式 (13.23) を式 (13.19) に代入すると

$$\sigma_x = \sigma_0 y, \quad \sigma_y = 0, \quad \tau_{xy} = 0 \tag{13.24}$$

となり，材料力学で与えられるはりの曲げにおける応力分布と等しくなる。このとき，曲げモーメント M は

$$M = \int_{-h/2}^{h/2} W \sigma_x y \, dy = \sigma_0 \int_{-h/2}^{h/2} W y^2 \, dy = \sigma_0 I_x \tag{13.25}$$

$$\Leftrightarrow \quad \sigma_0 = \frac{M}{I_x} \quad \left(I_x = \int_{-h/2}^{h/2} W y^2 \, dy \right) \tag{13.26}$$

となる。つまり，エアリの応力関数は曲げモーメント M を用いてつぎのように与えられる。

$$F = \frac{M}{6 I_x} y^3 \tag{13.27}$$

13.5　エアリの応力関数の極座標表示

まずは，天下り的に極座標における基礎式[4), 13)] をつぎのようにまとめて紹介する。

平衡方程式（体積力を無視する）

$$\frac{\partial \sigma_r}{\partial r} + \frac{1}{r} \frac{\partial \tau_{r\theta}}{\partial \theta} + \frac{\sigma_r - \sigma_\theta}{r} = 0, \quad \frac{\partial \tau_{r\theta}}{\partial r} + \frac{1}{r} \frac{\partial \sigma_\theta}{\partial \theta} + 2 \frac{\tau_{r\theta}}{r} = 0 \tag{13.28}$$

ひずみ–変位関係式 $(u_r = u,\ u_\theta = v)$

$$\varepsilon_r = \frac{\partial u}{\partial r}, \quad \varepsilon_\theta = \frac{1}{r} \frac{\partial v}{\partial \theta} + \frac{u}{r}, \quad \gamma_{r\theta} = \frac{1}{r} \frac{\partial u}{\partial \theta} + \frac{\partial v}{\partial r} - \frac{v}{r} \tag{13.29}$$

ひずみ–応力関係（平面ひずみを仮定）

$$\varepsilon_r = \frac{1}{E'}(\sigma_r - \nu' \sigma_\theta), \quad \varepsilon_\theta = \frac{1}{E'}(\sigma_\theta - \nu' \sigma_r), \quad \gamma_{r\theta} = \frac{\tau_{r\theta}}{G} \tag{13.30}$$

適合条件

$$\left. \begin{array}{l} \Delta^2 F = 0 \\[2mm] \Delta = \dfrac{\partial^2}{\partial r^2} + \dfrac{1}{r} \dfrac{\partial}{\partial r} + \dfrac{1}{r^2} \dfrac{\partial^2}{\partial \theta^2} \end{array} \right\} \tag{13.31}$$

以降，式 (13.31) の一般解は

$$F = C_0 + C_1 \log r + C_2 r^2 + f(r) \cos 2\theta \tag{13.32}$$

として考えることにする[17]。

エアリの応力関数による応力成分の表示

$$\left.\begin{array}{l}
\sigma_r = \dfrac{1}{r}\dfrac{\partial F}{\partial r} + \dfrac{1}{r^2}\dfrac{\partial^2 F}{\partial \theta^2} \\[2mm]
\sigma_\theta = \dfrac{\partial^2 F}{\partial r^2} \\[2mm]
\tau_{r\theta} = -\dfrac{\partial}{\partial r}\left(\dfrac{1}{r}\dfrac{\partial F}{\partial \theta}\right)
\end{array}\right\} \tag{13.33}$$

これらが平衡方程式を満たすことは，式 (13.33) を式 (13.28) に代入することで確認できる。

13.6 軸対称問題の解

軸対称な場合には，F は θ に依存しない。この場合の一般解は θ に関する項を落として，つぎのようにおく。

$$F = C_1 \log r + C_2 r^2 \tag{13.34}$$

このとき，応力は式 (13.33) に代入してつぎのように得られる。

$$\sigma_r = \dfrac{C_1}{r^2} + 2C_2, \quad \sigma_\theta = -\dfrac{C_1}{r^2} + 2C_2 \tag{13.35}$$

以下には式 (13.35) を用いた解析例を二つ紹介する。

外圧を受ける円管（**図 13.1**）

境界条件がつぎのように与えられる問題を考えよう。

$$\sigma_r = 0 \quad (r = a), \ \ \sigma_r = -P \quad (r = b) \tag{13.36}$$

式 (13.36) を式 (13.35) に代入すると，つぎのように応力が決定できる。

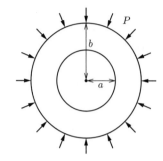

図 13.1　外圧を受ける円管[4)]

$$
\left.\begin{array}{l}
\sigma_r = -\dfrac{b^2 P}{b^2 - a^2}\left(1 - \dfrac{a^2}{r^2}\right) \\[3mm]
\sigma_\theta = -\dfrac{b^2 P}{b^2 - a^2}\left(1 + \dfrac{a^2}{r^2}\right)
\end{array}\right\}
\tag{13.37}
$$

円板の場合

$r = 0$ での $\log r$ の特異性を除くため $C_1 = 0$ とする。したがって

$$
\sigma_r = -P \quad (r = b) \quad \Leftrightarrow \quad 2C_2 = -P
\tag{13.38}
$$

よって

$$
\sigma_r = \sigma_\theta = -P
\tag{13.39}
$$

となる。

13.7　円孔を持つ無限板の応力分布

図 **13.2** のような無限板の中に，半径 a の円孔があるときの応力分布をエアリの応力関数を利用して考えよう。

応力（無限遠）

$$
\sigma_x = \sigma_0, \quad \sigma_y = \tau_{xy} = 0
\tag{13.40}
$$

上の応力を座標変換し，極座標のものにする[4), 13), 17)]。

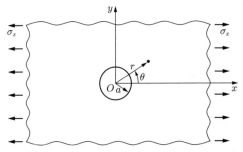

図 13.2　半径 a の円孔を持つ無限板の応力分布[4]

$$
\begin{bmatrix} \sigma_r & \tau_{r\theta} \\ \tau_{r\theta} & \sigma_\theta \end{bmatrix}
=
\begin{bmatrix} \cos\theta & \sin\theta \\ -\sin\theta & \cos\theta \end{bmatrix}
\begin{bmatrix} \sigma_x & \tau_{xy} \\ \tau_{xy} & \sigma_y \end{bmatrix}
\begin{bmatrix} \cos\theta & -\sin\theta \\ \sin\theta & \cos\theta \end{bmatrix}
$$

$$
=
\begin{bmatrix} \cos\theta & \sin\theta \\ -\sin\theta & \cos\theta \end{bmatrix}
\begin{bmatrix} \sigma_0 & 0 \\ 0 & 0 \end{bmatrix}
\begin{bmatrix} \cos\theta & -\sin\theta \\ \sin\theta & \cos\theta \end{bmatrix}
$$

$$
=
\begin{bmatrix} \sigma_0\cos^2\theta & -\sigma_0\cos\theta\sin\theta \\ -\sigma_0\cos\theta\sin\theta & \sigma_0\sin^2\theta \end{bmatrix},
$$

$$
\sigma_r = \sigma_0\cos^2\theta = \frac{1}{2}\sigma_0(1+\cos 2\theta),
$$

$$
\tau_{r\theta} = -\sigma_0\cos\theta\sin\theta = -\frac{1}{2}\sigma_0\sin 2\theta,
$$

$$
\sigma_\theta = \sigma_0\sin^2\theta = \frac{1}{2}\sigma_0(1-\cos 2\theta) \tag{13.41}
$$

円孔ふち

$$
\sigma_r = \tau_{r\theta} = 0 \quad (r = a) \tag{13.42}
$$

ここでエアリの応力関数をつぎのように仮定しよう。

$$
F = C_1\log r + C_2 r^2 + f(r)\cos 2\theta \tag{13.43}
$$

$f(r)$ の決定のため，$F = f(r)\cos 2\theta$ を式 (13.31) に代入すると

$$
\left(\frac{d^2}{dr^2} + \frac{1}{r}\frac{d}{dr} - \frac{4}{r^2}\right)^2 f(r)\cos 2\theta = 0 \tag{13.44}
$$

となり，これを解くと

$$f(r) = C_3 r^2 + C_4 r^{-2} + C_5 r^4 + C_6 \tag{13.45}$$

であり[4]，$F(r, \theta) = C_1 \log r + C_2 r^2 + (C_3 r^2 + C_4 r^{-2} + C_5 r^4 + C_6) \cos 2\theta$
とすることができる。このとき

$$\begin{aligned}
\sigma_r &= \frac{1}{r}\frac{\partial F}{\partial r} + \frac{1}{r^2}\frac{\partial^2 F}{\partial \theta^2} \\
&= \frac{C_1}{r^2} + 2C_2 - 2(C_3 + 3C_4 r^{-4} + 2C_6 r^{-2}) \cos 2\theta
\end{aligned} \tag{13.46}$$

$$\begin{aligned}
\sigma_\theta &= \frac{\partial^2 F}{\partial r^2} \\
&= -C_1 r^{-2} + 2C_2 + (2C_3 + 6C_4 r^{-4} + 12C_5 r^2) \cos 2\theta
\end{aligned} \tag{13.47}$$

$$\begin{aligned}
\tau_{r\theta} &= -\frac{\partial}{\partial r}\left(\frac{1}{r}\frac{\partial F}{\partial \theta}\right) \\
&= 2(C_3 - 3C_4 r^{-4} + 3C_5 r^2 - C_6 r^{-2}) \sin 2\theta
\end{aligned} \tag{13.48}$$

であり，無限遠で式 (13.41) を満たすためには，$r \to \infty$ で $r^n \to \infty, r^{-n} \to 0 \, (n \geqq 1)$ であり

$$C_2 = \frac{\sigma_0}{4}, \quad C_3 = -\frac{\sigma_0}{4}, \quad C_5 = 0 \tag{13.49}$$

となる必要がある。また，式 (13.42) より

$$C_1 = -\frac{\sigma_0 a^2}{2}, \quad C_4 = -\frac{\sigma_0 a^4}{4}, \quad C_6 = \frac{\sigma_0 a^2}{2} \tag{13.50}$$

が得られる。よって

$$\left.\begin{aligned}
\sigma_r &= \frac{\sigma_0}{2}\left(1 - \frac{a^2}{r^2}\right) + \frac{\sigma_0}{2}\left(1 - 4\frac{a^2}{r^2} + 3\frac{a^4}{r^4}\right)\cos 2\theta \\
\sigma_\theta &= \frac{\sigma_0}{2}\left(1 + \frac{a^2}{r^2}\right) - \frac{\sigma_0}{2}\left(1 + 3\frac{a^4}{r^4}\right)\cos 2\theta \\
\tau_{r\theta} &= -\frac{\sigma_0}{2}\left(1 + 2\frac{a^2}{r^2} - 3\frac{a^4}{r^4}\right)\sin 2\theta
\end{aligned}\right\} \tag{13.51}$$

が与えられる。特に $r = a$ のとき

$$\sigma_r = \tau_{r\theta} = 0, \quad \sigma_\theta = \sigma_0(1 - 2\cos 2\theta) \tag{13.52}$$

$\theta = \pi/2,\ 3\pi/2$ で $\sigma_\theta = 3\sigma_0$ であり，$\theta = 0,\ \pi$ で $\sigma_\theta = -\sigma_0$ となる。

13.8　複素応力関数（平面ひずみ）

エアリの応力関数は二つの複素関数 $\varphi(z),\ \chi(z)$ を用いて，つぎのように表すことができる。

$$F(x,\ y) = \mathrm{Re}[\bar{z}\varphi(z) + \chi(z)] \quad (z = x + iy) \tag{13.53}$$

この $\varphi(z),\ \chi(z)$ をグルサの応力関数という[4]。式 (13.53) はつぎのように書くこともできる（複素関数の公式については付録 A.1 を参照）。

$$F(x,\ y) = \frac{1}{2}\{\bar{z}\varphi(z) + z\overline{\varphi(z)} + \chi(z) + \overline{\chi(z)}\} \tag{13.54}$$

さて，式 (13.19) の F と応力との関係式から，つぎの関係が成り立つ。

$$\sigma_x + \sigma_y = \Delta F \tag{13.55}$$

$$\sigma_y - \sigma_x + 2i\tau_{xy} = \left(\frac{\partial^2 F}{\partial x^2} - \frac{\partial^2 F}{\partial y^2}\right) - 2i\frac{\partial^2 F}{\partial x \partial y} \tag{13.56}$$

式 (13.55)，式 (13.56) は，グルサの応力関数を用いるとつぎのように書くこともできる（付録 A.2 に示した導関数の関係を利用すると良い）。

$$\sigma_x + \sigma_y = 2[\varphi'(z) + \overline{\varphi'(z)}] = 4\mathrm{Re}[\varphi'(z)] \tag{13.57}$$

$$(\sigma_y - \sigma_x) + 2i\tau_{xy} = 2\{\bar{z}\varphi''(z) + \chi''(z)\} \tag{13.58}$$

問題 13.1　式 (13.57) と式 (13.58) を示せ。

【解答】　式 (13.19) と付録 A.2 より

$$\sigma_x + \sigma_y = \frac{\partial^2 F}{\partial y^2} + \frac{\partial^2 F}{\partial x^2} = 4\frac{\partial^2 F}{\partial z \partial \bar{z}} = 2\left[\varphi'(z) + \overline{\varphi'(z)}\right] \tag{13.59}$$

$$\sigma_y - \sigma_x + 2i\tau_{xy} = \frac{\partial^2 F}{\partial x^2} - \frac{\partial^2 F}{\partial y^2} - 2i\frac{\partial^2 F}{\partial x \partial y} = 4\frac{\partial^2 F}{\partial z^2}$$

$$= 2\left\{\bar{z}\varphi''(z) + \chi''(z)\right\} \tag{13.60}$$

$\diamond$

式 (13.57)，式 (13.58) を連立させて解くことにより，各応力成分はつぎのように表すことができる。

$$\sigma_x = \mathrm{Re}[2\varphi'(z) - \bar{z}\varphi''(z) - \chi''(z)] \tag{13.61}$$

$$\sigma_y = \mathrm{Re}[2\varphi'(z) + \bar{z}\varphi''(z) + \chi''(z)] \tag{13.62}$$

$$\tau_{xy} = \mathrm{Im}[\bar{z}\varphi''(z) + \chi''(z)] \tag{13.63}$$

フックの法則に組み込むと，つぎのように変位と回転 ω_z を φ, χ にて表すことができる（付録 A.3）。

$$u + iv = \frac{1}{2G}\{\kappa\varphi(z) - z\overline{\varphi'(z)} - \overline{\chi'(z)}\} \quad \left(\kappa = \frac{3 - \nu'}{1 + \nu'}\right) \tag{13.64}$$

$$\omega_z = \frac{4}{E'}\mathrm{Im}[\varphi'(z)] \tag{13.65}$$

また，合力と合モーメントは

$$P_x + iP_y = -i[\varphi(z) + z\overline{\varphi'(z)} + \overline{\chi'(z)}]_A^B \tag{13.66}$$

$$M = \mathrm{Re}[\chi(z) - \bar{z}z\overline{\varphi'(z)} - \bar{z}\overline{\chi'(z)}]_A^B \tag{13.67}$$

として与えられる（付録 A.4）。

13.9　複素応力関数による応力解析

グルサの応力関数を用いることで，一見すると難しい問題も比較的に容易に解析が行える。このことをつぎの二つの例にて紹介する。

一様応力分布 （$A \sim D$：定数）

$$\varphi(z) = (A + iB)z \tag{13.68}$$

$$\chi(z) = (C + iD)z^2 \tag{13.69}$$

としたとき，各応力と回転は

$$\sigma_x = \mathrm{Re}[2\varphi'(z) - \bar{z}\varphi''(z) - \chi''(z)] = \mathrm{Re}[2(A + iB) - 2(C + iD)]$$
$$= 2(A - C) \tag{13.70}$$

$$\sigma_y = \mathrm{Re}[2\varphi'(z) + \bar{z}\varphi''(z) + \chi''(z)] = \mathrm{Re}[2(A + iB) + 2(C + iD)]$$
$$= 2(A + C) \tag{13.71}$$

$$\tau_{xy} = \mathrm{Im}[\bar{z}\varphi''(z) + \chi''(z)] = 2D,$$
$$\omega_z = \frac{4}{E'}\mathrm{Im}[\varphi'(z)] = \frac{4}{E'}\mathrm{Im}[A + iB] = \frac{4}{E'}B \tag{13.72}$$

A, C, D により応力分布が，B により回転が表される。

食い違い，集中力 （原点）（$A \sim D$：定数）

$$\varphi(z) = (A + iB)\log z \tag{13.73}$$

$$\chi(z) = (C + iD)z\log z \tag{13.74}$$

このとき，複素数 z の極形式では

$$\log z = \log re^{i(\theta + 2n\pi)}$$
$$= \log r + i(\theta + 2n\pi) \quad (n = 0,\ \pm 1,\ \cdots) \tag{13.75}$$

となることについて注意が必要である。式 (13.73)，式 (13.74) を用いて

$$\sigma_x = \mathrm{Re}[2\varphi'(z) - \bar{z}\varphi''(z) - \chi''(z)]$$
$$= \mathrm{Re}\left[(A + iB)\left(\frac{2}{z} + \frac{\bar{z}}{z^2}\right) - (C + iD)\frac{1}{z}\right] \tag{13.76}$$

$$\sigma_y = \mathrm{Re}[2\varphi'(z) + \bar{z}\varphi''(z) + \chi''(z)]$$
$$= \mathrm{Re}\left[(A + iB)\left(\frac{2}{z} - \frac{\bar{z}}{z^2}\right) + (C + iD)\frac{1}{z}\right] \tag{13.77}$$

$$\tau_{xy} = \mathrm{Im}[\bar{z}\varphi''(z) + \chi''(z)]$$

$$= \mathrm{Im}\left[-(A+iB)\frac{\bar{z}}{z^2} + (C+iD)\frac{1}{z}\right] \tag{13.78}$$

となる。$z = re^{i\theta}$, $\bar{z} = re^{-i\theta}$ とすると

$$\sigma_x = \mathrm{Re}\left[(A+iB)\left(\frac{2}{r}e^{-i\theta} + \frac{1}{r}e^{-i3\theta}\right) - (C+iD)\frac{e^{-i\theta}}{r}\right]$$

$$= \mathrm{Re}\left[(A+iB)\left\{\frac{2}{r}(\cos\theta - i\sin\theta) + \frac{1}{r}(\cos 3\theta - i\sin 3\theta)\right\}\right.$$

$$\left. -(C+iD)\frac{1}{r}(\cos\theta - i\sin\theta)\right]$$

$$= \frac{1}{r}\{A\cos 3\theta + B\sin 3\theta + (2A-C)\cos\theta + (2B-D)\sin\theta\}$$

$$\tag{13.79}$$

$$\sigma_y = \mathrm{Re}\left[(A+iB)\left(\frac{2}{r}e^{-i\theta} - \frac{1}{r}e^{-i3\theta}\right) + (C+iD)\frac{e^{-i\theta}}{r}\right]$$

$$= \mathrm{Re}\left[(A+iB)\left\{\frac{2}{r}(\cos\theta - i\sin\theta) - \frac{1}{r}(\cos 3\theta - i\sin 3\theta)\right\}\right.$$

$$\left. +(C+iD)\frac{1}{r}(\cos\theta - i\sin\theta)\right]$$

$$= \frac{1}{r}\{-A\cos 3\theta - B\sin 3\theta + (2A+C)\cos\theta + (2B+D)\sin\theta\}$$

$$\tag{13.80}$$

$$\tau_{xy} = \mathrm{Im}\left[-(A+iB)\frac{1}{r}e^{-i3\theta} + (C+iD)\frac{1}{r}e^{-i\theta}\right]$$

$$= \mathrm{Im}\left[-(A+iB)\frac{1}{r}(\cos 3\theta - i\sin 3\theta) + (C+iD)\frac{1}{r}(\cos\theta - i\sin\theta)\right]$$

$$= \frac{1}{r}(A\sin 3\theta - B\cos 3\theta - C\sin\theta + D\cos\theta) \tag{13.81}$$

式 (13.64) より変位について原点まわりに一周すると

$$u + iv = \frac{1}{2G}\left\{\kappa(A+iB)\log z - z(A-iB)\frac{1}{\bar{z}} - (C-iD)(\log\bar{z}+1)\right\}$$

$$\tag{13.82}$$

$$\Leftrightarrow \quad [u+iv]_{\theta=0}^{\theta=2\pi} = \frac{1}{2G}\{\kappa(A+iB)(2\pi i) - (C-iD)(-2\pi i)\}$$

$$= \frac{\pi}{G}\{-(\kappa B - D) + i(\kappa A + C)\} \tag{13.83}$$

となる。$[u + iv]_{\theta=0}^{\theta=2\pi} = u^* + iv^*$ とすると

$$u^* = -\frac{\pi}{G}(\kappa B - D) \tag{13.84}$$

$$v^* = \frac{\pi}{G}(\kappa A + C) \tag{13.85}$$

となる。u^*, v^* を食い違いという。式 (13.66) より合力について原点まわりで一周すると

$$[P_x + iP_y]_{\theta=0}^{\theta=2\pi} = -i[(A + iB)\log z + (A - iB)\frac{z}{\bar{z}} + (C - iD)(\log \bar{z} + 1)]_{\theta=0}^{\theta=2\pi}$$

$$= -i[(A + iB)(2\pi i) + (C - iD)(-2\pi i)]$$

$$= 2\pi[(A - C) + (B + D)i]$$

$$\equiv -(X^* + iY^*) \tag{13.86}$$

とすると，X^*, Y^* が原点に作用している。式 (13.67) よりモーメントはつぎのようになる。

$$[M]_{\theta=0}^{\theta=2\pi} = \text{Re}[(C + iD)z\log z - z(A - iB) - (C - iD)\bar{z}(\log \bar{z} + 1)]_{\theta=0}^{\theta=2\pi}$$

$$= \text{Re}[2\pi\{C(z + \bar{z})i - D(z - \bar{z})\}]$$

$$= 0 \tag{13.87}$$

つまり，合モーメントは働かない。

（例 1） 食い違いがなく原点に集中力が作用する場合

$$u^* = -\frac{\pi}{G}(\kappa B - D) = 0, \quad v^* = \frac{\pi}{G}(\kappa A + C) = 0,$$

$$X^* = -2\pi(A - C), \quad Y^* = -2\pi(B + D) \tag{13.88}$$

式 (13.88) の 1 式目，2 式目より，$D = \kappa B$, $C = -\kappa A$ であり，よって

$$A = -\frac{X^*}{2\pi(1+\kappa)}$$

$$B = -\frac{Y^*}{2\pi(1+\kappa)}$$

$$C = \frac{\kappa X^*}{2\pi(1+\kappa)}$$ (13.89)

$$D = -\frac{\kappa Y^*}{2\pi(1+\kappa)}$$

と書ける。これらを式 (13.79)〜(13.81) に入れると応力分布が得られる。

（例 2）　原点に刃状転位がある場合[†]（**図 13.3**）

$u^* = 0,\ v^* = b_y$（バーガースベクトル）, $X^* = Y^* = 0$ であるから

$$-\frac{\pi}{G}(\kappa B - D) = 0, \quad \frac{\pi}{G}(\kappa A + C) = b_y,$$

$$2\pi(A - C) = 0, \quad 2\pi(B + D) = 0 \tag{13.90}$$

式 (13.90) の 1 式目，4 式目より $B = D = 0$ であり，式 (13.90) の 3 式目より $A = C$ となり

$$A = C = \frac{Gb_y}{\pi(\kappa+1)}$$

よって，$\theta = 0, \pi$ のとき

$$\sigma_x = \pm\frac{2Gb_y}{\pi(\kappa+1)}\frac{1}{r}, \quad \sigma_y = \pm\frac{2Gb_y}{\pi(\kappa+1)}\frac{1}{r}, \quad \tau_{xy} = 0 \tag{13.91}$$

となる。ここで，$+$ は $\theta = 0$ に，$-$ は $\theta = \pi$ に対応する。この応力は後にき裂の解析に用いられる。

図 13.3　原点に（y 方向）食い違いを持つ刃状転位[4]

[†]　本書では転位論の詳細には立ち入らない。

14 ヒルベルト問題

き裂などの不連続部を含む問題は，ヒルベルト問題と呼ばれる問題に帰着する[8),9)]。この問題の解法においては，プレメリの公式が威力を発揮する。

14.1 ヒルベルト問題とは

図 14.1 のような領域を考えてみよう。領域は内部領域 S^+ と外部領域 S^- の二つに分けることができる。このとき，領域を囲む曲線においては，内部領域が左側に，外部領域が右側にくるように向きを設定する。図では，C_0 が反時計回り，C_1 および C_2 が時計回りとなる。

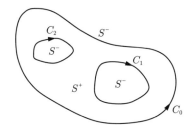

図 14.1 内部領域 S^+ と
外部領域 S^-

つぎに，曲線を除く内部領域 S^+ と外部領域 S^- の両領域において正則な関数 $\Phi(z)$ を考える。以降，問題を簡単にするために，単連結に絞って解説をしていこう。単連結領域においては，曲線 C が内部領域 S^+ を囲むとし，曲線 C の外が外部領域 S^- となる†。この曲線における 1 点 t_0 において，内部領域 S^+

---

† 図 14.1 から C_1 と C_2 を取り除き，C_0 を C とすれば良い。

内のいかなる方向から近づいてきても同一の値になるとして，$\Phi^+(t_0)$ としよう[16]。一方で，外部領域 S^- 内のいかなる方向から近づいてきても同一の値になるとして，$\Phi^-(t_0)$ としよう。この $\Phi^+(t_0)$ と $\Phi^-(t_0)$ が一致しないような状況は，曲線 C の近傍で区分的に連続という。このとき

$$\Phi^+(t_0) - \Phi^-(t_0) = \phi(t_0) \tag{14.1}$$

とすると，$\phi(t)$ は曲線 C 上でのみ定義された関数である。このとき，複素関数 $\Phi(z)$ は次式より与えられる[8],[16]。

$$\Phi(z) = \frac{1}{2\pi i} \int_C \frac{\phi(t)dt}{t-z} + P(z) \tag{14.2}$$

本書ではこの線積分をプレメリの公式と呼ぶことにする[†]。$P(z)$ は任意の多項式であり，曲線 C においても連続な関数である。

　ここで，つぎのような線分 L の近傍で区分的に連続な関数 $\Phi(z)$ を考えよう。このとき

$$\Phi^+(t) - \alpha\Phi^-(t) = \phi(t) \quad (t \in L) \tag{14.3}$$

を満たす $\Phi(z)$ を求めることをヒルベルト問題という。以下では，順を追って，ヒルベルト問題の解法について述べる。

(1) 斉次ヒルベルト問題

まずは，右辺が 0 であるようなヒルベルト問題の解法を説明する。

$$\Phi^+(t) - \alpha\Phi^-(t) = 0 \quad (t \in L) \tag{14.4}$$

[†]　本来，プレメリの公式は，曲線 C 上でのみ定義されたヘルダ条件を満たす[8]関数 $\phi(t)$ に関するつぎの積分

$$\Phi(z) = \frac{1}{2\pi i} \int_C \frac{\phi(t)}{t-z} dt$$

は区分的に連続であり，かつ

$$\Phi^+(t_0) - \Phi^-(t_0) = \phi(t_0)$$

$$\Phi^+(t_0) + \Phi^-(t_0) = \frac{1}{\pi i} \int_C \frac{\phi(t)}{t-t_0} dt$$

を満たす[16]というものだが，上記のように考えたほうが，き裂解析ではわかりやすい。

この問題の解を $X(z)$ とおく。図 **14.2** のように始点 a と終点 b を持つとき，つぎのような関数を考えよう。

$$X(z) = (z-a)^{-\gamma}(z-b)^{\gamma-1} \tag{14.5}$$

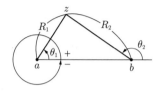

図 **14.2** 斉次ヒルベルト問題

$(z-a)^{-\gamma}$ や $(z-b)^{\gamma-1}$ は，2章で述べたように多価関数である。そこで，a, b を無視できる無限遠にて

$$\lim_{|z|\to\infty} zX(z) = zz^{-\gamma}z^{\gamma-1} = z^{(1-\gamma+\gamma-1)} = 1 \tag{14.6}$$

となるようにしておくこととする。さて，$(z-a)^{-\gamma}$ や $(z-b)^{\gamma-1}$ を極形式で表すと

$$(z-a)^{-\gamma} = (R_1 e^{i\theta_1})^{-\gamma} = e^{-\gamma \log R_1} e^{-i\gamma\theta_1} \tag{14.7}$$

$$(z-b)^{\gamma-1} = (R_2 e^{i\theta_2})^{\gamma-1} = e^{(\gamma-1) \log R_2} e^{i(\gamma-1)\theta_2} \tag{14.8}$$

となり，図のように z を始点 a のまわりに一周させると，θ_1 は 0 から 2π に変化し，θ_2 は π のままなので，$z=t$ において

$$\begin{aligned}
X^+(t) &= (t-a)^{-\gamma}(t-b)^{\gamma-1} \\
&= e^{-\gamma \log R_1} e^{(\gamma-1) \log R_2} e^{i(\gamma-1)\pi}
\end{aligned} \tag{14.9}$$

$$\begin{aligned}
X^-(t) &= (t-a)^{-\gamma}(t-b)^{\gamma-1} \\
&= e^{-\gamma \log R_1} e^{-2\gamma\pi i} e^{(\gamma-1) \log R_2} e^{i(\gamma-1)\pi}
\end{aligned} \tag{14.10}$$

であり，つまり $X^-(t) = X^+(t)e^{-2\gamma\pi i}$ である。ここで $\alpha = e^{2\gamma\pi i}$ とすると

$$X^+(t) - \alpha X^-(t) = 0 \tag{14.11}$$

となり，$X(z)$ が斉次ヒルベルト問題の解の一つになる。この $X(z)$ はプレメリ関数と呼ばれ，このようなものは複数あることが知られている。特に

$$X(z) = (z-a)^{1-\gamma}(z-b)^{\gamma} \tag{14.12}$$

は良く利用される。

(2) 一般ヒルベルト問題

それでは，本題となるつぎの一般ヒルベルト問題を考える。

$$\Phi^+(t) - \alpha\Phi^-(t) = \phi(t) \quad (t \in L) \tag{14.13}$$

両辺を $X^+(t)$ にて割ると

$$\frac{\Phi^+(t)}{X^+(t)} - \alpha\frac{\Phi^-(t)}{X^+(t)} = \frac{\phi(t)}{X^+(t)} \quad (t \in L) \tag{14.14}$$

となる。ここで，つぎの二つの関数を導入しよう。

$$F(z) = \frac{\Phi(z)}{X(z)}, \quad f(t) = \frac{\phi(t)}{X^+(t)} \tag{14.15}$$

プレメリ関数が $\alpha = X^+(t)/X^-(t)$ を満たすので，一般ヒルベルト問題は

$$F^+(t) - F^-(t) = f(t) \quad (t \in L) \tag{14.16}$$

となり，L 以外では $f(t) = 0$ として，L を含む任意曲線 C にてプレメリの公式を用いると

$$F(z) = \frac{1}{2\pi i}\int_C \frac{f(t)dt}{t-z} + P(z) \tag{14.17}$$

となる。$P(z)$ は任意の多項式である。よって，解 $\Phi(z)$ は

$$\Phi(z) = \frac{X(z)}{2\pi i}\int_L \frac{\phi(t)dt}{X^+(t)(t-z)} + P(z)X(z) \tag{14.18}$$

として与えられる。

さらに，後で用いるために，つぎの形の一般ヒルベルト問題を考える。

$$\Phi^+(t) + \Phi^-(t) = \phi(t) \quad (t \in L) \tag{14.19}$$

ここでは，プレメリ関数として

$$X(z) = (z-a)^{1-\gamma}(z-b)^{\gamma} \tag{14.20}$$

を用いることとする。$\alpha = e^{2\gamma\pi i} = -1$ より $\gamma = 1/2$ となる。よって

$$X(z) = (z-a)^{1/2}(z-b)^{1/2} \tag{14.21}$$

となる。$X^-(t)/X^+(t) = -1$ より，つぎのようになる。

$$\Phi^+(t) - \frac{X^-(t)}{X^+(t)}\Phi^-(t) = \phi(t) \quad (t \in L)$$
$$\Leftrightarrow X^+(t)\Phi^+(t) - X^-(t)\Phi^-(t) = X^+(t)\phi(t) \tag{14.22}$$

先ほどと同様に，つぎの二つの関数を導入しよう。

$$F(z) = X(z)\Phi(z), \quad f(t) = X^+(t)\phi(t) \tag{14.23}$$

すると，一般ヒルベルト問題は

$$F^+(z) - F^-(t) = f(t) \quad (t \in L) \tag{14.24}$$

になり，L 以外では $f(t) = 0$ として，L を含む任意曲線 C にてプレメリの公式を用いると

$$F(z) = \frac{1}{2\pi i}\int_C \frac{f(t)dt}{t-z} + P(z) \tag{14.25}$$

となり，解 $\Phi(z)$ は

$$\Phi(z) = \frac{1}{2\pi i X(z)}\int_L \frac{X^+(t)\phi(t)dt}{t-z} + \frac{P(z)}{X(z)} \tag{14.26}$$

として与えられる。

14.2 均質体のき裂内部に圧力を受ける問題

ヒルベルト問題の代表的な例題として，き裂内部に圧力を受ける問題を考え

てみる。さて，各種応力は複素応力関数を用いて，つぎのように表すことができる。

$$\sigma_x + \sigma_y = 2[\varphi'(z) + \overline{\varphi'(z)}] \tag{14.27}$$

$$\sigma_x - \sigma_y + 2i\tau_{xy} = -2[z\overline{\varphi''(z)} + \overline{\chi''(z)}] \tag{14.28}$$

および，式 (14.27) から式 (14.28) を引いた

$$\sigma_y - i\tau_{xy} = \varphi'(z) + \overline{\varphi'(z)} + z\overline{\varphi''(z)} + \overline{\chi''(z)} \tag{14.29}$$

も領域の境界条件を表現すべく，頻繁に利用される。また，変位についても

$$2G(u + iv) = \kappa\varphi(z) - z\overline{\varphi'(z)} - \overline{\chi'(z)} \tag{14.30}$$

によって与えられる。以下では，このことを前提に議論を進めよう。

図 **14.3** に示される，内部に σ_0 と τ_0 の内圧を受けるき裂を考える。x 軸上の長さ $2a$ のき裂を L とする。x 軸が領域間の境界として，$y > 0$ を S^+，$y < 0$ を S^- としよう。このとき，S^+ における複素応力関数を $\varphi_1(z)$, $\chi_1(z)$, S^- における複素応力関数を $\varphi_2(z)$, $\chi_2(z)$ とする。変位と応力の連続性から，L を除く x 軸では，つぎの関係を満たす必要がある。

$$\lim_{y \to +0} \left[\kappa\varphi_1(z) - z\overline{\varphi_1'(z)} - \overline{\chi_1'(z)} \right]$$
$$= \lim_{y \to -0} \left[\kappa\varphi_2(z) - z\overline{\varphi_2'(z)} - \overline{\chi_2'(z)} \right] \tag{14.31}$$
$$\lim_{y \to +0} \left[\varphi_1'(z) + \overline{\varphi_1'(z)} + z\overline{\varphi_1''(z)} + \overline{\chi_1''(z)} \right]$$
$$= \lim_{y \to -0} \left[\varphi_2'(z) + \overline{\varphi_2'(z)} + z\overline{\varphi_2''(z)} + \overline{\chi_2''(z)} \right] \tag{14.32}$$

このとき，つぎの二つの関数 $\phi(z)$, $\theta(z)$ を導入する。

$$\phi(z) = \begin{cases} \kappa\varphi_1(z) + z\overline{\varphi_2'(\bar{z})} + \overline{\chi_2'(\bar{z})} & (y > 0) \\ \kappa\varphi_2(z) + z\overline{\varphi_1'(\bar{z})} + \overline{\chi_1'(\bar{z})} & (y < 0) \end{cases} \tag{14.33}$$

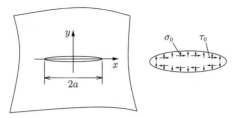

図 14.3 内部に圧力を受けるき裂

$$\theta(z) = \begin{cases} \varphi_1(z) - z\overline{\varphi_2'(\bar{z})} - \overline{\chi_2'(\bar{z})} & (y > 0) \\ \varphi_2(z) - z\overline{\varphi_1'(\bar{z})} - \overline{\chi_1'(\bar{z})} & (y < 0) \end{cases} \tag{14.34}$$

すると，下記の問題 14.1 に示すように，$\phi(z)$ と $\theta'(z)$ は L を除いて x 軸で連続であり

$$\phi^+(x) = \phi^-(x), \quad \theta'^+(x) = \theta'^-(x) \quad (y = 0,\ x \notin L) \tag{14.35}$$

を満たす。ただし，$\theta'(z)$ については，積分した値も連続とするとして

$$\phi^+(x) = \phi^-(x), \quad \theta^+(x) = \theta^-(x) \quad (y = 0,\ x \notin L) \tag{14.36}$$

をこの問題の境界条件として以下採用する。

問題 14.1 式 (14.35) を示せ。

【解答】 まずは $\phi(z)$ の連続性について示す。変位の連続性から

$$\lim_{y \to +0} \left[\kappa\varphi_1(z) - z\overline{\varphi_1'(z)} - \overline{\chi_1'(z)} \right] = \lim_{y \to -0} \left[\kappa\varphi_2(z) - z\overline{\varphi_2'(z)} - \overline{\chi_2'(z)} \right]$$

$$\Leftrightarrow \lim_{y \to +0} \left[\kappa\varphi_1(z) \right] - \lim_{y \to +0} \left[z\overline{\varphi_1'(z)} \right] - \lim_{y \to +0} \left[\overline{\chi_1'(z)} \right]$$

$$= \lim_{y \to -0} \left[\kappa\varphi_2(z) \right] - \lim_{y \to -0} \left[z\overline{\varphi_2'(z)} \right] - \lim_{y \to -0} \left[\overline{\chi_2'(z)} \right]$$

$$\Leftrightarrow \lim_{y \to +0} \left[\kappa\varphi_1(z) \right] + \lim_{y \to -0} \left[z\overline{\varphi_2'(z)} \right] + \lim_{y \to -0} \left[\overline{\chi_2'(z)} \right]$$

$$= \lim_{y \to -0} \left[\kappa\varphi_2(z) \right] + \lim_{y \to +0} \left[z\overline{\varphi_1'(z)} \right] + \lim_{y \to +0} \left[\overline{\chi_1'(z)} \right]$$

$$\Leftrightarrow \lim_{y \to +0} \left[\kappa\varphi_1(z) + z\overline{\varphi_2'(\bar{z})} + \overline{\chi_2'(\bar{z})} \right] = \lim_{y \to -0} \left[\kappa\varphi_2(z) + z\overline{\varphi_1'(\bar{z})} + \overline{\chi_1'(\bar{z})} \right]$$

$$\Leftrightarrow \phi^+(x) = \phi^-(x)$$

ここで，$\lim_{y \to +0} \left[z\overline{\varphi'(z)} \right] = \lim_{y \to -0} \left[z\overline{\varphi'(\bar{z})} \right]^{\dagger}$，$\lim_{y \to +0} \left[\overline{\chi'(z)} \right] = \lim_{y \to -0} \left[\overline{\chi'(\bar{z})} \right]$ を用いた。

つぎに，$\theta'(z)$ の連続性について示す。まず，$\theta'(z)$ は

$$\theta'(z) = \begin{cases} \varphi_1'(z) - \overline{\varphi_2'(\bar{z})} - z\overline{\varphi_2''(\bar{z})} - \overline{\chi_2''(\bar{z})} & (y > 0) \\ \varphi_2'(z) - \overline{\varphi_1'(\bar{z})} - z\overline{\varphi_1''(\bar{z})} - \overline{\chi_1''(\bar{z})} & (y < 0) \end{cases}$$

として与えられる。このとき，応力の連続性から

$$\lim_{y \to +0} \left[\varphi_1'(z) + \overline{\varphi_1'(z)} + z\overline{\varphi_1''(z)} + \overline{\chi_1''(z)} \right]$$

$$= \lim_{y \to -0} \left[\varphi_2'(z) + \overline{\varphi_2'(z)} + z\overline{\varphi_2''(z)} + \overline{\chi_2''(z)} \right]$$

$$\Leftrightarrow \lim_{y \to +0} \left[\varphi_1'(z) \right] + \lim_{y \to +0} \left[\overline{\varphi_1'(z)} \right] + \lim_{y \to +0} \left[z\overline{\varphi_1''(z)} \right] + \lim_{y \to +0} \left[\overline{\chi_1''(z)} \right]$$

$$= \lim_{y \to -0} \left[\varphi_2'(z) \right] + \lim_{y \to -0} \left[\overline{\varphi_2'(z)} \right] + \lim_{y \to -0} \left[z\overline{\varphi_2''(z)} \right] + \lim_{y \to -0} \left[\overline{\chi_2''(z)} \right]$$

$$\Leftrightarrow \lim_{y \to +0} \left[\varphi_1'(z) \right] - \lim_{y \to -0} \left[\overline{\varphi_2'(z)} \right] - \lim_{y \to -0} \left[z\overline{\varphi_2''(z)} \right] - \lim_{y \to -0} \left[\overline{\chi_2''(z)} \right]$$

$$= \lim_{y \to -0} \left[\varphi_2'(z) \right] - \lim_{y \to +0} \left[\overline{\varphi_1'(z)} \right] - \lim_{y \to +0} \left[z\overline{\varphi_1''(z)} \right] - \lim_{y \to +0} \left[\overline{\chi_1''(z)} \right]$$

$$\Leftrightarrow \lim_{y \to +0} \left[\varphi_1'(z) - \overline{\varphi_2'(\bar{z})} - z\overline{\varphi_2''(\bar{z})} - \overline{\chi_2''(\bar{z})} \right]$$

$$= \lim_{y \to -0} \left[\varphi_2'(z) - \overline{\varphi_1'(\bar{z})} - z\overline{\varphi_1''(\bar{z})} - \overline{\chi_1''(\bar{z})} \right]$$

$$\Leftrightarrow \theta'^{+}(x) = \theta'^{-}(x)$$

となる。

$$\diamondsuit$$

つぎに，複素応力関数 $\varphi(z)$, $\chi'(z)$ を $\phi(z)$ と $\theta(z)$ とで書き直すことを試みる。$y > 0$ においては

$$\varphi_1(z) = \frac{1}{\kappa + 1} \left\{ \phi(z) + \theta(z) \right\} \tag{14.37}$$

$$\chi_1'(z) = -\frac{z}{\kappa + 1} \left\{ \phi'(z) + \theta'(z) \right\} + \frac{1}{\kappa + 1} \left\{ \overline{\phi(\bar{z})} - \kappa \overline{\theta(\bar{z})} \right\} \tag{14.38}$$

となり，$y < 0$ においても

$$\varphi_2(z) = \frac{1}{\kappa + 1} \left\{ \phi(z) + \theta(z) \right\} \tag{14.39}$$

---

† $\lim_{y \to +0} z = \lim_{y \to -0} z = \lim_{y \to -0} \bar{z}$ により，右辺の z は $\bar{z}$ にならないことに注意が必要。

$$\chi_2'(z) = -\frac{z}{\kappa+1}\left\{\phi'(z)+\theta'(z)\right\} + \frac{1}{\kappa+1}\left\{\overline{\phi(\bar{z})} - \kappa\overline{\theta(\bar{z})}\right\} \quad (14.40)$$

として与えられる。

問題 14.2 式 (14.37)〜(14.40) を示せ。

【解答】 $\varphi_1(z)$, $\varphi_2(z)$ については容易に求められる。$\chi_1'(z)$ は $y > 0$ において $\phi(z)$ をつぎのように変形することで求められる。

$$\phi(z) = \kappa\varphi_2(z) + z\overline{\varphi_1'(\bar{z})} + \overline{\chi_1'(\bar{z})}$$
$$\Leftrightarrow \overline{\chi_1'(\bar{z})} = \phi(z) - \kappa\varphi_2(z) - z\overline{\varphi_1'(\bar{z})}$$
$$\Leftrightarrow \overline{\chi_1'(z)} = \phi(\bar{z}) - \kappa\varphi_2(\bar{z}) - \bar{z}\overline{\varphi_1'(z)}$$
$$\Leftrightarrow \chi_1'(z) = \overline{\phi(\bar{z})} - \kappa\overline{\varphi_2(\bar{z})} - z\varphi_1'(z)$$
$$\Leftrightarrow \chi_1'(z) = \overline{\phi(\bar{z})} - \frac{\kappa}{\kappa+1}\left\{\overline{\phi(\bar{z})} + \overline{\theta(\bar{z})}\right\} - \frac{z}{\kappa+1}\left\{\phi'(z)+\theta'(z)\right\}$$
$$\Leftrightarrow \chi_1'(z) = \frac{1}{\kappa+1}\left\{\overline{\phi(\bar{z})} - \kappa\overline{\theta(\bar{z})}\right\} - \frac{z}{\kappa+1}\left\{\phi'(z)+\theta'(z)\right\}$$

となり，$y < 0$ においては

$$\phi(z) = \kappa\varphi_1(z) + z\overline{\varphi_2'(\bar{z})} + \overline{\chi_2'(\bar{z})}$$
$$\Leftrightarrow \overline{\chi_2'(\bar{z})} = \phi(z) - \kappa\varphi_1(z) - z\overline{\varphi_2'(\bar{z})}$$
$$\Leftrightarrow \overline{\chi_2'(z)} = \phi(\bar{z}) - \kappa\varphi_1(\bar{z}) - \bar{z}\overline{\varphi_2'(z)}$$
$$\Leftrightarrow \chi_2'(z) = \overline{\phi(\bar{z})} - \kappa\overline{\varphi_1(\bar{z})} - z\varphi_2'(z)$$
$$\Leftrightarrow \chi_2'(z) = \overline{\phi(\bar{z})} - \frac{\kappa}{\kappa+1}\left\{\overline{\phi(\bar{z})} + \overline{\theta(\bar{z})}\right\} - \frac{z}{\kappa+1}\left\{\phi'(z)+\theta'(z)\right\}$$
$$\Leftrightarrow \chi_2'(z) = \frac{1}{\kappa+1}\left\{\overline{\phi(\bar{z})} - \kappa\overline{\theta(\bar{z})}\right\} - \frac{z}{\kappa+1}\left\{\phi'(z)+\theta'(z)\right\}$$

となる。

$|x| < a$ について考える。

$$\lim_{y\to+0}\left[\sigma_{1y} - i\tau_{1xy}\right]$$
$$= \lim_{y\to+0}\left[\varphi_1'(z) + \overline{\varphi_1'(z)} + z\overline{\varphi_1''(z)} + \overline{\chi_1''(z)}\right]$$
$$= \lim_{y\to+0}\left[\frac{1}{\kappa+1}\left\{\phi'(z)+\theta'(z)\right\} + \frac{1}{\kappa+1}\left\{\overline{\phi'(z)} + \overline{\theta'(z)}\right\}\right.$$

$$+ \frac{z}{\kappa+1}\left\{\overline{\phi''(z)} + \overline{\theta''(z)}\right\} + \frac{1}{\kappa+1}\left\{\phi'(\bar{z}) - \kappa\theta'(\bar{z})\right\}$$
$$- \frac{1}{\kappa+1}\left\{\overline{\phi'(z)} + \overline{\theta'(z)}\right\} - \frac{\bar{z}}{\kappa+1}\left\{\overline{\phi''(z)} + \overline{\theta''(z)}\right\}\Bigg]$$
$$= \lim_{y \to +0}\left[\frac{1}{\kappa+1}\left\{\phi'(z) + \theta'(z)\right\} + \frac{1}{\kappa+1}\left\{\phi'(\bar{z}) - \kappa\theta'(\bar{z})\right\}\right]$$
$$= \frac{\phi'^{+}(x) + \theta'^{+}(x) + \phi'^{-}(x) - \kappa\theta'^{-}(x)}{\kappa+1}$$
$$= -(\sigma_0 - i\tau_0) \tag{14.41}$$

$$\lim_{y \to -0}\left[\sigma_{2y} - i\tau_{2xy}\right]$$
$$= \lim_{y \to -0}\left[\varphi_2'(z) + \overline{\varphi_2'(z)} + z\overline{\varphi_2''(z)} + \overline{\chi_2''(z)}\right]$$
$$= \lim_{y \to -0}\left[\frac{1}{\kappa+1}\left\{\phi'(z) + \theta'(z)\right\} + \frac{1}{\kappa+1}\left\{\overline{\phi'(z)} + \overline{\theta'(z)}\right\}\right.$$
$$+ \frac{z}{\kappa+1}\left\{\overline{\phi''(z)} + \overline{\theta''(z)}\right\} + \frac{1}{\kappa+1}\left\{\phi'(\bar{z}) - \kappa\theta'(\bar{z})\right\}$$
$$\left. - \frac{1}{\kappa+1}\left\{\overline{\phi'(z)} + \overline{\theta'(z)}\right\} - \frac{\bar{z}}{\kappa+1}\left\{\overline{\phi''(z)} + \overline{\theta''(z)}\right\}\right]$$
$$= \lim_{y \to -0}\left[\frac{1}{\kappa+1}\left\{\phi'(z) + \theta'(z)\right\} + \frac{1}{\kappa+1}\left\{\phi'(\bar{z}) - \kappa\theta'(\bar{z})\right\}\right]$$
$$= \frac{\phi'^{-}(x) + \theta'^{-}(x) + \phi'^{+}(x) - \kappa\theta'^{+}(x)}{\kappa+1}$$
$$= -(\sigma_0 - i\tau_0) \tag{14.42}$$

つまり

$$\frac{\phi'^{+}(x) + \theta'^{+}(x) + \phi'^{-}(x) - \kappa\theta'^{-}(x)}{\kappa+1} = -(\sigma_0 - i\tau_0) \quad (y \to +0) \tag{14.43}$$
$$\frac{\phi'^{-}(x) + \theta'^{-}(x) + \phi'^{+}(x) - \kappa\theta'^{+}(x)}{\kappa+1} = -(\sigma_0 - i\tau_0) \quad (y \to -0) \tag{14.44}$$

となる。二つの式の差をとると

$$(\kappa+1)[\theta'^{+}(x) - \theta'^{-}(x)] = 0 \tag{14.45}$$

となる。これにより，$\theta(z)$ はすべての領域で連続であり，$\theta(z) = 0$ として良い。よって，$\theta(z) = 0$ を代入した次式が解かれるべきヒルベルト問題となる。

$$\phi'^{+}(x) + \phi'^{-}(x) = -(\kappa + 1)(\sigma_0 - i\tau_0) \tag{14.46}$$

式 (14.26) より

$$
\begin{aligned}
\phi'(z) &= -\frac{(\kappa + 1)(\sigma_0 - i\tau_0)}{2\pi i X(z)} \int_L \frac{X^+(x)}{x - z} dx \\
&= -\frac{(\kappa + 1)(\sigma_0 - i\tau_0)}{2\pi i X(z)} \cdot \pi i (X(z) - z) \\
&= \frac{(\kappa + 1)(\sigma_0 - i\tau_0)}{2} \left[\frac{z}{X(z)} - 1 \right] \quad (X(z) = \sqrt{z^2 - a^2})
\end{aligned}
\tag{14.47}
$$

となる。ただし，無限遠方で応力が 0 となるように $P(z) = 0$ としてある。また，L における線積分は文献8) を参考にした。

$x > a$ のとき，$\phi(x) = \phi^+(x) = \phi^-(x)$ であり，式 (14.41)，式 (14.42)，式 (14.47) を参考にすると，き裂前方の応力は

$$\sigma_y - i\tau_{xy} = \frac{2}{\kappa + 1}\phi'(x) = (\sigma_0 - i\tau_0)\left(\frac{x}{\sqrt{x^2 - a^2}} - 1 \right) \tag{14.48}$$

となる。アーウィンにより定義されたき裂進展条件パラメータである応力拡大係数 K_I, $K_{I\!I}$ は，このき裂の場合

$$
\begin{bmatrix} K_I \\ K_{I\!I} \end{bmatrix} = \lim_{x \to a+} \sqrt{2\pi(x - a)} \begin{bmatrix} \sigma_y \\ \tau_{xy} \end{bmatrix} = \sqrt{\pi a} \begin{bmatrix} \sigma_0 \\ \tau_0 \end{bmatrix} \tag{14.49}
$$

となる。15 章にて示すが，このパラメータはき裂先端応力場の特異性の強さを表す。また，式 (14.48) を参考にすると，つぎのような二つの応力関数 $Z_I(z)$, $Z_{I\!I}(z)$ が定義できる[†]。

[†]　$y = 0$ では $z = x$ であり，後に示される式 (15.6)，式 (15.36) に式 (14.50)，式 (14.51) を代入すると

$$\sigma_y|_{y=0} = \mathrm{Re}[Z_I(z)] = \sigma_0 \left[\frac{x}{\sqrt{x^2 - a^2}} - 1 \right]$$

$$\tau_{xy}|_{y=0} = \mathrm{Re}[Z_{I\!I}(z)] = \tau_0 \left[\frac{x}{\sqrt{x^2 - a^2}} - 1 \right]$$

となり，式 (14.48) と整合する。

$$Z_I(z) = \sigma_0 \left[\frac{z}{\sqrt{z^2 - a^2}} - 1 \right] \tag{14.50}$$

$$Z_{II}(z) = \tau_0 \left[\frac{z}{\sqrt{z^2 - a^2}} - 1 \right] \tag{14.51}$$

これらは 15 章で紹介するウェスタガードの応力関数と呼ばれ，応力拡大係数とは，き裂先端の座標を z_0 とすると，つぎのような関係がある。

$$K_{I,\,II} = \sqrt{2\pi} \lim_{z \to z_0} (z - z_0)^{1/2} Z_{I,II}(z) \tag{14.52}$$

このことは

$$
\begin{aligned}
K_I &= \sqrt{2\pi} \lim_{z \to a} (z - a)^{1/2} Z_I(z) \\
&= \sqrt{2\pi} \lim_{z \to a} (z - a)^{1/2} \sigma_0 \left[\frac{z}{\sqrt{z^2 - a^2}} - 1 \right] \\
&= \sqrt{2\pi} \cdot \sigma_0 \cdot \frac{a}{\sqrt{2a}} = \sigma_0 \sqrt{\pi a}
\end{aligned} \tag{14.53}
$$

であり，同様にして

$$
\begin{aligned}
K_{II} &= \sqrt{2\pi} \lim_{z \to a} (z - a)^{1/2} Z_{II}(z) \\
&= \sqrt{2\pi} \lim_{z \to a} (z - a)^{1/2} \tau_0 \left[\frac{z}{\sqrt{z^2 - a^2}} - 1 \right] \\
&= \sqrt{2\pi} \cdot \tau_0 \cdot \frac{a}{\sqrt{2a}} = \tau_0 \sqrt{\pi a}
\end{aligned} \tag{14.54}
$$

として確認できる。

14.3 界 面 き 裂

ヒルベルト問題の応用的な例題として，上下で（つまり $y > 0$ と $y < 0$ で）材料特性の異なる界面き裂内部に圧力を受ける問題を考えてみる。先ほどと設定は同じで $p(x) = \sigma_0$ がき裂面に垂直に生じ，$\tau_0 = 0$ としている部分だけ異なる。さて，各種応力は複素応力関数を用いて，つぎのように表すことができる。き裂から見て上側（$y > 0$）を添字 1 で表す。

$$\sigma_{1x} + \sigma_{1y} = 2\left[\varphi_1'(z) + \overline{\varphi_1'(z)}\right] \tag{14.55}$$

$$\sigma_{1x} - \sigma_{1y} + 2i\tau_{1xy} = -2\left[z\overline{\varphi_1''(z)} + \overline{\chi_1''(z)}\right] \tag{14.56}$$

および，式 (14.55) から式 (14.56) を引いた

$$\sigma_{1y} - i\tau_{1xy} = \varphi_1'(z) + \overline{\varphi_1'(z)} + z\overline{\varphi_1''(z)} + \overline{\chi_1''(z)} \tag{14.57}$$

も領域の境界条件を表現すべく，頻繁に利用される。また，変位についても

$$2\mu_1(u + iv) = \kappa_1\varphi_1(z) - z\overline{\varphi_1'(z)} - \overline{\chi_1'(z)} \tag{14.58}$$

によって与えられる。ここで，$\mu = G$ である。また，き裂から見て下側 $(y < 0)$ では添字 2 で表す。

$$\sigma_{2x} + \sigma_{2y} = 2\left[\varphi_2'(z) + \overline{\varphi_2'(z)}\right] \tag{14.59}$$

$$\sigma_{2x} - \sigma_{2y} + 2i\tau_{2xy} = -2\left[z\overline{\varphi_2''(z)} + \overline{\chi_2''(z)}\right] \tag{14.60}$$

および，式 (14.59) から式 (14.60) を引いた

$$\sigma_{2y} - i\tau_{2xy} = \varphi_2'(z) + \overline{\varphi_2'(z)} + z\overline{\varphi_2''(z)} + \overline{\chi_2''(z)} \tag{14.61}$$

も領域の境界条件を表現すべく，頻繁に利用される。また，変位についても

$$2\mu_2(u + iv) = \kappa_2\varphi_2(z) - z\overline{\varphi_2'(z)} - \overline{\chi_2'(z)} \tag{14.62}$$

となる。変位の連続性から

$$\lim_{y \to +0} \mu_2\left[\kappa_1\varphi_1(z) - z\overline{\varphi_1'(z)} - \overline{\chi_1'(z)}\right]$$

$$= \lim_{y \to -0} \mu_1\left[\kappa_2\varphi_2(z) - z\overline{\varphi_2'(z)} - \overline{\chi_2'(z)}\right]$$

$$\Leftrightarrow \lim_{y \to +0} \mu_2\left[\kappa_1\varphi_1(z)\right] - \lim_{y \to +0} \mu_2\left[z\overline{\varphi_1'(z)}\right] - \lim_{y \to +0} \mu_2\left[\overline{\chi_1'(z)}\right]$$

$$= \lim_{y \to -0} \mu_1\left[\kappa_2\varphi_2(z)\right] - \lim_{y \to -0} \mu_1\left[z\overline{\varphi_2'(z)}\right] - \lim_{y \to -0} \mu_1\left[\overline{\chi_2'(z)}\right]$$

$$\Leftrightarrow \lim_{y \to +0}\left[\mu_2\kappa_1\varphi_1(z)\right] + \lim_{y \to -0}\left[\mu_1 z\overline{\varphi_2'(z)}\right] + \lim_{y \to -0}\left[\mu_1\overline{\chi_2'(z)}\right]$$

$$= \lim_{y \to -0} \left[\mu_1 \kappa_2 \varphi_2(z) \right] + \lim_{y \to +0} \left[\mu_2 z \overline{\varphi_1'(z)} \right] + \lim_{y \to +0} \left[\mu_2 \overline{\chi_1'(z)} \right]$$

$$\Leftrightarrow \lim_{y \to +0} \left[\mu_2 \kappa_1 \varphi_1(z) + \mu_1 z \overline{\varphi_2'(\bar{z})} + \mu_1 \overline{\chi_2'(\bar{z})} \right]$$

$$= \lim_{y \to -0} \left[\mu_1 \kappa_2 \varphi_2(z) + \mu_2 z \overline{\varphi_1'(\bar{z})} + \mu_2 \overline{\chi_1'(\bar{z})} \right] \tag{14.63}$$

であり，均質体と同様につぎの関数 $\phi(z)$ を導入する。

$$\phi(z) = \begin{cases} \mu_2 \kappa_1 \varphi_1(z) + \mu_1 z \overline{\varphi_2'(\bar{z})} + \mu_1 \overline{\chi_2'(\bar{z})} & (y > 0) \\ \mu_1 \kappa_2 \varphi_2(z) + \mu_2 z \overline{\varphi_1'(\bar{z})} + \mu_2 \overline{\chi_1'(\bar{z})} & (y < 0) \end{cases} \tag{14.64}$$

$\theta(z)$ は均質体のものと同じものを用いる。

$$\theta(z) = \begin{cases} \varphi_1(z) - z \overline{\varphi_2'(\bar{z})} - \overline{\chi_2'(\bar{z})} & (y > 0) \\ \varphi_2(z) - z \overline{\varphi_1'(\bar{z})} - \overline{\chi_1'(\bar{z})} & (y < 0) \end{cases} \tag{14.65}$$

つまり

$$(\mu_1 + \mu_2 \kappa_1) \varphi_1(z) = \mu_1 \theta(z) + \phi(z) \tag{14.66}$$

$$(\mu_2 + \mu_1 \kappa_2) \varphi_2(z) = \mu_2 \theta(z) + \phi(z) \tag{14.67}$$

$$\chi_1'(z) = \overline{\varphi_2(\bar{z})} - z \varphi_1'(z) - \overline{\theta(\bar{z})} \tag{14.68}$$

$$\chi_2'(z) = \overline{\varphi_1(\bar{z})} - z \varphi_2'(z) - \overline{\theta(\bar{z})} \tag{14.69}$$

である。以降での計算のために，微分したものを準備しておこう。

$$\overline{\chi_1''(z)} = \varphi_2'(\bar{z}) - \overline{\varphi_1'(z)} - \overline{z \varphi_1''(z)} - \theta'(\bar{z}) \tag{14.70}$$

つぎに L における応力の境界条件を考える。

$$\lim_{y \to +0} \left[\sigma_{1y} - i \tau_{1xy} \right]$$

$$= \lim_{y \to +0} \left[\varphi_1'(z) + \overline{\varphi_1'(z)} + z \overline{\varphi_1''(z)} + \overline{\chi_1''(z)} \right]$$

$$= \lim_{y \to +0} \left[\varphi_1'(z) + \overline{\varphi_1'(z)} + z \overline{\varphi_1''(z)} + \varphi_2'(\bar{z}) - \overline{\varphi_1'(z)} - \overline{z \varphi_1''(z)} - \theta'(\bar{z}) \right]$$

$$= \lim_{y \to +0} \left[\varphi_1'(z) + \varphi_2'(\bar{z}) - \theta'(\bar{z}) \right]$$

$$= \frac{\mu_1\theta'^+(x) + \phi'^+(x)}{\mu_1 + \mu_2\kappa_1} + \frac{\mu_2\theta'^-(x) + \phi'^-(x)}{\mu_2 + \mu_1\kappa_2} - \theta'^-(x)$$
$$= -p(x) \tag{14.71}$$

$$\lim_{y\to -0}[\sigma_{2y} - i\tau_{2xy}]$$
$$= \lim_{y\to -0}\left[\varphi_2'(z) + \overline{\varphi_2'(z)} + z\overline{\varphi_2''(z)} + \overline{\chi_2''(z)}\right]$$
$$= \lim_{y\to -0}\left[\varphi_2'(z) + \overline{\varphi_2'(z)} + z\overline{\varphi_2''(z)} + \varphi_1'(\bar{z}) - \overline{\varphi_2'(z)} - \overline{z\varphi_2''(z)} - \theta'(\bar{z})\right]$$
$$= \lim_{y\to -0}[\varphi_2'(z) + \varphi_1'(\bar{z}) - \theta'(\bar{z})]$$
$$= \frac{\mu_2\theta'^-(x) + \phi'^-(x)}{\mu_2 + \mu_1\kappa_2} + \frac{\mu_1\theta'^+(x) + \phi'^+(x)}{\mu_1 + \mu_2\kappa_1} - \theta'^+(x)$$
$$= -p(x) \tag{14.72}$$

二つの式を引くとつぎの関係を得る。

$$\theta'^+(x) - \theta'^-(x) = 0 \tag{14.73}$$

これにより，$\theta(z)$ はすべての領域で連続であり，$\theta(z) = 0$ として良い。よって，解かれるべきヒルベルト問題はつぎのように書かれる。

$$\phi'^+(x) + \alpha\phi'^-(x) = -(\mu_1 + \mu_2\kappa_1)p(x) \quad \left(\alpha = \frac{\mu_1 + \mu_2\kappa_1}{\mu_2 + \mu_1\kappa_2}\right) \tag{14.74}$$

プレメリ関数として，つぎのものを利用し

$$X(z) = (z + a)^{-\gamma}(z - a)^{\gamma - 1} \tag{14.75}$$

かつ，$\gamma = \dfrac{1}{2} - i\beta$ とすると，つぎの関係を満たす必要がある。

$$-\alpha = e^{\left(\frac{1}{2} - i\beta\right)2i\pi} = e^{i\pi}e^{2\pi\beta} = -e^{2\pi\beta}$$
$$\Leftrightarrow \alpha = e^{2\pi\beta} \Leftrightarrow 2\pi\beta = \log\alpha \tag{14.76}$$

よって，プレメリ関数は

$$X(z) = (z + a)^{-\frac{1}{2} + i\beta}(z - a)^{-\frac{1}{2} - i\beta} = \frac{1}{(z^2 - a^2)^{1/2}}\left(\frac{z + a}{z - a}\right)^{i\beta} \tag{14.77}$$

となる。式 (14.18) より

$$\phi'(z) = \frac{X(z)}{2\pi i} \int_L \frac{-(\mu_1 + \mu_2 \kappa_1)p(x)}{X^+(x)(x-z)} dx \tag{14.78}$$

となる。$p(x) = \sigma_0$ のときには

$$\begin{aligned}
\phi'(z) &= -(\mu_1 + \mu_2 \kappa_1) \frac{X(z)}{2\pi i} \frac{2\pi i \sigma_0}{1+\alpha} \left[\frac{1}{X(z)} - \{z + (2\gamma - 1)a\} \right] \\
&= K[1 - X(z)(z - 2ia\beta)] \\
&= K \left[1 - (z - 2ia\beta) \frac{1}{(z^2 - a^2)^{1/2}} \left(\frac{z+a}{z-a} \right)^{i\beta} \right]
\end{aligned} \tag{14.79}$$

ただし，先ほどと同様に L の積分演算は文献8) の 1.8 節に丁寧に述べられている。$K = -(\mu_1 + \mu_2 \kappa_1)\sigma_0/(1+\alpha)$ である。そこで，これを積分すると，次式が得られる。

$$\phi(z) = K \left[z - \left(\frac{z+a}{z-a} \right)^{i\beta} (z^2 - a^2)^{1/2} \right] \tag{14.80}$$

問題 14.3　式 (14.80) を微分すると，式 (14.79) になることを確認せよ。

【解答】

$$\begin{aligned}
\frac{d}{dz}\phi(z) &= K \left[1 - \frac{d}{dz}\left(\frac{z+a}{z-a} \right)^{i\beta} (z^2 - a^2)^{1/2} - \left(\frac{z+a}{z-a} \right)^{i\beta} \frac{d}{dz}(z^2 - a^2)^{1/2} \right] \\
&= K \left[1 + 2ia\beta \left(\frac{z+a}{z-a} \right)^{i\beta} \frac{1}{(z^2 - a^2)^{1/2}} - \left(\frac{z+a}{z-a} \right)^{i\beta} \frac{z}{(z^2 - a^2)^{1/2}} \right] \\
&= K \left[1 - (z - 2ia\beta) \left(\frac{z+a}{z-a} \right)^{i\beta} \frac{1}{(z^2 - a^2)^{1/2}} \right]
\end{aligned}$$

ただし

$$\begin{aligned}
\frac{d}{dz}\left(\frac{z+a}{z-a} \right)^{i\beta} &= i\beta \left(\frac{z+a}{z-a} \right)^{i\beta - 1} \frac{d}{dz}\left(\frac{z+a}{z-a} \right) \\
&= i\beta \left(\frac{z+a}{z-a} \right)^{i\beta} \left(\frac{z-a}{z+a} \right) \left(\frac{-2a}{(z-a)^2} \right) \\
&= -2ia\beta \left(\frac{z+a}{z-a} \right)^{i\beta} \frac{1}{z^2 - a^2}
\end{aligned}$$

$$\frac{d}{dz}(z^2 - a^2)^{1/2} = \frac{z}{(z^2 - a^2)^{1/2}}$$

を利用した。

$\diamondsuit$

き裂の内側における変位について考えよう。

$$\lim_{y \to +0} 2\mu_1(u_1 + iv_1)$$

$$= \lim_{y \to +0} \left[\kappa_1 \varphi_1(z) - z\overline{\varphi_1'(z)} - \overline{\chi_1'(z)} \right]$$

$$= \lim_{y \to +0} \left[\kappa_1 \varphi_1(z) - z\overline{\varphi_1'(z)} - \varphi_2(\bar{z}) + \bar{z}\overline{\varphi_1'(z)} \right]$$

$$= \lim_{y \to +0} \left[\kappa_1 \varphi_1(z) - \varphi_2(\bar{z}) \right]$$

$$= \frac{\kappa_1}{\mu_1 + \mu_2 \kappa_1} \phi^+(x) - \frac{1}{\mu_2 + \mu_1 \kappa_2} \phi^-(x) \tag{14.81}$$

ただし，$\theta(z) = 0$ とした。ここで，以下に示す問題 14.4 および問題 14.5 より

$$\arg\left(\frac{z+a}{z-a}\right) = \mp\pi \quad (y = \pm 0, \quad |x| < a),$$

$$\left\{ (z^2 - a^2)^{1/2} \right\}^{\pm} = \pm i\sqrt{a^2 - x^2} \quad (y = \pm 0, \quad |x| < a) \tag{14.82}$$

であり，また $re^{i\theta} = e^{\log r} e^{i\theta}$ に注意して

$$\phi^+(x) = K\left[x - \left(e^{\log\left|\frac{x+a}{x-a}\right|} e^{-i\pi} \right)^{i\beta} \left(i\sqrt{a^2 - x^2} \right) \right] \quad (|x| < a) \tag{14.83}$$

$$\phi^-(x) = K\left[x - \left(e^{\log\left|\frac{x+a}{x-a}\right|} e^{i\pi} \right)^{i\beta} \left(-i\sqrt{a^2 - x^2} \right) \right] \quad (|x| < a) \tag{14.84}$$

となる。これを代入することで，き裂面上側の変位は，$e^{\pi\beta} = \sqrt{\alpha}$ に注意すると

$$2\mu_1 v_1 = \mathrm{Im}\left[\frac{\kappa_1}{\mu_1 + \mu_2 \kappa_1} \phi^+(x) - \frac{1}{\mu_2 + \mu_1 \kappa_2} \phi^-(x) \right]$$

$$= \mathrm{Im}\left[\frac{\kappa_1}{\mu_1 + \mu_2 \kappa_1} K\left[x - \left(e^{\log\left|\frac{x+a}{x-a}\right|} e^{-i\pi} \right)^{i\beta} \left(i\sqrt{a^2 - x^2} \right) \right] \right.$$

$$\left. - \frac{1}{\mu_2 + \mu_1 \kappa_2} K\left[x - \left(e^{\log\left|\frac{x+a}{x-a}\right|} e^{i\pi} \right)^{i\beta} \left(-i\sqrt{a^2 - x^2} \right) \right] \right]$$

$$= \frac{\kappa_1 \sigma_0}{1+\alpha} \sqrt{\alpha} \sqrt{a^2 - x^2} \cos\left(\beta \log\left|\frac{x+a}{x-a}\right|\right)$$

$$+ \frac{\alpha \sigma_0}{1+\alpha} \frac{1}{\sqrt{\alpha}} \sqrt{a^2 - x^2} \cos\left(\beta \log\left|\frac{x+a}{x-a}\right|\right)$$

$$= \frac{(1+\kappa_1)\sqrt{\alpha}\sigma_0}{1+\alpha} \sqrt{a^2 - x^2} \cos\left(\beta \log\left|\frac{x+a}{x-a}\right|\right) \qquad (14.85)$$

となる。ここで，$K = -(\mu_1 + \mu_2\kappa_1)\sigma_0/(1+\alpha)$ を用いている。反対称性より

$$2\mu_2 v_2 = -\frac{(1+\kappa_2)\sqrt{\alpha}\sigma_0}{1+\alpha} \sqrt{a^2 - x^2} \cos\left(\beta \log\left|\frac{x+a}{x-a}\right|\right) \qquad (14.86)$$

よって，開口変位は次式で与えられる。

$$v_1 - v_2 = \frac{\sqrt{\alpha}\sigma_0}{2(1+\alpha)} \sqrt{a^2 - x^2} \left(\frac{1+\kappa_1}{\mu_1} + \frac{1+\kappa_2}{\mu_2}\right) \cos\left(\beta \log\left|\frac{x+a}{x-a}\right|\right)$$

$$(|x| < a) \qquad (14.87)$$

あきらかに，開口変位は振動項 $-1 \leqq \cos\left(\beta \log\left|\frac{x+a}{x-a}\right|\right) \leqq 1$ を有している。これにより，き裂先端近傍ではき裂面の重なり合いが生じるという不都合な結果が得られる。このため，界面き裂の取扱いは依然として，研究対象として残されている。

問題 14.4

$$\arg\left(\frac{z+a}{z-a}\right) = \mp\pi \quad (y = \pm 0) \quad を示せ。$$

【解答】 図 14.4 のような極形式を考える。

$$z + a = r_2 e^{i\theta_2}, \quad z - a = r_1 e^{i\theta_1} \quad \Leftrightarrow \quad \frac{z+a}{z-a} = \frac{r_2}{r_1} e^{i(\theta_2 - \theta_1)}$$

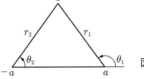

図 **14.4** 極形式の偏角

$y \rightarrow +0$ のとき, $\theta_1 = \pi$, $\theta_2 = 0$ より

$$\arg\left(\frac{z+a}{z-a}\right) = \theta_2 - \theta_1 = -\pi$$

$y \rightarrow -0$ のとき, $\theta_1 = -\pi$, $\theta_2 = 0$ より

$$\arg\left(\frac{z+a}{z-a}\right) = \theta_2 - \theta_1 = \pi$$

問題 14.5 $|x| < a$ において

$$\left\{(z^2 - a^2)^{1/2}\right\}^{\pm} = \pm i\sqrt{a^2 - x^2} \quad (y = \pm 0)$$

となることを示せ。

【解答】 問題 14.4 より

$$(z^2 - a^2)^{1/2} = (z-a)^{1/2}(z+a)^{1/2} = \sqrt{r_1 r_2}\, e^{i(\theta_1 + \theta_2)/2}$$

$y \rightarrow +0$ のとき, $\theta_1 = \pi$, $\theta_2 = 0$ より

$$\left\{(z^2 - a^2)^{1/2}\right\}^{+} = i\sqrt{r_1 r_2} = i\sqrt{a^2 - x^2}$$

$y \rightarrow -0$ のとき, $\theta_1 = -\pi$, $\theta_2 = 0$ より

$$\left\{(z^2 - a^2)^{1/2}\right\}^{-} = -i\sqrt{r_1 r_2} = -i\sqrt{a^2 - x^2}$$

15 線形破壊力学入門

本書の最後の章として線形破壊力学のごく初歩的な内容について紹介する。線形破壊力学[10),11)] とは，弾性体を利用した破壊に関する力学解析のことであり，これにより構造部材の健全性評価は格段に進歩した。破壊力学では，モードIと呼ばれる引張，モードIIと呼ばれる面内せん断，モードIIIと呼ばれる面外せん断変形下での応力場を用いて，検討を進める。ここでは，面内の変形（モードIとモードII）についてのみ紹介する。つまり，本書では面外変形（モードIII）は取り扱わないこととする。

15.1 ウェスタガードの応力関数（引張・せん断）[11)]

ここでは，x 軸に沿って存在するき裂を中心に議論を進める。ウェスタガードは x 軸上のせん断応力が 0 となるモードIタイプのき裂は，エアリの応力関数 F を，複素関数 $Z_I(z)$ を用いて，つぎのようにおくことで解析可能であることを示した[†]。

$$F = \text{Re}[\tilde{\tilde{Z}}_I(z)] + y\text{Im}[\tilde{Z}_I(z)] \tag{15.1}$$

ここで

$$\tilde{Z}_I = \int^z Z_I dz \tag{15.2}$$

$$\tilde{\tilde{Z}}_I = \int^z \tilde{Z}_I dz \tag{15.3}$$

[†] ウェスタガードの応力関数は，13 章で導入した複素応力関数とは別のもので，線形破壊力学では幅広く用いられている。

である。この $Z_I(z)$ はウェスタガード応力関数と呼ばれる。さて，13 章で述べたようにエアリの応力関数から，応力はつぎのように求められる。

$$\sigma_x = \frac{\partial^2 F}{\partial y^2}, \quad \sigma_y = \frac{\partial^2 F}{\partial x^2}, \quad \tau_{xy} = -\frac{\partial^2 F}{\partial x \partial y} \tag{15.4}$$

このとき，上式にエアリの応力関数 F の複素関数 $Z_I(z)$ 表示を代入することで，各種応力がつぎのように与えられる。

$$\begin{aligned} \sigma_x &= \frac{\partial^2 F}{\partial y^2} = \frac{\partial}{\partial y}\frac{\partial F}{\partial y} = \frac{\partial}{\partial y}\left(\frac{\partial \mathrm{Re}[\tilde{\tilde{Z}}_I(z)]}{\partial y} + \mathrm{Im}[\tilde{Z}_I(z)] + y\frac{\partial}{\partial y}\mathrm{Im}[\tilde{Z}_I(z)]\right) \\ &= \frac{\partial}{\partial y}\left(-\mathrm{Im}[\tilde{Z}_I(z)] + \mathrm{Im}[\tilde{Z}_I(z)] + y\mathrm{Re}[Z_I(z)]\right) \\ &= \mathrm{Re}[Z_I(z)] + y\frac{\partial}{\partial y}\mathrm{Re}[Z_I(z)] \\ &= \mathrm{Re}[Z_I(z)] - y\mathrm{Im}[Z_I'(z)] \end{aligned} \tag{15.5}$$

$$\begin{aligned} \sigma_y &= \frac{\partial^2 F}{\partial x^2} = \frac{\partial}{\partial x}\frac{\partial F}{\partial x} = \frac{\partial}{\partial x}\left(\frac{\partial \mathrm{Re}[\tilde{\tilde{Z}}_I(z)]}{\partial x} + y\frac{\partial}{\partial x}\mathrm{Im}[\tilde{Z}_I(z)]\right) \\ &= \frac{\partial}{\partial x}\left(\mathrm{Re}[\tilde{Z}_I(z)] + y\mathrm{Im}[Z_I(z)]\right) \\ &= \mathrm{Re}[Z_I(z)] + y\mathrm{Im}[Z_I'(z)] \end{aligned} \tag{15.6}$$

$$\begin{aligned} \tau_{xy} &= -\frac{\partial}{\partial x}\frac{\partial F}{\partial y} = -\frac{\partial}{\partial x}\left(\frac{\partial \mathrm{Re}[\tilde{\tilde{Z}}_I(z)]}{\partial y} + \mathrm{Im}[\tilde{Z}_I(z)] + y\frac{\partial}{\partial y}\mathrm{Im}[\tilde{Z}_I(z)]\right) \\ &= -\frac{\partial}{\partial x}\left(-\mathrm{Im}[\tilde{Z}_I(z)] + \mathrm{Im}[\tilde{Z}_I(z)] + y\mathrm{Re}[Z_I(z)]\right) \\ &= -y\frac{\partial}{\partial x}\mathrm{Re}[Z_I(z)] = -y\mathrm{Re}[Z_I'(z)] \end{aligned} \tag{15.7}$$

ここで，コーシー・リーマンの関係から得られる式 (2.37) をもとにした，つぎの関係を利用している[11]。

$$\mathrm{Re}[f'(z)] = \frac{\partial}{\partial x}\left(\mathrm{Re}[f(z)]\right) = \frac{\partial}{\partial y}\left(\mathrm{Im}[f(z)]\right) \tag{15.8}$$

$$\mathrm{Im}[f'(z)] = \frac{\partial}{\partial x}\left(\mathrm{Im}[f(z)]\right) = -\frac{\partial}{\partial y}\left(\mathrm{Re}[f(z)]\right) \tag{15.9}$$

式 (15.7) より，x 軸上 ($y = 0$) では $\tau_{xy} = 0$ であり，モード I の条件が自動

的に満たされていることがわかる。つぎに、変位のウェスタガード応力関数について導出する。2次元問題のひずみ–応力関係は次式によって与えられる[10]。

$$2G\varepsilon_x = \frac{\kappa+1}{4}(\sigma_x + \sigma_y) - \sigma_y \tag{15.10}$$

$$2G\varepsilon_y = \frac{\kappa+1}{4}(\sigma_x + \sigma_y) - \sigma_x \tag{15.11}$$

$$G\gamma_{xy} = \tau_{xy} \tag{15.12}$$

ここで、平面ひずみであれば $\kappa = 3-4\nu$、平面応力であれば $\kappa = (3-\nu)/(1+\nu)$ である。これに先ほどの式と変位–ひずみ関係を代入することで

$$2G\frac{\partial u}{\partial x} = \frac{\kappa+1}{4}(\mathrm{Re}[Z_I(z)] - y\mathrm{Im}[Z_I'(z)] + \mathrm{Re}[Z_I(z)] + y\mathrm{Im}[Z_I'(z)])$$
$$\qquad - \mathrm{Re}[Z_I(z)] - y\mathrm{Im}[Z_I'(z)]$$

$$\Leftrightarrow 2G\frac{\partial u}{\partial x} = \frac{\kappa-1}{2}\mathrm{Re}[Z_I(z)] - y\mathrm{Im}[Z_I'(z)]$$

$$\Leftrightarrow 2Gu = \frac{\kappa-1}{2}\mathrm{Re}[\tilde{Z}_I(z)] - y\mathrm{Im}[Z_I(z)] \tag{15.13}$$

$$2G\frac{\partial v}{\partial y} = \frac{\kappa+1}{4}(\mathrm{Re}[Z_I(z)] - y\mathrm{Im}[Z_I'(z)] + \mathrm{Re}[Z_I(z)] + y\mathrm{Im}[Z_I'(z)])$$
$$\qquad - \mathrm{Re}[Z_I(z)] + y\mathrm{Im}[Z_I'(z)]$$

$$\Leftrightarrow 2G\frac{\partial v}{\partial y} = \frac{\kappa-1}{2}\mathrm{Re}[Z_I(z)] + y\mathrm{Im}[Z_I'(z)]$$

$$\Leftrightarrow 2Gv = \frac{\kappa+1}{2}\mathrm{Im}[\tilde{Z}_I(z)] - y\mathrm{Re}[Z_I(z)] \tag{15.14}$$

が得られる。このとき、積分定数は無視している。また、積分を実行すると考えるよりは、変位を微分したときに、ひずみ（偏微分で書かれた式）を満たすように決定するとわかりやすい。

ウェスタガードは図 **15.1** に示すような一様引張のモードI問題を解くために、つぎの関数を導入した。

$$Z_I(z) = \frac{\sigma^\infty}{\sqrt{1 - \left(\frac{a}{z}\right)^2}} \tag{15.15}$$

この式から、微分を行うとただちに確かめられるつぎの二つの関係が得られる。

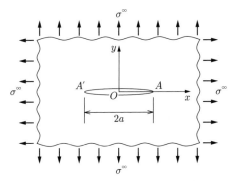

図 15.1 一様引張を受けるき裂[4]

$$\tilde{Z}_I(z) = \sigma^\infty \sqrt{z^2 - a^2} \tag{15.16}$$

$$Z_I'(z) = -\sigma^\infty a^2 (z^2 - a^2)^{-3/2} \tag{15.17}$$

ここで，右き裂先端 $(a, 0)$，原点 $(0, 0)$，左き裂先端 $(-a, 0)$ に極形式を導入し，つぎのようにおく。

$$z = re^{i\theta}, \quad z - a = r_1 e^{i\theta_1}, \quad z + a = r_2 e^{i\theta_2} \tag{15.18}$$

すると

$$\tilde{Z}_I(z) = \sigma^\infty \sqrt{z^2 - a^2} = \sigma^\infty \sqrt{r_1 r_2}\, e^{i(\theta_1+\theta_2)/2},$$

$$Z_I(z) = \frac{\sigma^\infty z}{\sqrt{z^2 - a^2}} = \frac{\sigma^\infty r}{\sqrt{r_1 r_2}} e^{i(\theta - (\theta_1+\theta_2)/2)} \tag{15.19}$$

$$Z_I'(z) = -\sigma^\infty a^2 (z^2 - a^2)^{-3/2} = -\frac{\sigma^\infty a^2}{(r_1 r_2)^{3/2}} e^{-3i(\theta_1+\theta_2)/2} \tag{15.20}$$

となり，$y = r\sin\theta$ とすることで，各応力はつぎのように書ける。

$$\sigma_x = \text{Re}[Z_I(z)] - y\text{Im}[Z_I'(z)]$$

$$= \frac{\sigma^\infty r}{\sqrt{r_1 r_2}} \cos\left(\theta - \frac{\theta_1 + \theta_2}{2}\right) - \frac{\sigma^\infty a^2}{(r_1 r_2)^{3/2}} r\sin\theta \sin\frac{3(\theta_1+\theta_2)}{2}$$

$$= \frac{\sigma^\infty r}{\sqrt{r_1 r_2}} \left\{ \cos\left(\theta - \frac{\theta_1 + \theta_2}{2}\right) - \frac{a^2}{r_1 r_2}\sin\theta \sin\frac{3(\theta_1+\theta_2)}{2} \right\} \tag{15.21}$$

$$\sigma_y = \mathrm{Re}[Z_I(z)] + y\mathrm{Im}[Z_I'(z)]$$

$$= \frac{\sigma^\infty r}{\sqrt{r_1 r_2}} \cos\left(\theta - \frac{\theta_1 + \theta_2}{2}\right) + \frac{\sigma^\infty a^2}{(r_1 r_2)^{3/2}} r \sin\theta \sin\frac{3(\theta_1 + \theta_2)}{2}$$

$$= \frac{\sigma^\infty r}{\sqrt{r_1 r_2}} \left\{ \cos\left(\theta - \frac{\theta_1 + \theta_2}{2}\right) + \frac{a^2}{r_1 r_2} \sin\theta \sin\frac{3(\theta_1 + \theta_2)}{2} \right\} \quad (15.22)$$

$$\tau_{xy} = -y\mathrm{Re}[Z_I'(z)] = \frac{\sigma^\infty a^2}{(r_1 r_2)^{3/2}} r \sin\theta \cos\frac{3(\theta_1 + \theta_2)}{2} \quad (15.23)$$

この式において，十分遠方では $r = r_1 = r_2 (\to \infty)$ で，かつ $\theta = \theta_1 = \theta_2$ となるため，$\sigma_x = \sigma_y = \sigma^\infty$ と $\tau_{xy} = 0$ となる。また，き裂面では $\theta = 0$ または $\pm\pi$，$\theta_1 + \theta_2 = \pm\pi$ となるために，自由表面の応力条件 $\sigma_y = \tau_{xy} = 0$ が満たされる。

き裂近傍を議論するためには，$y = r\sin\theta$ のところを $y = r_1 \sin\theta_1$ として，かつ，$r \to a$, $\theta \to 0$, $r_2 \to 2a$, $\theta_2 \to 0$ とすると

$$\sigma_x = \mathrm{Re}[Z_I(z)] - y\mathrm{Im}[Z_I'(z)]$$

$$= \frac{\sigma^\infty r}{\sqrt{r_1 r_2}} \cos\left(\theta - \frac{\theta_1 + \theta_2}{2}\right) - \frac{\sigma^\infty a^2}{(r_1 r_2)^{3/2}} r_1 \sin\theta_1 \sin\frac{3(\theta_1 + \theta_2)}{2}$$

$$\to \frac{\sigma^\infty \sqrt{\pi a}}{\sqrt{2\pi r_1}} \cos\frac{\theta_1}{2} - \frac{\sigma^\infty \sqrt{\pi a}}{\sqrt{2\pi r_1}} \cos\frac{\theta_1}{2} \sin\frac{\theta_1}{2} \sin\frac{3\theta_1}{2}$$

$$= \frac{K_I}{\sqrt{2\pi r_1}} \cos\frac{\theta_1}{2} \left(1 - \sin\frac{\theta_1}{2} \sin\frac{3\theta_1}{2} \right) \quad (15.24)$$

$$\sigma_y = \mathrm{Re}[Z_I(z)] + y\mathrm{Im}[Z_I'(z)]$$

$$= \frac{\sigma^\infty r}{\sqrt{r_1 r_2}} \cos\left(\theta - \frac{\theta_1 + \theta_2}{2}\right) + \frac{\sigma^\infty a^2}{(r_1 r_2)^{3/2}} r_1 \sin\theta_1 \sin\frac{3(\theta_1 + \theta_2)}{2}$$

$$\to \frac{\sigma^\infty \sqrt{\pi a}}{\sqrt{2\pi r_1}} \cos\frac{\theta_1}{2} + \frac{\sigma^\infty \sqrt{\pi a}}{\sqrt{2\pi r_1}} \cos\frac{\theta_1}{2} \sin\frac{\theta_1}{2} \sin\frac{3\theta_1}{2}$$

$$= \frac{K_I}{\sqrt{2\pi r_1}} \cos\frac{\theta_1}{2} \left(1 + \sin\frac{\theta_1}{2} \sin\frac{3\theta_1}{2} \right) \quad (15.25)$$

$$\tau_{xy} = -y\mathrm{Re}[Z'(z)]$$

$$= \frac{\sigma^\infty a^2}{(r_1 r_2)^{3/2}} r_1 \sin\theta_1 \cos\frac{3(\theta_1 + \theta_2)}{2}$$

$$\rightarrow \frac{K_I}{\sqrt{2\pi r_1}} \cos\frac{\theta_1}{2} \sin\frac{\theta_1}{2} \cos\frac{3\theta_1}{2} \tag{15.26}$$

となる。応力の三つの成分とも，$r_1^{-1/2}$ の特異性（r_1 が 0 に近づくと発散すること）を有している。ここで，$K_I \equiv \sigma^\infty \sqrt{\pi a}$ であり，特異性の強さを表すパラメータで，モード I の応力拡大係数という。後に述べるように，き裂進展の条件に利用されるパラメータである。また，変位に関しても

$$\begin{aligned}
2Gu &= \frac{\kappa-1}{2}\mathrm{Re}[\tilde{Z}_I(z)] - y\mathrm{Im}[Z_I(z)] \\
&= \frac{\kappa-1}{2}\sigma^\infty\sqrt{r_1 r_2}\cos\frac{\theta_1+\theta_2}{2} - \frac{\sigma^\infty r}{\sqrt{r_1 r_2}}r\sin\theta\sin\left(\theta-\frac{\theta_1+\theta_2}{2}\right) \\
&= \sigma^\infty\sqrt{r_1 r_2}\left\{\frac{\kappa-1}{2}\cos\frac{\theta_1+\theta_2}{2} - \frac{r^2}{r_1 r_2}\sin\theta\sin\left(\theta-\frac{\theta_1+\theta_2}{2}\right)\right\}
\end{aligned} \tag{15.27}$$

$$\begin{aligned}
2Gv &= \frac{\kappa+1}{2}\mathrm{Im}[\tilde{Z}_I(z)] - y\mathrm{Re}[Z_I(z)] \\
&= \frac{\kappa+1}{2}\sigma^\infty\sqrt{r_1 r_2}\sin\frac{\theta_1+\theta_2}{2} - \frac{\sigma^\infty r^2}{\sqrt{r_1 r_2}}\sin\theta\cos\left(\theta-\frac{\theta_1+\theta_2}{2}\right) \\
&= \sigma^\infty\sqrt{r_1 r_2}\left\{\frac{\kappa+1}{2}\sin\frac{\theta_1+\theta_2}{2} - \frac{r^2}{r_1 r_2}\sin\theta\cos\left(\theta-\frac{\theta_1+\theta_2}{2}\right)\right\}
\end{aligned} \tag{15.28}$$

となる。き裂面では，$\theta = 0$ または $\pm\pi$，$\theta_1 + \theta_2 = \pm\pi$ となり，$\sqrt{r_1 r_2} = \sqrt{a^2-x^2}$ より

$$u = 0, \quad v = \pm\frac{\sigma^\infty(\kappa+1)}{4G}\sqrt{a^2-x^2} \tag{15.29}$$

が得られる。変位についても，き裂先端近傍を議論するためには，$y = r\sin\theta$ のところを $y = r_1\sin\theta_1$ として，かつ，$r \rightarrow a$, $\theta \rightarrow 0$, $r_2 \rightarrow 2a$, $\theta_2 \rightarrow 0$ とすると，つぎのようになる。

$$\begin{aligned}
2Gu &= \frac{\kappa-1}{2}\mathrm{Re}[\tilde{Z}_I(z)] - y\mathrm{Im}[Z_I(z)] \\
&= \frac{\kappa-1}{2}\sigma^\infty\sqrt{r_1 r_2}\cos\frac{\theta_1+\theta_2}{2} - \frac{\sigma^\infty r}{\sqrt{r_1 r_2}}r_1\sin\theta_1\sin\left(\theta-\frac{\theta_1+\theta_2}{2}\right)
\end{aligned}$$

$$\to K_I \sqrt{\frac{r_1}{2\pi}} \cos\frac{\theta_1}{2} \left(\kappa - 1 + 2\sin^2\frac{\theta_1}{2} \right) \tag{15.30}$$

$$
\begin{aligned}
2Gv &= \frac{\kappa + 1}{2}\mathrm{Im}[\tilde{Z}_I(z)] - y\mathrm{Re}[Z_I(z)] \\
&= \frac{\kappa + 1}{2}\sigma^\infty \sqrt{r_1 r_2} \sin\frac{\theta_1 + \theta_2}{2} - \frac{\sigma^\infty r}{\sqrt{r_1 r_2}} r_1 \sin\theta_1 \cos\left(\theta - \frac{\theta_1 + \theta_2}{2}\right) \\
&\to K_I \sqrt{\frac{r_1}{2\pi}} \sin\frac{\theta_1}{2} \left(\kappa + 1 - 2\cos^2\frac{\theta_1}{2} \right)
\end{aligned}
\tag{15.31}
$$

さて，14章でも述べたが，ウェスタガードの応力関数と応力拡大係数には，き裂先端の座標を z_0 とすると，つぎのような関係がある[10]。

$$K_{I,II} = \sqrt{2\pi} \lim_{z \to z_0} (z - z_0)^{1/2} Z_{I,II}(z) \tag{15.32}$$

今後は，この関係も積極的に用いていくことにする。応力拡大係数が破壊解析でどのように用いられるのかは紙面の関係上省略するが，原則としてき裂の進展の有無がモードⅠの破壊靭性値 K_{Ic} を用いて $K_I > K_{Ic}$ によって判断される†。

　アーウィンはウェスタガードの考え方をモードⅡに拡張した。そのとき，エアリの応力関数は次式で与えられる。

$$F = -y\mathrm{Re}[\tilde{Z}_{II}(z)] \tag{15.33}$$

各応力は，つぎのようになる。

$$
\begin{aligned}
\sigma_x &= \frac{\partial^2 F}{\partial y^2} = \frac{\partial^2}{\partial y^2}(-y\mathrm{Re}[\tilde{Z}_{II}(z)]) = \frac{\partial}{\partial y}\left(-\mathrm{Re}[\tilde{Z}_{II}(z)] - y\frac{\partial\mathrm{Re}[\tilde{Z}_{II}(z)]}{\partial y} \right) \\
&= \frac{\partial}{\partial y}(-\mathrm{Re}[\tilde{Z}_{II}(z)] + y\mathrm{Im}[Z_{II}(z)]) = 2\,\mathrm{Im}[Z_{II}(z)] + y\mathrm{Re}[Z'_{II}(z)]
\end{aligned}
\tag{15.34}
$$

$$
\begin{aligned}
\sigma_y &= \frac{\partial^2 F}{\partial x^2} = \frac{\partial^2}{\partial x^2}(-y\mathrm{Re}[\tilde{Z}_{II}(z)]) = \frac{\partial}{\partial x}\left(-y\frac{\partial\mathrm{Re}[\tilde{Z}_{II}(z)]}{\partial x} \right) \\
&= \frac{\partial}{\partial x}(-y\mathrm{Re}[Z_{II}(z)]) = -y\mathrm{Re}[Z'_{II}(z)]
\end{aligned}
\tag{15.35}
$$

---

† 文献6), 10) には幅広い適用例が紹介されている。

$$\tau_{xy} = -\frac{\partial}{\partial x}\frac{\partial F}{\partial y} = -\frac{\partial}{\partial x}\frac{\partial}{\partial y}(-y\mathrm{Re}[\tilde{Z}_{II}(z)])$$

$$= -\frac{\partial}{\partial x}\left(-\mathrm{Re}[\tilde{Z}_{II}(z)] - y\frac{\partial \mathrm{Re}[\tilde{Z}_{II}(z)]}{\partial y}\right)$$

$$= -\frac{\partial}{\partial x}(-\mathrm{Re}[\tilde{Z}_{II}(z)] + y\mathrm{Im}[Z_{II}(z)])$$

$$= \mathrm{Re}[Z_{II}(z)] - y\mathrm{Im}[Z'_{II}(z)] \tag{15.36}$$

式 (15.35) より，き裂面 $y = 0$ にて $\sigma_y = 0$ が満たされている．変位についても式 (15.10)，式 (15.11) を用いると

$$2G\frac{\partial u}{\partial x} = \frac{\kappa+1}{4}(2\,\mathrm{Im}[Z_{II}(z)] + y\mathrm{Re}[Z'_{II}(z)] - y\mathrm{Re}[Z'_{II}(z)]) + y\mathrm{Re}[Z'_{II}(z)]$$

$$\Leftrightarrow 2G\frac{\partial u}{\partial x} = \frac{\kappa+1}{2}\mathrm{Im}[Z_{II}(z)] + y\mathrm{Re}[Z'_{II}(z)]$$

$$\Leftrightarrow 2Gu = \frac{\kappa+1}{2}\mathrm{Im}[\tilde{Z}_{II}(z)] + y\mathrm{Re}[Z_{II}(z)] \tag{15.37}$$

$$2G\frac{\partial v}{\partial y} = \frac{\kappa+1}{4}(2\,\mathrm{Im}[Z_{II}(z)] + y\mathrm{Re}[Z'_{II}(z)] - y\mathrm{Re}[Z'_{II}(z)])$$

$$\qquad - (2\,\mathrm{Im}[Z_{II}(z)] + y\mathrm{Re}[Z'_{II}(z)])$$

$$\Leftrightarrow 2G\frac{\partial v}{\partial y} = \frac{\kappa-3}{2}\mathrm{Im}[Z_{II}(z)] - y\mathrm{Re}[Z'_{II}(z)]$$

$$\Leftrightarrow 2Gv = -\frac{\kappa-1}{2}\mathrm{Re}[\tilde{Z}_{II}(z)] - y\mathrm{Im}[Z_{II}(z)] \tag{15.38}$$

となる．ここで，アーウィンはモード II の問題を解くために，つぎの関数を導入した．

$$Z_{II}(z) = \frac{\tau^{\infty}}{\sqrt{1 - \left(\dfrac{a}{z}\right)^2}} \tag{15.39}$$

このとき

$$K_{II} = \sqrt{2\pi}\lim_{z \to a}(z-a)^{1/2}\frac{\tau^{\infty}}{\sqrt{1 - \left(\dfrac{a}{z}\right)^2}}$$

$$= \sqrt{2\pi}\lim_{z \to a}(z-a)^{1/2}\frac{\tau^{\infty}z}{\sqrt{z^2-a^2}} = \tau^{\infty}\sqrt{\pi a} \tag{15.40}$$

となる。この場合も $K_{II} > K_{IIc}$（モード II の破壊靭性値）がき裂進展の条件となる。つぎに，き裂先端の応力と変位だけ導出しておく。$y = r_1 \sin\theta_1$ として，$r \to a$, $\theta \to 0$, $r_2 \to 2a$, $\theta_2 \to 0$ とすると，式 (15.18) を参考にして

$$
\begin{aligned}
\sigma_x &= 2\,\mathrm{Im}[Z_{II}(z)] + y\,\mathrm{Re}[Z_{II}'(z)] \\
&= 2\frac{\tau^\infty r}{\sqrt{r_1 r_2}}\sin\left(\theta - \frac{\theta_1+\theta_2}{2}\right) - \frac{\tau^\infty a^2}{(r_1 r_2)^{3/2}} r_1 \sin\theta_1 \cos\frac{3(\theta_1+\theta_2)}{2} \\
&\to -\frac{K_{II}}{\sqrt{2\pi r_1}}\sin\frac{\theta_1}{2}\left(2+\cos\frac{\theta_1}{2}\cos\frac{3\theta_1}{2}\right)
\end{aligned}
\tag{15.41}
$$

$$
\begin{aligned}
\sigma_y &= -y\,\mathrm{Re}[Z_{II}'(z)] \\
&= \frac{\tau^\infty a^2}{(r_1 r_2)^{3/2}} r_1 \sin\theta_1 \cos\frac{3(\theta_1+\theta_2)}{2} \\
&\to \frac{K_{II}}{\sqrt{2\pi r_1}}\sin\frac{\theta_1}{2}\cos\frac{\theta_1}{2}\cos\frac{3\theta_1}{2}
\end{aligned}
\tag{15.42}
$$

$$
\begin{aligned}
\tau_{xy} &= \mathrm{Re}[Z_{II}(z)] - y\,\mathrm{Im}[Z_{II}'(z)] \\
&= \frac{\tau^\infty r}{\sqrt{r_1 r_2}}\cos\left(\theta - \frac{\theta_1+\theta_2}{2}\right) - \frac{\tau^\infty a^2}{(r_1 r_2)^{3/2}} r_1 \sin\theta_1 \sin\frac{3(\theta_1+\theta_2)}{2} \\
&\to \frac{K_{II}}{\sqrt{2\pi r_1}}\cos\frac{\theta_1}{2}\left(1-\sin\frac{\theta_1}{2}\sin\frac{3\theta_1}{2}\right)
\end{aligned}
\tag{15.43}
$$

となる。このように，モード II においても K_{II} はき裂先端の応力における $r_1^{-1/2}$ の特異性の強さを示している。変位はつぎのように与えられる。

$$
\begin{aligned}
2Gu &= \frac{\kappa+1}{2}\mathrm{Im}[\tilde{Z}_{II}(z)] + y\,\mathrm{Re}[Z_{II}(z)] \\
&= \frac{\kappa+1}{2}\tau^\infty\sqrt{r_1 r_2}\sin\frac{\theta_1+\theta_2}{2} + \frac{\tau^\infty r}{\sqrt{r_1 r_2}} r_1 \sin\theta_1 \cos\left(\theta - \frac{\theta_1+\theta_2}{2}\right) \\
&\to K_{II}\sqrt{\frac{r_1}{2\pi}}\sin\frac{\theta_1}{2}\left\{(\kappa+1)+2\cos^2\frac{\theta_1}{2}\right\}
\end{aligned}
\tag{15.44}
$$

$$
\begin{aligned}
2Gv &= -\frac{\kappa-1}{2}\mathrm{Re}[\tilde{Z}_{II}(z)] - y\,\mathrm{Im}[Z_{II}(z)] \\
&= -\frac{\kappa-1}{2}\tau^\infty\sqrt{r_1 r_2}\cos\frac{\theta_1+\theta_2}{2} - \frac{\tau^\infty r}{\sqrt{r_1 r_2}} r_1 \sin\theta_1 \sin\left(\theta - \frac{\theta_1+\theta_2}{2}\right)
\end{aligned}
$$

$$\rightarrow K_{II}\sqrt{\frac{r_1}{2\pi}}\cos\frac{\theta_1}{2}\left\{-(\kappa-1)+2\sin^2\frac{\theta_1}{2}\right\} \tag{15.45}$$

15.2 集 中 力 の 解[11)]

アーウィンによって，図 **15.2** のようなき裂面に一対の集中力 P が $x=b$ の上下面にかかっているときのウェスタガードの応力関数は

$$Z_I(z)|_{x=b}=\frac{P}{\pi(z-b)}\frac{\sqrt{a^2-b^2}}{\sqrt{z^2-a^2}} \tag{15.46}$$

と与えられた。このとき，y 軸に対称な $x=-b$ の上下面にかかっているときのウェスタガードの応力関数は

$$Z_I(z)|_{x=-b}=\frac{P}{\pi(z+b)}\frac{\sqrt{a^2-b^2}}{\sqrt{z^2-a^2}} \tag{15.47}$$

つまり，合計のウェスタガードの応力関数は

$$
\begin{aligned}
Z_I(z)&=Z_I(z)|_{x=b}+Z_I(z)|_{x=-b}\\
&=\frac{P}{\pi(z-b)}\frac{\sqrt{a^2-b^2}}{\sqrt{z^2-a^2}}+\frac{P}{\pi(z+b)}\frac{\sqrt{a^2-b^2}}{\sqrt{z^2-a^2}}\\
&=\frac{2P}{\pi(z^2-b^2)}\frac{\sqrt{a^2-b^2}}{\sqrt{1-\left(\dfrac{a}{z}\right)^2}}
\end{aligned}
\tag{15.48}
$$

となる。このとき，応力拡大係数は

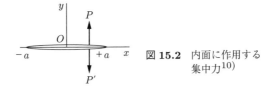

図 **15.2** 内面に作用する
集中力[10)]

$$K_I = \lim_{z \to a} \sqrt{2\pi(z-a)} \frac{2P}{\pi(z^2-b^2)} \frac{\sqrt{a^2-b^2}}{\sqrt{1-\left(\frac{a}{z}\right)^2}}$$

$$= \frac{2P}{\sqrt{\pi a}} \frac{a}{\sqrt{a^2-b^2}} \tag{15.49}$$

となる。これを $P = \sigma^\infty db$ を考慮して，き裂全域に対して積分すると

$$K_I = \int_0^a \frac{2\sigma^\infty}{\sqrt{\pi a}} \frac{adb}{\sqrt{a^2-b^2}} = \sigma^\infty \sqrt{\pi a} \tag{15.50}$$

となり，ウェスタガードの解と一致する。しかしながら，き裂全域に対するウェスタガードの応力関数はつぎの積分公式

$$\int_0^a \frac{1}{z^2-b^2} \frac{\sqrt{a^2-b^2}}{\sqrt{1-\left(\frac{a}{z}\right)^2}} db = \frac{\pi}{2} \left\{ \frac{1}{\sqrt{1-\left(\frac{a}{z}\right)^2}} - 1 \right\} \tag{15.51}$$

を用いると

$$Z_I(z) = \int_0^a \frac{2\sigma^\infty db}{\pi(z^2-b^2)} \frac{\sqrt{a^2-b^2}}{\sqrt{1-\left(\frac{a}{z}\right)^2}} = \frac{\sigma^\infty}{\sqrt{1-\left(\frac{a}{z}\right)^2}} - \sigma^\infty \tag{15.52}$$

となり，応力拡大係数が一致しているにもかかわらずウェスタガードの応力関数 (15.15) と一致しない[†]。この解の意味としては，$Z_I(z) = -\sigma^\infty$ という，き裂に関係ない無限体に一様応力が生じているときの解を式 (15.15) に重ねていることに対応する。これはモードⅠの応力公式である式 (15.5)〜(15.7) を用いて算出すると，$\sigma_x = \sigma_y = -\sigma^\infty$，$\tau_{xy} = 0$ という一様応力になる。つまり，式 (15.52) の最右辺の第 1 項が無限遠で $\sigma_x = \sigma_y = \sigma^\infty$，$\tau_{xy} = 0$ の解であったことを考えると，遠方では応力フリーで，き裂先端だけ，ウェスタガードの解になっていると考えることができる。

15.3　ウェスタガードの応力関数（一般形）[10), 11)]

ウェスタガードによるモードⅠの解は，二軸引張に関するものであり，直観

[†] 一方で，同一の問題設定である式 (14.50) とは完全に一致する。

的に理解しにくい。また，実験的な評価にも適していない。直観的にも理解しやすい一軸引張に関する改良が種々に行われた。最もシンプルなものは，ウェスタガードの応力関数そのものには手を加えず，出てきた応力の x 軸方向に圧縮を加えるなどの補正が加えられた。しかし，それではあまりに場当たり的である。岡村は，そもそも，（き裂の開き方や，き裂先端の応力・変位分布はモードIだとしても）一軸引張がウェスタガードの応力関数における純粋なモードIではないと考え，ウェスタガードの応力関数における統一的な扱いを与えた。アイデアはシンプルで，それぞれのウェスタガード応力関数 Z_I，Z_{II} として加える。このとき，エアリの応力関数と各応力はつぎのように与えられる。

$$F = \mathrm{Re}[\tilde{\tilde{Z}}_I(z)] + y\mathrm{Im}[\tilde{Z}_I(z)] - y\mathrm{Re}[\tilde{Z}_{II}(z)] \tag{15.53}$$

$$\sigma_x = \mathrm{Re}[Z_I(z)] - y\mathrm{Im}[Z_I'(z)] + 2\mathrm{Im}[Z_{II}(z)] + y\mathrm{Re}[Z_{II}'(z)] \tag{15.54}$$

$$\sigma_y = \mathrm{Re}[Z_I(z)] + y\mathrm{Im}[Z_I'(z)] - y\mathrm{Re}[Z_{II}'(z)] \tag{15.55}$$

$$\tau_{xy} = -y\mathrm{Re}[Z_I'(z)] + \mathrm{Re}[Z_{II}(z)] - y\mathrm{Im}[Z_{II}'(z)] \tag{15.56}$$

き裂のないときの任意の一様応力 $\sigma_x = \sigma_x^\infty$，$\sigma_y = \sigma_y^\infty$，$\tau_{xy} = \tau_{xy}^\infty$ のウェスタガード応力関数は

$$Z_I(z) = \sigma_y^\infty, \quad Z_{II}(z) = \tau_{xy}^\infty + \frac{i(\sigma_x^\infty - \sigma_y^\infty)}{2} \tag{15.57}$$

によって与えられる。そこで，一様引張のウェスタガードの応力関数 (15.15) に $\sigma_x^\infty = -\sigma^\infty$，$\sigma_y^\infty = \tau_{xy}^\infty = 0$ を代入したときの応力関数 (15.57) を加えると

$$Z_I(z) = \frac{\sigma^\infty}{\sqrt{1 - \left(\dfrac{a}{z}\right)^2}}, \quad Z_{II}(z) = -\frac{i\sigma^\infty}{2} \tag{15.58}$$

となる。これであれば，一軸引張が完全に再現される。また，同様に集中力の応力関数 (15.52) に $\sigma_y^\infty = \sigma^\infty$，$\sigma_x^\infty = \tau_{xy}^\infty = 0$ を代入した応力関数 (15.57) を重ねても

$$Z_I(z) = \frac{\sigma^\infty}{\sqrt{1 - \left(\dfrac{a}{z}\right)^2}}, \quad Z_{II}(z) = -\frac{i\sigma^\infty}{2} \tag{15.59}$$

になり，一致する。つまり，一軸引張は 0 でない Z_{II} を有するが，き裂の特性は Z_I に支配される。

15.4　連続分布転位による応力拡大係数の評価[12]

本書の最後に連続分布転位を利用した，応力拡大係数の評価法を紹介する。これは一様でない応力場にあるき裂の評価に適している。まずは無限体中に存在する単一き裂に対する一軸引張における応力拡大係数の解析解を紹介する。

無限体中の応力場は2種類に分けることができるとする。一つは，き裂が存在しないときの応力場 $\tilde{\sigma}_{ij}(x, y)$ であり，もう一つはき裂があることで生じる擾乱応力場 $\bar{\sigma}_{ij}(x, y)$ である。よって，単一き裂を有する無限体中の応力場 $\sigma_{ij}(x, y)$ は

$$\sigma_{ij}(x, y) = \tilde{\sigma}_{ij}(x, y) + \bar{\sigma}_{ij}(x, y) \tag{15.60}$$

によって与えられる。

まずは無限遠方にて引張応力 $\sigma_{yy}^{\infty}(x)(= \tilde{\sigma}_{yy}(x, 0))$ が生じている問題を考えよう。長さ $2a$ のき裂が中心を原点に x 軸上に存在しているとする。このとき，き裂面における応力は 0 であり，よって，境界条件はつぎのように書ける。

$$\left.\begin{array}{l} \sigma_{yy}(x, 0) = \sigma_{yy}^{\infty}(x) + \bar{\sigma}_{yy}(x, 0) = 0 \quad (|x| < a) \\ \sigma_{xy}(x, 0) = \bar{\sigma}_{xy}(x, 0) = 0 \quad (|x| < a) \\ \bar{\sigma}_{yy}, \bar{\sigma}_{xy}, \bar{\sigma}_{xx} \to 0 \quad (x, y \to \pm\infty) \end{array}\right\} \tag{15.61}$$

連続分布転位による解析法とは，図 **15.3**(a) のように $|x| < a$ において転位を連続的に分布させることによって，上記の境界条件（具体的には，き裂内部の応力が 0）を再現する解析手法である。図 (b) に示すように，き裂内部にお

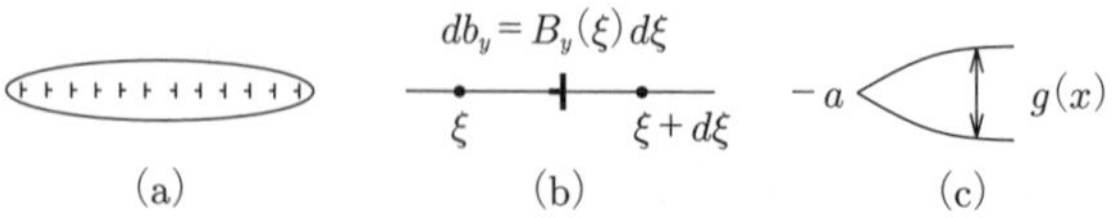

$db_y = B_y(\xi)\,d\xi$

(a)　　　(b)　　　(c)

図 **15.3**　連続分布転位による応力拡大係数解析[12]

ける位置 $\xi(-a < \xi < a)$ の微小線素 $d\xi$ 内部に存在する転位密度が $B_y(\xi)$ とすると，そのときのバーガースベクトル $db_y = B_y(\xi)d\xi$[†1]が引き起こす応力は次式にて与えられる。

$$\bar{\sigma}_{yy}(x,\, 0) = \frac{2\mu}{\pi(\kappa+1)} \frac{db_y}{x-\xi} = \frac{2\mu}{\pi(\kappa+1)} \frac{B_y(\xi)}{x-\xi} d\xi \tag{15.62}$$

これを，き裂全域に関して積分を行うことで，連続分布転位による擾乱応力場が確定する。つまり

$$\bar{\sigma}_{yy}(x,\, 0) = \int_{-a}^{a} \frac{2\mu}{\pi(\kappa+1)} \frac{B_y(\xi)}{x-\xi} d\xi \tag{15.63}$$

によって与えられる。これを先ほどのき裂面における境界条件に適用すると

$$-\frac{\kappa+1}{2\mu}\sigma_{yy}^{\infty} = \frac{1}{\pi}\int_{-a}^{a} \frac{B_y(\xi)}{x-\xi} d\xi \quad (|x| < a) \tag{15.64}$$

という転位密度 $B_y(\xi)$ に関する積分方程式が得られる。特に，右辺の被積分項は $x = \xi$ において特異になるので，特異積分方程式と呼ばれる。$s = \xi/a$ という置換積分を行うと，$t = x/a$ とすることで

$$F(t) = \frac{1}{\pi}\int_{-1}^{1} \frac{B_y(s)}{t-s} ds \quad (|t| < 1) \tag{15.65}$$

ここで

$$F(t) = -\frac{\kappa+1}{2\mu}\sigma_{yy}^{\infty}(t) \tag{15.66}$$

となる。この置換積分した形が特異積分方程式の標準形と考えて良い。

さて，図 (c) に示すように，開口変位を $g(x)$ とすると，現在は，図 (b) の向きを転位の正の向きとしており，一つの転位を入れると，$-b_y$ となるので[†2]，つぎのような関係が成り立つ。

$$g(x) = -\int_{-a}^{x} B_y(\xi)d\xi \tag{15.67}$$

あるいは

[†1] これは転位密度の定義とみなすこともできる。
[†2] 文献12) の Figure 2.2 にわかりやすい説明図がある。

$$B_y(\xi) = -\frac{dg(\xi)}{d\xi}\,\dagger \tag{15.68}$$

ただし,これは左端のき裂先端からの開口変位量である。もし,右端のき裂先端からの距離を r とすると,先端から遠ざかるにつれ,き裂が開口するので

$$g(r) = \int_0^r B_y(\eta)d\eta \tag{15.69}$$

あるいは,微分積分学の基本定理より

$$B_y(r) = \frac{dg(r)}{dr} \tag{15.70}$$

となる。式 (15.31) で示したようにモードⅠの開口変位は

$$g(r) = \frac{K_I(\kappa+1)}{\mu}\sqrt{\frac{r}{2\pi}} \tag{15.71}$$

として与えられる。これを微分すると

$$\frac{dg}{dr} = \frac{\kappa+1}{2\mu}\frac{K_I}{\sqrt{2\pi r}} = B_y(r) \tag{15.72}$$

となる。このように,転位密度 B_y は $r^{-1/2}$ といったき裂先端に特異性を有する関数からなる。そこで,連続分布転位による解析法では,式 (15.65) の評価において

$$B_y(s) = \omega(s)\phi_y(s) \tag{15.73}$$

のように分解して,特異性を表す基本解 $\omega(s)$ と未知関数 $\phi_y(s)$ を導入する。$\omega(s)$ はき裂の形状で決まるものであり,例えば無限体中に埋め込まれた直線き裂では

---

† 式 (15.67) の右辺に式 (15.68) を代入すると

$$-\int_{-a}^x B_y(\xi)d\xi = [g(\xi)]_{-a}^x = g(x) \quad (\because g(-a) = 0)$$

$$\omega(s) = \frac{1}{\sqrt{1-s^2}} \tag{15.74}$$

となることが知られている[1]。また，式 (15.67) にて $g(a) = 0$ であることより

$$g(a) = -\int_{-a}^{a} B_y(\xi)d\xi = 0$$

$$\Leftrightarrow \int_{-1}^{1} B_y(s)ds = 0 \tag{15.75}$$

を満たす必要がある。この条件を補助条件と呼ぶ。

この補助条件を満たす特異積分方程式 (15.65) の解 $\phi_y(t)$ は，すでに知られていて

$$\phi_y(t) = -\frac{1}{\pi} \int_{-1}^{1} \frac{F(s)}{\omega(s)(t-s)} ds \tag{15.76}$$

あるいは

$$B_y(t) = -\frac{\omega(t)}{\pi} \int_{-1}^{1} \frac{F(s)}{\omega(s)(t-s)} ds \tag{15.77}$$

によって与えられる。

応力拡大係数は開口変位から求められる。開口変位の微分と式 (15.73) より

$$\lim_{r \to 0} \sqrt{r}\frac{dg}{dr} = \lim_{t \to 1} \left[\sqrt{a(1-t)} B_y(t) \right]$$
$$= \lim_{t \to 1} \left[\sqrt{a(1-t)} \frac{\phi_y(t)}{\sqrt{1-t^2}} \right] = \sqrt{\frac{a}{2}} \phi_y(1) \tag{15.78}$$

となる[2]。よって，式 (15.72) より，応力拡大係数 K_I は

$$K_I(\pm 1) = \pm\sqrt{\pi a}\frac{2\mu}{\kappa+1}\phi_y(\pm 1) \tag{15.79}$$

---

[1]　$\omega(s)$ はき裂の形状のタイプによって異なり，文献12) には表としてまとめられている。

[2]　$B_y(r)$ は右端のき裂先端から r の距離にある転位密度（スカラー）であり，これは座標のとり方によって変化しない。よって

$$B_y(r) = B_y(\xi) = B_y(t)$$

となる。また，$t = x/a$ とすると次式となる。

$$r = a - x = a(1-t)$$

となる。ここで，左側のき裂先端で同様なことを行うと負符号が得られる[†]。

　連続分布転位解析法の簡単な例として，一様応力 $\sigma_{yy}^{\infty}(x) = \sigma_{yy}^{\infty}$ の場合を考えよう。積分公式

$$\frac{1}{\pi}\int_{-1}^{1}\frac{\sqrt{1-s^2}}{t-s}ds = t \tag{15.80}$$

を用いると，式 (15.66) と式 (15.76) より

$$\phi_y(t) = \frac{\kappa+1}{2\mu}\sigma_{yy}^{\infty}\cdot\frac{1}{\pi}\int_{-1}^{1}\frac{\sqrt{1-s^2}}{t-s}ds = \frac{\kappa+1}{2\mu}\sigma_{yy}^{\infty}t \tag{15.81}$$

$$B_y(t) = \omega(t)\phi(t) = \frac{\kappa+1}{2\mu}\frac{\sigma_{yy}^{\infty}t}{\sqrt{1-t^2}} \tag{15.82}$$

が得られる。このとき，式 (15.79) より

$$K_I(\pm1) = \pm\sqrt{\pi a}\frac{2\mu}{\kappa+1}\phi_y(\pm1) = \sigma_{yy}^{\infty}\sqrt{\pi a} \tag{15.83}$$

が得られる。+1 は右側，−1 は左側のき裂先端を表す。

　上記は一様応力だから解析的に求めることができた。以降では，一様応力以外の応力状態に対する数値解法をごく簡単に紹介する。支配方程式としては

$$\text{特異積分方程式}：F(t) = \frac{1}{\pi}\int_{-1}^{1}\frac{B_y(s)}{t-s}ds \quad (|t|<1) \tag{15.84}$$

$$\text{補助方程式}：\int_{-1}^{1}B_y(s)ds = 0 \tag{15.85}$$

の二つである。$B_y(s) = \omega(s)\phi_y(s)$ も加味して上の二つを解くことが重要である。ここでは，この問題の解法としてロバット・チェビシェフの手法を紹介し

[†]　左端のき裂先端からの距離を R とする。$R = \xi + a$ より

$$\frac{dg}{dR} = \frac{dg}{d\xi}\frac{d\xi}{dR} = -B_y(\xi)$$

よって

$$\begin{aligned}\lim_{R\to0}\sqrt{R}\frac{dg}{dR} &= \lim_{t\to-1}\left[-\sqrt{a(1+t)}B_y(t)\right]\\&= \lim_{t\to-1}\left[-\sqrt{a(1+t)}\frac{\phi_y(t)}{\sqrt{1-t^2}}\right] = -\sqrt{\frac{a}{2}}\phi_y(-1)\end{aligned}$$

よう[12]。これは一種の選点法であり，上記の二つの支配方程式をつぎのもので近似的に置き換えることができる。

$$\text{特異積分方程式}: -\frac{\kappa+1}{2\mu}\sigma_{yy}^{\infty}(t_k) = \frac{1}{N-1}\sum_{i=1}^{N}\lambda_i\frac{\phi_y(s_i)}{t_k-s_i}$$
$$(k = 1, \cdots, N-1) \tag{15.86}$$

$$\text{補助方程式}: \sum_{i=1}^{N}\lambda_i\phi_y(s_i) = 0 \tag{15.87}$$

$$\lambda_i = \begin{cases} \dfrac{1}{2} & (i = 1, N) \\ 1 & (i = 2, \cdots, N-1) \end{cases} \tag{15.88}$$

これにより，N 個の方程式ができる。このとき，N 個の未知数 $\phi_y(s_i)$ $(i = 1, \cdots, N)$ を解くことが主題となり，s_i と t_k はつぎのものを用いれば良い。

$$s_1 = 1,$$
$$s_i = \cos\left(\pi\frac{i-1}{N-1}\right) \quad (i = 2, \cdots, N-1),$$
$$s_N = -1,$$
$$t_k = \cos\left(\frac{\pi}{2}\frac{2k-1}{N-1}\right) \quad (k = 1, \cdots, N-1) \tag{15.89}$$

また，このときの応力拡大係数は

$$K_I(+1) = \sqrt{\pi a}\frac{2\mu}{\kappa+1}\phi_y(s_1) \tag{15.90}$$

$$K_I(-1) = -\sqrt{\pi a}\frac{2\mu}{\kappa+1}\phi_y(s_N) \tag{15.91}$$

によって求められる。

問題 15.1 $\sigma_{yy}^{\infty}(x) = \sigma_0[1+\cos(x/a)]$ が負荷された無限平板中の長さ $2a$ のき裂における応力拡大係数 K_I を，ロバット・チェビシェフの手法により求めよ。

【解答】 $N = 2, 3$ について検討する。

$\underline{N = 2}$：$s_1 = 1$, $s_2 = -1$, $t_1 = \cos\dfrac{\pi}{2} = 0$, $\lambda_1 = \lambda_2 = \dfrac{1}{2}$

$$\frac{1}{2}\frac{\phi_y(1)}{0-1} + \frac{1}{2}\frac{\phi_y(-1)}{0+1} = -\frac{\kappa+1}{2\mu}\cdot\sigma_0\left\{1+\cos\left(\frac{0}{a}\right)\right\}$$

$$\frac{1}{2}\phi_y(1) + \frac{1}{2}\phi_y(-1) = 0$$

上の連立方程式を解くと

$$\phi_y(1) = -\phi_y(-1) = \frac{\kappa+1}{2\mu}\cdot 2\sigma_0$$

$$\rightarrow K_I(+1) = K_I(-1) = 2\sigma_0\sqrt{\pi a}$$

$\underline{N=3}$：$s_1 = 1$, $s_2 = 0$, $s_3 = -1$, $t_1 = \dfrac{1}{\sqrt{2}}$, $t_2 = -\dfrac{1}{\sqrt{2}}$, $\lambda_1 = \lambda_3 = \dfrac{1}{2}$,

$\quad\lambda_2 = 1$

$$\frac{1}{2}\left(\frac{1}{2}\frac{\phi_y(1)}{\frac{1}{\sqrt{2}}-1} + \frac{\phi_y(0)}{\frac{1}{\sqrt{2}}-0} + \frac{1}{2}\frac{\phi_y(-1)}{\frac{1}{\sqrt{2}}+1}\right) = -\frac{\kappa+1}{2\mu}\sigma_0\left\{\left(1+\cos\left(\frac{1}{\sqrt{2}}\right)\right)\right\}$$

$$\frac{1}{2}\left(\frac{1}{2}\frac{\phi_y(1)}{-\frac{1}{\sqrt{2}}-1} + \frac{\phi_y(0)}{-\frac{1}{\sqrt{2}}-0} + \frac{1}{2}\frac{\phi_y(-1)}{-\frac{1}{\sqrt{2}}+1}\right)$$

$$= -\frac{\kappa+1}{2\mu}\sigma_0\left\{1+\cos\left(-\frac{1}{\sqrt{2}}\right)\right\}$$

$$\frac{1}{2}\phi_y(1) + \phi_y(0) + \frac{1}{2}\phi_y(-1) = 0$$

上の連立方程式を解くと

$$\phi_y(1) = -\phi_y(-1) = 1.760\sigma_0\frac{\kappa+1}{2\mu}, \quad \phi_y(0) = 0$$

$$\rightarrow K_I(+1) = K_I(-1) = 1.760\sigma_0\sqrt{\pi a}$$

正解は $K_I = 1.765\sigma_0\sqrt{\pi a}$ であり，$N=3$ でも十分良い近似である。

付録：複素応力関数による応力解析

複素関数あるいは複素応力関数に関して補足する。導出においてはコーシー・リーマンの関係をたびたび用いるので，2.3 節を適宜参照してほしい。

A.1 $f(z)$ の共役関係[7]

$f(z)$ として，つぎのような多項式を考える。

$$f(z) = a_0 + a_1 z + a_2 z^2 + \cdots \tag{A.1}$$

このとき

$$f(\bar{z}) = a_0 + a_1 \bar{z} + a_2 \bar{z}^2 + \cdots \tag{A.2}$$

$$\overline{f(z)} = \bar{f}(\bar{z}) = \bar{a}_0 + \bar{a}_1 \bar{z} + \bar{a}_2 \bar{z}^2 + \cdots \tag{A.3}$$

と書ける。このとき，つぎの関係は成立していると考えて良い。

$$\left. \begin{array}{l} f(z) = f_1(x,\ y) + i f_2(x,\ y) \\ \overline{f(z)} = f_1(x,\ y) - i f_2(x,\ y) \end{array} \right\} \tag{A.4}$$

また，$f(z)$ の実部を $\mathrm{Re}[f(z)]$，虚部を $\mathrm{Im}[f(z)]$ とすると

$$\mathrm{Re}[f(z)] = \frac{1}{2}\left\{ f(z) + \overline{f(z)} \right\}$$

$$\mathrm{Im}[f(z)] = \frac{1}{2i}\left\{ f(z) - \overline{f(z)} \right\}$$

と書くことができる。

A.2 微分の連鎖則[7]

$$\frac{\partial F}{\partial x} = \frac{\partial F}{\partial z}\frac{\partial z}{\partial x} + \frac{\partial F}{\partial \bar{z}}\frac{\partial \bar{z}}{\partial x} = \frac{\partial F}{\partial z} + \frac{\partial F}{\partial \bar{z}} \tag{A.5}$$

$$\frac{\partial^2 F}{\partial x^2} = \left(\frac{\partial}{\partial z} + \frac{\partial}{\partial \bar{z}} \right)\left(\frac{\partial F}{\partial z} + \frac{\partial F}{\partial \bar{z}} \right) = \frac{\partial^2 F}{\partial z^2} + 2\frac{\partial^2 F}{\partial z \partial \bar{z}} + \frac{\partial^2 F}{\partial \bar{z}^2} \tag{A.6}$$

$$\frac{\partial F}{\partial y} = \frac{\partial F}{\partial z}\frac{\partial z}{\partial y} + \frac{\partial F}{\partial \bar{z}}\frac{\partial \bar{z}}{\partial y} = i\left(\frac{\partial F}{\partial z} - \frac{\partial F}{\partial \bar{z}}\right) \tag{A.7}$$

$$\frac{\partial^2 F}{\partial y^2} = i\left(\frac{\partial}{\partial z} - \frac{\partial}{\partial \bar{z}}\right)i\left(\frac{\partial F}{\partial z} - \frac{\partial F}{\partial \bar{z}}\right) = -\left(\frac{\partial^2 F}{\partial z^2} - 2\frac{\partial^2 F}{\partial z \partial \bar{z}} + \frac{\partial^2 F}{\partial \bar{z}^2}\right) \tag{A.8}$$

$$\frac{\partial^2 F}{\partial x \partial y} = \left(\frac{\partial}{\partial z} + \frac{\partial}{\partial \bar{z}}\right)i\left(\frac{\partial F}{\partial z} - \frac{\partial F}{\partial \bar{z}}\right) = i\left(\frac{\partial^2 F}{\partial z^2} - \frac{\partial^2 F}{\partial \bar{z}^2}\right) \tag{A.9}$$

A.3　変位あるいは回転についての複素応力関数表示[4]

平面ひずみのフックの法則と式 (13.19) より

$$\varepsilon_x = \frac{\partial u}{\partial x} = \frac{1}{E'}(\sigma_x - \nu'\sigma_y) = \frac{1}{E'}\left(\frac{\partial^2 F}{\partial y^2} - \nu'\frac{\partial^2 F}{\partial x^2}\right) \tag{A.10}$$

$$\varepsilon_y = \frac{\partial v}{\partial y} = \frac{1}{E'}(\sigma_y - \nu'\sigma_x) = \frac{1}{E'}\left(\frac{\partial^2 F}{\partial x^2} - \nu'\frac{\partial^2 F}{\partial y^2}\right) \tag{A.11}$$

$$\gamma_{xy} = \frac{\partial u}{\partial y} + \frac{\partial v}{\partial x} = \frac{1}{G}\tau_{xy} = -\frac{2(1+\nu')}{E'}\frac{\partial^2 F}{\partial x \partial y} \tag{A.12}$$

ここで

$$\sigma_x + \sigma_y = \frac{\partial^2 F}{\partial x^2} + \frac{\partial^2 F}{\partial y^2}$$

$$= 4\,\mathrm{Re}[\varphi'(z)] = 4\frac{\partial \mathrm{Re}[\varphi(z)]}{\partial x} = 4\frac{\partial \mathrm{Im}[\varphi(z)]}{\partial y} \tag{A.13}$$

ただし，式 (A.13) の導出には，式 (13.57) とつぎのコーシー・リーマンの関係を利用した。

$$\frac{\partial \varphi}{\partial z} = \frac{\partial \varphi_1}{\partial x} + i\frac{\partial \varphi_2}{\partial x} = \frac{\partial \varphi_2}{\partial y} - i\frac{\partial \varphi_1}{\partial y} \tag{A.14}$$

ここで，$\varphi(z) = \varphi_1(z) + i\varphi_2(z)$ とした。式 (A.13) より

$$\frac{\partial^2 F}{\partial y^2} = 4\frac{\partial \mathrm{Re}[\varphi(z)]}{\partial x} - \frac{\partial^2 F}{\partial x^2} \tag{A.15}$$

これを式 (A.10) に代入する。

$$\frac{\partial u}{\partial x} = \frac{1}{E'}\left\{4\frac{\partial \mathrm{Re}[\varphi(z)]}{\partial x} - (1+\nu')\frac{\partial^2 F}{\partial x^2}\right\} \tag{A.16}$$

$$\Leftrightarrow\ u = \frac{1}{E'}\left\{4\,\mathrm{Re}[\varphi(z)] - (1+\nu')\frac{\partial F}{\partial x}\right\} + f(y) \tag{A.17}$$

一方で式 (A.13) より

$$\frac{\partial^2 F}{\partial x^2} = 4\frac{\partial \mathrm{Im}[\varphi(z)]}{\partial y} - \frac{\partial^2 F}{\partial y^2} \tag{A.18}$$

これを式 (A.11) に代入する。

$$\frac{\partial v}{\partial y} = \frac{1}{E'}\left\{4\frac{\partial \mathrm{Im}[\varphi(z)]}{\partial y} - (1+\nu')\frac{\partial F}{\partial y^2}\right\} \tag{A.19}$$

$$\Leftrightarrow \quad v = \frac{1}{E'}\left\{4\,\mathrm{Im}[\varphi(z)] - (1+\nu')\frac{\partial F}{\partial y}\right\} + g(x) \tag{A.20}$$

式 (A.17) と式 (A.20) を式 (A.12) に代入する。

$$\frac{\partial u}{\partial y} + \frac{\partial v}{\partial x} = \frac{1}{E'}\left\{4\frac{\partial \mathrm{Re}[\varphi(z)]}{\partial y} - (1+\nu')\frac{\partial^2 F}{\partial y\partial x}\right\} + f'(y)$$
$$+ \frac{1}{E'}\left\{4\frac{\partial \mathrm{Im}[\varphi(z)]}{\partial x} - (1+\nu')\frac{\partial^2 F}{\partial x\partial y}\right\} + g'(x) \tag{A.21}$$

ここで

$$\mathrm{Im}[\varphi'(z)] = \frac{\partial \mathrm{Im}[\varphi(z)]}{\partial x} = -\frac{\partial \mathrm{Re}[\varphi(z)]}{\partial y} \tag{A.22}$$

より，式 (A.12) が成立するためには

$$f'(y) + g'(x) = 0 \tag{A.23}$$

となる。回転や剛体変位はないとすると，つぎのようにして良い。

$$f(y) = 0, \quad g(x) = 0 \tag{A.24}$$

すると，式 (A.17)，式 (A.20) からつぎの複素数表示が可能であり

$$u + iv = \frac{1}{E'}\left\{4\,\varphi(z) - (1+\nu')\left(\frac{\partial F}{\partial x} + i\frac{\partial F}{\partial y}\right)\right\} \tag{A.25}$$

ここで，式 (13.54) と付録 A.2 より得られる，つぎの関係

$$\frac{\partial F}{\partial x} = \frac{1}{2}\left\{\bar{z}\varphi'(z) + \overline{\varphi(z)} + \chi'(z)\right\} + \frac{1}{2}\left\{\varphi(z) + z\overline{\varphi'(z)} + \overline{\chi'(z)}\right\} \tag{A.26}$$

$$\frac{\partial F}{\partial y} = \frac{i}{2}\left\{\bar{z}\varphi'(z) + \overline{\varphi(z)} + \chi'(z)\right\} - \frac{i}{2}\left\{\varphi(z) + z\overline{\varphi'(z)} + \overline{\chi'(z)}\right\} \tag{A.27}$$

$$\Leftrightarrow \quad \frac{\partial F}{\partial x} + i\frac{\partial F}{\partial y} = \varphi(z) + z\overline{\varphi'(z)} + \overline{\chi'(z)} \tag{A.28}$$

が得られる。このとき，つぎの関係が成り立つ。

$$u + iv = \frac{1}{E'}\left[(3 - \nu')\varphi(z) - (1 + \nu')\left\{z\overline{\varphi'(z)} + \overline{\chi'(z)}\right\}\right]$$

$$= \frac{1}{2G(1 + \nu')}\left[(3 - \nu')\varphi(z) - (1 + \nu')\{z\overline{\varphi'(z)} + \overline{\chi'(z)}\}\right]$$

$$= \frac{1}{2G}\left\{\kappa\varphi(z) - z\overline{\varphi'(z)} - \overline{\chi'(z)}\right\} \tag{A.29}$$

ただし，$\kappa = (3 - \nu')/(1 + \nu')$ によって与えられる。回転[13] については式 (A.17) と式 (A.20) を用いることで

$$\omega_z = \frac{1}{2}\left(\frac{\partial v}{\partial x} - \frac{\partial u}{\partial y}\right) = \frac{1}{2E'}\left\{4\frac{\partial \text{Im}[\varphi(z)]}{\partial x} - 4\frac{\partial \text{Re}[\varphi(z)]}{\partial y}\right\}$$

$$= \frac{2}{E'}\left(\frac{\partial \varphi_2}{\partial x} - \frac{\partial \varphi_1}{\partial y}\right) = \frac{4}{E'}\text{Im}[\varphi'(z)] \tag{A.30}$$

となる。ただし，最右辺を求める際には式 (A.14) を用いている。

A.4　合力，合モーメントの複素応力関数表示[4]

コーシーの公式より

$$\begin{bmatrix} X_\nu \\ Y_\nu \end{bmatrix} = \begin{bmatrix} \sigma_x & \tau_{xy} \\ \tau_{xy} & \sigma_y \end{bmatrix} \begin{bmatrix} l \\ m \end{bmatrix} \tag{A.31}$$

図 **A.1** より

$$l = \cos\theta = \frac{dy}{ds} \tag{A.32}$$

$$m = \sin\theta = -\frac{dx}{ds} \tag{A.33}$$

$\sigma_x = \dfrac{\partial^2 F}{\partial y^2}$, $\tau_{xy} = -\dfrac{\partial^2 F}{\partial x \partial y}$, $\sigma_y = \dfrac{\partial^2 F}{\partial x^2}$ を式 (A.31) に用いると

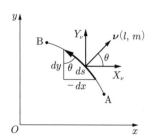

図 **A.1**　合力の複素応力
関数表示[4]

$$X_\nu = \frac{\partial^2 F}{\partial y^2}\frac{dy}{ds} + \frac{\partial^2 F}{\partial x \partial y}\frac{dx}{ds} = \frac{d}{ds}\left(\frac{\partial F}{\partial y}\right) \tag{A.34}$$

$$Y_\nu = -\frac{\partial^2 F}{\partial x \partial y}\frac{dy}{ds} - \frac{\partial^2 F}{\partial x^2}\frac{dx}{ds} = -\frac{d}{ds}\left(\frac{\partial F}{\partial x}\right) \tag{A.35}$$

よって，合力は，式 (13.54) と付録 A.2 を用いると

$$
\begin{aligned}
P_x + iP_y &= \int_A^B (X_\nu + iY_\nu)ds = \left[\frac{\partial F}{\partial y} - i\frac{\partial F}{\partial x}\right]_A^B \\
&= \left[i\left(\frac{\partial F}{\partial z} - \frac{\partial F}{\partial \bar{z}}\right) - i\left(\frac{\partial F}{\partial z} + \frac{\partial F}{\partial \bar{z}}\right)\right]_A^B = -2i\left[\frac{\partial F}{\partial \bar{z}}\right]_A^B \\
&= -i\left[\varphi(z) + z\overline{\varphi'(z)} + \overline{\chi'(z)}\right]_A^B
\end{aligned}
$$

であり，合モーメントは，式 (A.28) も利用すると

$$
\begin{aligned}
M &= \int_A^B (xY_\nu - yX_\nu)ds = -\int_A^B \left\{x\frac{d}{ds}\left(\frac{\partial F}{\partial x}\right) + y\frac{d}{ds}\left(\frac{\partial F}{\partial y}\right)\right\}ds \\
&= -\left[x\frac{\partial F}{\partial x} + y\frac{\partial F}{\partial y}\right]_A^B + \int_A^B \left(\frac{\partial F}{\partial x}\frac{dx}{ds} + \frac{\partial F}{\partial y}\frac{dy}{ds}\right)ds \\
&= -\mathrm{Re}\left[\bar{z}\left(\frac{\partial F}{\partial x} + i\frac{\partial F}{\partial y}\right)\right]_A^B + [F]_A^B \\
&= \mathrm{Re}\left[-\bar{z}\left(\varphi(z) + z\overline{\varphi'(z)} + \overline{\chi'(z)}\right) + \bar{z}\varphi(z) + \chi(z)\right]_A^B \quad (\because 式 (13.53)) \\
&= \mathrm{Re}\left[\chi(z) - \bar{z}z\overline{\varphi'(z)} - \bar{z}\overline{\chi'(z)}\right]_A^B
\end{aligned}
$$

として得られる。

引用・参考文献

1）水本久夫：解析学の基礎，培風館 (1989)
2）矢野健太郎，石原　繁：解析学概論〔新版〕，裳華房 (1982)
3）寺田文行，田中純一：演習と応用 関数論（新・演習数学ライブラリ 4），サイエンス社 (2000)
4）小林繁夫，近藤恭平：弾性力学（工学基礎講座 7），培風館 (1987)
5）久田俊明，野口裕久：非線形有限要素法の基礎と応用，丸善 (1996)
6）東郷敬一郎：材料強度解析学—基礎から複合材料の強度解析まで—，内田老鶴圃 (2004)
7）国尾　武：固体力学の基礎，培風館 (2003)
8）A.H. England：Complex Variable Methods in Elasticity, Dover Publications (2003)
9）阿部博之，関根英樹：弾性学（機械系大学講義シリーズ 3），コロナ社 (1983)
10）岡村弘之：線形破壊力学入門（破壊力学と材料強度講座 1），培風館 (1976)
11）H. Tada, P.C. Paris, and G.R. Irwin：The Stress Analysis of Cracks Handbook Third Edition, Wiley (2000)
12）D.A. Hills, P.A. Kelly, D.N. Dai, and A.M. Korsunsky：Solution of Crack Problems, The Distributed Dislocation Technique, Springer (1996)
13）岡部朋永：ベクトル解析からはじめる固体力学入門，コロナ社 (2013)
14）岡部朋永：テンソル解析からはじめる応用固体力学，コロナ社 (2015)
15）酒井俊道 編，清水真佐男，原　文雄，岩本順二郎，小口幸成：詳解 機械工学演習，共立出版 (1986)
16）K.B. Broberg：Cracks and Fracture, Academic Press (1999)
17）進藤裕英：線形弾性論の基礎，コロナ社 (2002)

　1 章では文献1)，2 章では文献2),3)，6 章，8～13 章では文献4)～7),17)，14 章では文献8),9),16)，15 章では文献10)～12) を参考にし，本書全体を通して拙著である文献13),14) も参考にしている。

　ただし，14 章については，文献8), 9), 16) およびインターネットで見つけた文献8) の要約（現在は公開されていない）を読み込み，その上で独自な紹介をした。このため，これらの文献とは表記も含め異なる点が多い。参照される際にはこのことに注意してほしい。

　本書は材料力学の基本的な知識を有している前提で書かれている。不安がある場合，文献15) の対応する部分を読まれると，理解が深まると思われる。

索　　　引

—— 著者略歴 ——

1996年　慶應義塾大学理工学部機械工学科卒業
1998年　慶應義塾大学大学院理工学研究科前期博士課程修了（機械工学専攻）
1999年　慶應義塾大学大学院理工学研究科後期博士課程修了（機械工学専攻）
　　　　博士（工学）
2001年　独立行政法人産業技術総合研究所研究員
2002年　東北大学助教授
2007年　東北大学准教授
2014年　東北大学教授
　　　　現在に至る

応用解析からはじめる弾性力学入門
Introduction to Applied Analysis and Elasticity

© Tomonaga Okabe 2021

2021 年 6 月 15 日　初版第 1 刷発行　　　　　　　　　　　★

検印省略

著　者　　岡　部　朋　永
発　行　者　　株式会社　コロナ社
　　　　　　代　表　者　　牛　来　真　也
印　刷　所　　三　美　印　刷　株　式　会　社
製　本　所　　有限会社　愛千製本所

112–0011　東京都文京区千石 4–46–10
発　行　所　　株式会社　コ　ロ　ナ　社
CORONA PUBLISHING CO., LTD.
Tokyo Japan
振替 00140–8–14844・電話(03)3941–3131(代)
ホームページ https://www.coronasha.co.jp

ISBN 978–4–339–04673–1　C3053　Printed in Japan　　（齋藤）